设施规划与物流分析

SHESHI GUIHUA YU
WULIU FENXI

孙洪华
赵 亓
穆东明 | 编著

化学工业出版社
·北京·

内容简介

本书从设施规划的基本理论出发，详细阐述了设施选址、布置设计、物料搬运系统设计、仓储系统规划以及自动化仓储系统等关键环节。书中不仅包含了丰富的理论知识和数学模型，还提供了各种实际应用案例和详细步骤，以帮助读者更好地理解和掌握设施规划与设计的方法和技巧。此外，书中还介绍了多种算法，包括启发式算法和遗传算法，用于解决设施选址和布局优化等复杂问题。

本书既可以作为工业工程、物流工程、物流管理和工商管理等专业的本科生和研究生的教学用书，也可供企业管理、经济管理和行政管理人员培训使用。

图书在版编目（CIP）数据

设施规划与物流分析 / 孙洪华，赵亓，穆东明编著.
北京：化学工业出版社，2025．1. -- ISBN 978-7-122
-46667-9

Ⅰ．TB492；F250

中国国家版本馆 CIP 数据核字第 2024Z5K010 号

责任编辑：韩霄翠　　　　　　　　装帧设计：刘丽华
责任校对：王鹏飞

出版发行：化学工业出版社
　　　　　（北京市东城区青年湖南街 13 号　邮政编码 100011）
印　　装：北京天宇星印刷厂
787mm×1092mm　1/16　印张 14　字数 319 千字
2025 年 2 月北京第 1 版第 1 次印刷

购书咨询：010-64518888　　　　　售后服务：010-64518899
网　　址：http://www.cip.com.cn
凡购买本书，如有缺损质量问题，本社销售中心负责调换。

定　　价：48.00 元　　　　　　　　版权所有　违者必究

前言

在经济全球化和世界经济高速发展的背景下，现代物流业作为连接生产与消费的重要纽带，已经成为衡量一个国家综合国力、经济运行质量和企业竞争力的关键因素。随着《"十四五"现代物流发展规划》的出台，物流业的发展被提升到了国家战略层面，旨在通过构建现代流通体系，促进强大国内市场的形成，推动高质量发展和建设现代化经济体系，发挥物流业的先导性、基础性、战略性作用。设施规划与物流分析也是我国工业工程、物流工程、物流管理、工商管理等专业的重要研究方向与专业核心课程之一。它不仅为这些专业的学生提供了理论知识和实践技能，而且对于企业在提高生产效率、降低成本、优化供应链管理等方面也具有重要的指导意义。

基于此，本书以产品全生命周期的物流活动为主线，继承经典的设施规划与设计的内容，从生产系统与服务系统的角度，将设施选址、布置与物料搬运规划、仓储规划及模型与算法进行有效整合。本书还设置了大量例题及习题，将理论知识与实际应用相结合，使学生在掌握理论知识的同时，能将其用于解决实际问题。

本书主要包括 6 章内容，在第 1 章中概述了物流设施规划的重要性和基本概念，为读者奠定了理论基础。第 2 章深入探讨了设施选址问题，包括选址的影响因素、模型和算法。第 3 章和第 4 章分别讨论设施布置设计（systematic layout planning，SLP）和物料搬运系统设计（system handling analysis，SHA）的基本概念、设计程序和详细过程。第 5 章专注于仓储系统规划，包括仓库的功能、分类、仓储模型和存储策略，以及如何有效计算存储区域和立体仓库设计。第 6 章介绍了模型与算法，包括设施选址和布置问题的数学模型和求解算法，如启发式算法和遗传算法，为复杂问题的解决提供了工具。整本书通过丰富的理论分析、数学模型、算法介绍和实际案例，为读者提供了一个全面的设施规划与物流分析的知识体系。

本书的内容和结构由孙洪华构思并确定。各章的具体分工：第 1、2、3 章由孙洪华编写；第 4 章和第 6 章由赵元编写；第 5 章由穆东明编写。郭卓越、邹军伟、张浩、梁赞和郭棚等在资料的收集、录入、整理等方面给予了大力支持。最后由孙洪华统稿和修改。

在本书的创作过程中，我们广泛参阅并吸收了众多学术著作、教材及其他相关资料，这些宝贵的知识资源为本书的成型提供了丰富的养分。在此，我们向所有被引用文献的原作者致以深深的谢意。

作者虽多次校对本书，力求完美，但难免有疏漏。我们欢迎读者和同行提出意见，帮助我们改进。

孙洪华

2024 年 9 月

目录

第 1 章
绪论 / 001

第 2 章
生产和服务场址选择 / 015

第 3 章
设施布置设计 / 036

第 4 章
物料搬运系统设计 / 085

第5章
仓储系统规划 / 117

第 6 章
模型与算法 / 182

第1章 绪论

1.1 设施规划与设计的基本概念

1.1.1 设施规划与设计的发展过程

设施规划与设计（facilities planning and design）来源于早期的工厂设计（plant design），自从有了工业生产就有了工厂设计。18世纪80年代产业革命后，由于机械制造的发展，蒸汽机的发明和完善，工厂逐步取代了小手工作坊。从泰勒时代开始，管理工程师就开始关心制造厂的设计工作。从19世纪末到20世纪30年代，以泰勒为首的工程师，对工厂、车间、作坊做了一系列调查和试验，细致分析了工厂内部生产组织方面的问题，倡导"科学管理"。管理工程师们指出，管理的重点是"人"，包括工作测定、动作研究等工人的活动。这类分析被称为操作法工程。同时，他们也开始注意"机"和"物"的管理。例如，对厂内物料搬运路线的优化设计，从原料到制成品的物流活动的控制，机器设备、运输通道和场地的合理配置等。操作法工程、物料搬运和工厂布置这三项活动被统称为"工厂设计"。

20世纪50年代后，R.缪瑟系统布置设计（SLP）方法，由工业设施扩大到非工业设施。第二次世界大战后被战争破坏的国家进入了重建工业的时期，工厂规模和复杂程度明显增大，随着运筹学、统计数学、概率论等的广泛应用及人因工程、电子计算机的应用，工厂设计逐渐运用系统工程概念和系统分析的方法。设施规划与设计的理论与方法虽然起源于工厂设计，而且主要是面向机械制造工厂，但是设施规划与设计的理论和方法具有普遍意义。现在，工业工程师的视野和活动不断扩大，工厂设计的原则和方法也逐渐扩大到了非工业设施，包括各类服务设施，如机场、医院、超市等。因此，"工厂设计"一词逐渐被"设施规划""设施设计"或"设施规划与设计"所代替。

20世纪80年代，相应的模型、算法和软件包较多，但应用尚不普遍。

1.1.2 设施规划与设计的定义

对工业设施或工厂来说，设施主要包括占用的土地、道路、建筑物、构筑物、加工用的机器设备、固定或移动的辅助设备等，此外，还包括维修设施、实验室、仓库、动力设施、公用设施、办公室等。对服务设施来说，设施主要包括土地、建筑物、构筑物、提供服务所需的设备、公用设施、办公室等。设施本身可大可小，大到一个建筑物，如厂房；小到构筑物，如一个隔离栏。企业所需的设施主要取决于企业所在的地理环境、生产的产品、提供的服务、生产方式、生产规模等。不同的企业，尽管它们生产的产品可能相同，但是设施很可能完全不同。一个企业的设施还受企业的管理水平、技术装备发展战略、企业文化等因素的影响。往往企业的技术水平越先进，设施就越复杂。

1.1.3　设施规划与设计范围

从工业工程角度考察，设施规划与设计由场（厂）址选择和设施设计两部分组成。设施设计又分为布置设计、物料搬运系统设计、建筑设计、公用工程设计及信息系统设计五个相互关联的部分，如图 1-1 所示。

（1）场（厂）址选择　任何一个生产或服务系统不能脱离环境而单独存在。外界环境对生产或服务系统输入原材料、劳动力、能源、科技和社会因素；同时，生产或服务系统又对外界环境输出其产品、服务、废弃物等。因此生产系统或服务系统不断受外界环境影响而改变其活动；同时，生产或服务系统的活动结果又不断改变其周围环境。场址选择就是对可供选择的地区和具体位置的有关影响因素进行分析和评价，达到场址最优化。场址选择是一个通用的概念，适用于各种类型设施的规划与设计，对于工矿企业又常用厂址选择代替，有时对"场址"与"厂址"的细微差异不加区分。

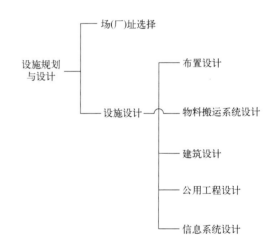

图 1-1　设施规划与设计组成

（2）布置设计　布置设计就是对系统物流、人流、信息流进行分析，对建筑物、机器、设备、运输通道和场地做出有机的组合与合理配置，达到系统内部布置最优化。

（3）物料搬运系统设计　根据资料统计，产品制造费用的 20%～50%是用于物料搬运的。因此，现代管理理论都非常注重物料搬运系统。物料搬运系统设计就是确定物料搬运方法，即确定搬运路线、搬运设备和搬运单元。在物料搬运系统设计中，物料搬运系统分析（systematic handling analysis，SHA）是一种重要的设计分析方法，其分析方法、分析程序与系统布置设计（SLP）非常相似。

（4）建筑设计　设施规划与设计中，需根据建筑物和构筑物的功能和空间的需要，满足安全、经济、实用美观的要求，进行建筑和结构设计。建筑设计需要土木建筑各项专业知识。

（5）公用工程设计　生产或服务系统中的附属系统包括热力、煤气、电力、照明、给排水、采暖通风及空调等系统，通过对这类公用设施进行系统、协调的设计，可为整个系统的高效运营提供可靠的保障。

（6）信息系统设计　对于工业企业来说，各生产环节生产状况的信息反馈直接影响生产调度、管理，反映出企业管理的现代化水平。随着计算机技术的应用，信息网络系统的复杂程度也大幅提高，信息系统设计也就成为规划与设计中的一个组成部分。

1.1.4　设施规划与设计的目标

设施规划与设计总目标是使人力、物力、财力和人流、物流、信息流得到有效配置和安排，其典型目标包括：

① 简化加工过程，缩短生产周期。

② 有效利用人员、设备、空间和能源。

③ 最大限度减少物料搬运。

④ 力求投资最低。

⑤ 为职工提供方便、安全、舒适和职业的卫生条件。

上述目标相互之间往往存在冲突，必须用恰当的指标对每一个方案进行综合评价，达到总体目标的最优化。

1.1.5　设施规划与设计的原则

为了达到上述目标，现代设施规划与设计应遵循如下原则：

① 减少或消除不必要的作业，这是提高企业生产率和降低消耗的最有效方法之一。只有在时间上缩短生产周期，空间上减少占地，物料上减少停留、搬运和库存，才能保证投入的资金最少，生产成本最低。

② 以流动的观点作为设施规划的出发点，并贯穿在规划设计的始终。因为生产系统的有效运行依赖于人流、物流、信息流的合理化。

③ 运用系统的概念、系统分析的方法求得系统的整体优化。

④ 重视人的因素，运用人机工程理论，进行综合设计，并要考虑环境的条件。包括空间大小、通道配置、色彩、照明、温度、湿度、噪声等因素对人的工作效率和身心健康的影响。

⑤ 设施规划设计是从宏观到微观，又从微观到宏观的反复迭代，并行设计的过程。要先进行总体方案布置设计，再进行详细布置；而详细布置设计方案又要反馈到总体布置方案中，对总体方案进行修正。

总之，设施规划与设计就是要综合考虑各种相关因素，对生产系统或服务系统进行分析、规划、设计，使系统资源得到合理的配置。

1.1.6　设施规划与设计的意义

国家每年进行项目投资的实践证明，设施规划设计的水平高低，质量的优劣，对资源是否合理利用，运营后是否实现科学管理，能否发挥社会和经济效益起到决定性和关键性的作用。

（1）提高生产力　美国的企业界及学术界还从企业管理的角度看待设施规划的地位和作用，认为设施规划是科学管理企业的开端，企业管理的各种设想都要体现在设施规划与设计中，对企业投产后的利润及效率产生巨大的影响。一般认为，在制造企业的总成本中，用于物料搬运的占20％～50％，而有效的设施规划至少可以减少10％～30％。因此，设施规划被认为是最有希望提高生产率的因素之一。

（2）降低企业的运行成本　一项设施的规划与设计，所需要的费用只占总投资的2％～10％，往往比不可预见的费用还少，但对投产后的企业却带来很大效益。在规划、设计、建造、安装、投产的各阶段中，如果要对企业的某一方面加以改变，所需的费用将逐步上升。到了投产以后再改进，则事倍功半，有时很困难甚至不可能。因此，在规划与设计过程中投入足够的时间、精力和费用，可以达到事半功倍的效果。

（3）提高企业的运作效率　企业运作效率的高低，除了与建成运行后企业管理水平的高低相关外，还取决于设施本身规划与设计的好坏。例如，物料搬运路线设计不合理导致搬运效率的大大降低，而且这种问题很难通过后期加强管理得以解决。

（4）避免不必要的改扩建　由于选址不合理、没有预留发展余地、设施设计存在问题等因素，很多企业只能不断地寻找新的厂址或对现有设施进行各种改造。不必要的分厂不断出现，重复设施不断出现，使企业的运作费用大大增加。只有在规划与设计阶段，充分考虑企业未来发展，才能彻底避免不必要的改建与扩建。

（5）提高企业对客户的服务能力　客户对企业服务的要求越来越高，因此，企业的设施一定要能够满足这种要求。信息技术越来越发达，企业与企业之间、企业与客户之间的信息透明度不断增强。其结果是商品越来越丰富，而且，不同企业生产的产品之间的差异越来越小，客户在选购商品时的选择余地越来越大，客户对商品的了解越来越全面，市场进入微利时代。企业要生存与发展，在不断创新的同时，唯一的办法是提高客户服务水平。

（6）提高企业间合作能力　随着经济全球化进程的不断发展，企业间合作变得越来越重要。供应链管理理论要求企业的设施与相关企业能够很好地"合作"。例如，现代汽车制造企业要求零部件供应商，把零部件直接送到生产线上，以最大限度地减少搬运环节，降低成本。第三方库存、供应商库存等理论与方法就是供应链理论发展的产物。企业为了满足这种发展需求，必须在设施规划与设计阶段做好相应的准备。

1.1.7　何时进行设施规划与设计

以下情况存在时一般需要进行设施规划与设计，如新建一个企业；国家为发展国民经济新建的开发区，改善产业结构和生产力布局，例如建设工业园或开发区；企业扩大再生产，形成新的生产能力而建设新的设施；改变产品结构或增加新的产品，进行扩建、新建或扩大车间厂房；因城乡规划或市场变化等原因，进行设施的搬迁；因生产工艺落后、设备陈旧、管理不善而需要对现有设施进行技术改造；为使物料搬运合理化，解决环境污染的问题，改善劳动条件，降低能源消耗；为实现企业信息化而需要对现有设施进行改造等。除了上述因素以外，新技术、新工艺、新设备的出现，以及市场需求的变化也是导致设施规划与设计的重要原因。设施规划与设计，不仅是新建设施的需要，也是原有设施改造的需要。企业总是处于不断地变化与发展之中，因此，从长远的观点看，设施规划与设计是一种持续的活动，通过对原有设施的再评价和再规划，以保持企业竞争力。

1.2 设施规划设计过程

1.2.1 前期工作任务

前期工作任务是对规划设计的目标进行研究论证并进行决策。具体任务包括项目是否必要，是否具备条件；是新建、迁建还是改、扩建；提供什么产品或服务；生产类型是大批、中批还是小批；设施性质是多种工艺还是专业化；工艺水平是机械化还是自动化程度；市场是国内或国际；建设地点在哪里；资金来源。上述任务由决策者来定，规划设计人员应参与并提出意见，前期工作涉及的问题要通过战略规划、行业规划、项目建议书、可行性研究、场址选择等环节逐步细化。

1.2.2 战略规划

经营战略是指一个组织一定时期内带动全局的方针、任务、谋划。企业经营战略是企业为实现其经营目标，按企业的经营方针，通过对企业内部条件和外部环境的分析而制定的较长期的、全局的战略决策。企业面对激烈变化的环境，严峻挑战的竞争，为谋求生存和不断发展而作出的总体性、长远性的谋划和方略，是企业家用来指挥竞争的经营艺术。企业经营战略的制定要以预测为依据，以对策为基础。要运用科学的决策程序和方法，在多方案的分析比较中，寻求一个满意的方案。经营战略是较长期的战略决策，要在一定时期内保持相对稳定。因此，要作5年、10年，甚至更长时间的预测。经营战略形成取决于三大要素，包括社会需求、企业经营结构和竞争者。既要充分利用社会需求给经营者带来的机会，又要避开社会需求的变化所带来的风险。资源结构、生产技术与设备结构、产品结构、组织结构是企业制定经营战略的基础和后盾。企业的经营环境是一个竞争的环境，认真研究竞争者，扬长避短。

企业经营战略由总战略和分战略组成。总战略即总的方针、任务、谋划。分战略包括市场战略、产品战略和投资战略。市场战略、产品战略和投资战略三个方面，形成一个战略三角。其中，产品战略处于主导地位，市场战略是一个支持战略，投资战略是一种保证战略。此外还可以有其他各种分战略，如技术发展战略、竞争战略、价格战略、制造战略等。设施战略也是一种分战略，受其他战略的影响，又是对总战略的支持。例如，产品战略影响工艺和材料的要求，又进一步影响设备、布置和物料搬运；投资战略影响设施的数量和规模，也影响场址、物料储运与设计。

1.2.3 项目建议书

项目建议书（又称立项申请）是拟上项目单位向上级主管部门申报的项目申请，是对拟建项目提出的框架性的总体设想，要明确项目的必要性和可能性。

项目建议书是对建设项目提出一个轮廓设想，主要是从宏观上考察项目建设的必要性，看其是否符合国家长远规划的方针和要求，同时初步分析是否具备建设的条件，是否值得投入资金、人力和物力，作初步的可行性研究。虽然这一阶段的工作比较粗略，对量化的精确度要求不太高，投资估算误差可达到20%左右，但从定性的角度看，关系到从总体上、宏观上对项目作出选择。

项目建议书作用包括：
① 国家立项依据。
② 立项后可开展可行性研究。
③ 涉及外资的，立项后开展对外工作。

项目建议书内容包括：
① 拟建项目名称。
② 拟建项目的内容、必要性和依据。
③ 产品方案、拟建规模、地点。
④ 拟建项目的水平及特点。
⑤ 资源情况、建设条件、协作关系、工艺设备初步分析。
⑥ 投资估算及资金筹措。
⑦ 进度安排、成本费用、各项税收的初步估算。
⑧ 人员安排。
⑨ 初步经济和社会效益分析。

1.2.4 可行性研究

可行性研究是一门运用多学科专业知识，保证实现工程建设最佳经济效果的综合技术。联合国工业发展组织把一个工程项目从设想到建成投产的项目发展周期分为三个时期，即投资前期、投资时期和生产时期，而投资前期又分为机会研究阶段、初步可行性研究阶段、详细可行性研究阶段和评价与决策阶段。

(1) 机会研究　机会研究是项目可行性研究的第一个阶段。其任务是对项目投资方向提出设想，即在一定的地区和部门内，以自然资源和市场调查预测为基础，选择、寻求最佳的投资机会。机会研究比较粗略，主要依靠笼统地估计而不是详细地分析，其准确程度可在加减30%之内。机会研究的内容主要有：地区、部门情况；产业政策和产业组织政策；资源条件；劳动力状况；社会地理条件；市场情况等。如果机会研究证明投资项目可行，则需进行深一步研究。机会研究所需时间一般为 1~2 月，所需费用一般为 0.1%~1%。

（2）初步可行性研究　初步可行性研究即在机会研究的基础上，进一步进行项目建设的必要性、可能性和潜在效益的论证分析；这一阶段的估算，其精确程度可达到加减 20%。初步可行性研究与详细可行性研究的内容基本相同，只是详细程度不同。在初步可行性研究通过后，就要进行详细的可行性研究。初步可行性研究所需时间一般为 4~6 月，所需费用一般为 0.25%~1.5%。

（3）详细可行性研究　详细可行性研究是项目最终决策的依据。批准的详细可行性研究报告是工厂设计的依据，对设计阶段的工作有十分重要的影响，是前期工作中最为关键的环节。因此，可行性研究必须做得深入、全面、准确，保证科学性、客观性、公正性。投资估算的精确程度要达到加减 10%。如果研究的结果证明项目无利可图，就放弃这个项目。如果仅为了获得拨款或贷款，对不可行的项目人为做出可行的讨论，可能引起错误决策，导致项目失败。详细可行性研究所需时间一般为 8 个月，所需费用一般为 1%~3%。详细可行性研究阶段应该得出明确的结论，明确指出项目是否可行。对于可行项目可以推荐一个被认为是最佳的方案，也可以提出数个可行方案，同时列出各方案的利与弊，由决策者决定。

（4）评价与决策　详细可行性研究报告应交付投资机构，进行评价，写出评价报告，以决定项目是否继续进行。在我国由计划部门和上级主管部门负责该阶段工作。

综上所述，机会研究和初步可行性研究是为是否决心进行工程项目建设的决策提供科学依据，详细可行性研究则是为如何进行工程项目建设提供科学依据。一般来说，确定一个工程项目，应首先进行机会研究，获得"可行"的结论以后，再进行初步可行性研究。经过初步可行性研究认为可行，就进而转入详细可行性研究阶段。在任何一个阶段，发现项目建设不可行，就要中止后续工作。

各个项目因性质、生产规模、复杂程度、投资数额不同，研究的重点也有所不同。但工业项目可行性研究报告一般要求具备以下内容。

① 总论。说明项目提出的背景、投资的必要性和经济意义、研究工作的依据和范围。

② 需求预测和拟建规模。从可能性与现实性角度对照阐述市场需求和生产规模。

③ 资源、原材料、燃料及公用设施情况。说明内外的支持条件。

④ 建厂条件和厂址方案。

⑤ 设计方案。说明拟实现的方案，包括工艺、生产流程、设备以及各项设施等内容。可列出几个方案以供比较。

⑥ 环境保护。调研环境现状，预测项目对环境的影响，提出环境保护和治理的初步方案。

⑦ 企业组织、劳动定员和人员培训。

⑧ 实施进度的建议。

⑨ 投资估算、资金筹措及社会经济效果评价。

⑩ 可行性研究报告完成以后，由决策部门组织或委托有资格的工程咨询公司或有关专家进行评估，给出结论和建议，为项目的最终审批决策提供科学依据。

1.3 设施规划前期资料

在进行设施规划之前，必须获得以下几个问题的答案：生产什么产品？每个产品要生产多少？如何生产产品？何时生产产品？生产产品要多长时间？这5个问题，分别由纲领设计（program design）、产品设计（product design）和工艺过程设计（process design）来回答，并提供有关资料。纲领设计是规定产品方案及生产数量，由可行性研究人员根据市场预测和企业战略规划提出，决策部门批准。纲领设计对场址选择、工厂布置等都有直接影响，因此设施规划人员要积极参与。有时，纲领设计要在对原有设施条件分析的基础上进行，这就更需要设施规划人员的紧密配合。产品设计是指产品结构、尺寸、材料、包装等，由产品设计人员承担。产品设计是工艺过程设计的前提，工艺过程设计是确定自制零件如何生产、每道工艺生产多长时间，由工艺设计人员承担，工艺过程设计的资料是工厂物流系统设计和工厂布置的重要依据，也需要设施规划人员的积极参与。

1.3.1 纲领设计

生产纲领是指在规定的时间内（一般是1年）生产主要产品的品种、规格及数量。纲领设计的任务是产生设计纲领，也称设计大纲。一般用建设的规模、功能、组成等表示，例如铁路、公路、管线的长度，医院的诊疗范围、床位数量等。它们决定着设施的专业方向、生产或服务性质、规模等级、项目组成及工艺技术要求，是设施规划设计的基本依据和重要目标。

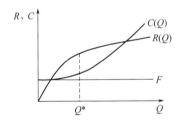

图 1-2　生产能力与成本之间关系
R—销售收入；C—总成本；
Q—生产能力；C(Q)—成本函数；
R(Q)—销售函数；Q*—由成本和
销售收入确定的最优生产数量

生产纲领是对设计的生产能力作出的规定目标，在确定生产纲领时要对生产能力进行分析。生产能力是指生产性的固定资产在一定时间内所能生产一定种类产品（或服务）的最大数量。生产能力与成本之间的关系如图1-2所示，对生产系统来说，生产纲领受销售收入和成本的影响。

生产纲领还与生产类型有关系，生产类型的划分取决于生产纲领，各种生产类型一般按产量多少划分为单件小批、中批和大批大量，生产类型的划分根据不同重量的机械划分标准见表1-1，生产类型及其特点见表1-2。

表1-1　各种生产类型与生产纲领对应表

生产类型	零件的生产纲领/(件/年)		
	重型机械	中型机械	轻型机械
单件小批	1~5	1~20	1~100

生产类型	零件的生产纲领/(件/年)		
	重型机械	中型机械	轻型机械
小批	5~100	0~200	100~500
中批	100~300	200~500	500~5000
大批	300~1000	500~5000	5000~50000
大量	大于1000	大于5000	大于50000

表1-2 生产类型及其特点

比较项目	单件生产	成批生产	大量生产
产品品种	很多	较多	较少
产量	很少或单个	较大	很大
大批工作地专业化程度	没有规律加工	零件定期轮换	不断加工一种或几种
工作地负担的工序数目	很多	较多	很少,1~2个
生产设备	通用设备	通用和专用	广泛采用专用设备
工人技术水平	高	不同等级	较低
单位零件工序劳动量	很大	较大	不大
生产系统柔性	大	较大	小

生产纲领按照生产类型不同划分为三种,精确生产纲领用于大批大量生产的工厂,精确规定产品品种、数量;假定纲领用于按订货组织生产单件小批生产;折合纲领用于多品种、中批量。折合纲领指没有包括全部产品而只包括一部分产品、其他产品都折合成代表产品的生产纲领。对多品种、中批量生产类型的工厂,由于产品品种规格较多或产品资料不完整,一般都采用折合纲领作为规划设计的依据,即将产品划分为若干组,每组选一代表产品,其余产品作为被代表产品折合成代表产品。代表产品与被代表产品应该是结构基本一致,只是规格重量有差别的同类产品。选定的代表产品应该是同类产品中数量最多的产品。如果数量差别不大,则应选中等规格的产品作为代表产品。产品按同类型划分若干组,每组选一数量最多的作为代表产品,其余产品作为被代表产品折合成代表产品(代表产品和被代表产品结构一致,只是规格、重量有差别)。折合纲领公式如式(1-1):

$$Q = \alpha \times Q_x$$

$$\alpha = \alpha_1 \alpha_2 \alpha_3 \tag{1-1}$$

式中,Q 为被代表产品折合为代表产品当量数;Q_x 为被代表产品数量;α 为折合系数;α_1 为重量折合系数;α_2 为成批性折合系数;α_3 为复杂性折合系数,凭经验而定。

1.3.2 产品设计

产品的品种、规格由决策部门确定。产品的详细设计由产品设计人员完成,进行 VE 分析,实现功能成本的统一。规划设计人员应取得的产品资料包括产品的分解装配系统图、零件图和零件明细表。

分解装配系统图（exploded assembly drawing）一般按比例画出，用以表示零件之间的装配关系，但省去了说明和尺寸，作为分解装配系统图的替换（图1-3）。这种图可使规划设计人员形象地知道产品是如何装配的。

通常，每个零件都应该有零件图（图1-4），图上注明详细的尺寸、加工符号、公差精度要求、材料、重量。属于螺钉、螺母、垫圈等标准件，则可以省略零件图。如果某一零部件是其他工厂制造的标准产品，这种图样可能是简略的，只要列出技术规格就行。

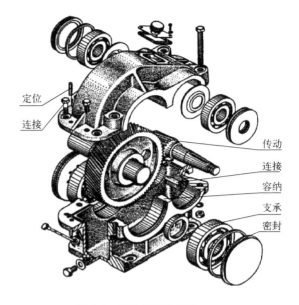

图1-3 分解装配系统图

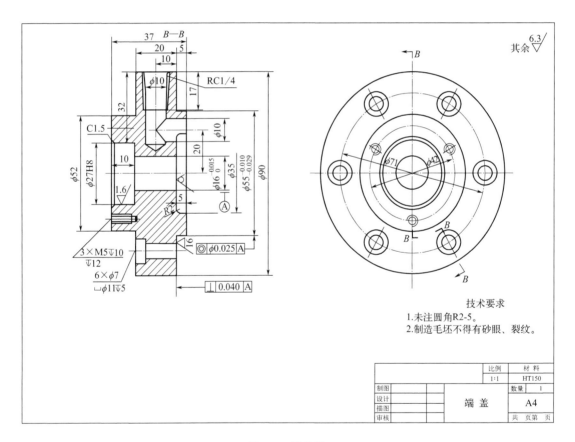

图1-4 零件图

零件明细表包括所有零件的完整清单，至少应包括零件号、零件名称、图号、数量、材料、尺寸、自制或外购（表1-3）。

表 1-3　零件表

零件号	零件名称	图号	数量	材料	尺寸	自制或外购
1	阀体	M3	1	铝	0.2×0.3×0.5	自制
2	O形环		1	橡胶	0.925 直径	外购

1.3.3　工艺过程设计

自制或外购决策是典型的管理决策。这种决策一般都以成本作为衡量标准。如果一个部件自制的成本大于外购所承担的成本，就应该外购。相反，如果自制而增加的成本小于外购而承担的成本，就应该自制。但是在实际分析时往往会存在一些困难。例如，对一个现有企业，如果已经有了闲置的设备能力，是利用这些能力自制，还是把闲置设备的间接成本分摊到新产品上而外购？选择的原则包括采用的工艺方法，要满足技术和质量要求；工艺应成熟可靠，保证质量的稳定；采用的工艺和设备，在保证质量前提下提高设备利用率；采用的工艺应减少对环境的污染；采用的工艺应有一定的柔性，适应产品更新发展的要求；进行工艺方案的经济评价。

工艺设备的型号规格和数量是决定设施空间和布置的基本依据。一个生产系统的设备，包括生产设备、辅助生产设备、起重运输设备等。设备数量的计算方法，由于产品类型、工艺方法、生产性质的不同而不同。此处仅对机械加工机床数量计算的基本方法做简要介绍。对于非流水生产机床的数量，可以根据产品数量、机床生产率和生产周期求得。

$$M_j = \sum_{i=1}^{n} \frac{P_{ij} T_{ij}}{C_{ij}} \tag{1-2}$$

式中，M_j 为在生产周期内所需 j 机床数量；P_{ij} 为在生产周期内 i 产品的期望产量（生产纲领）；T_{ij} 为 i 产品在 j 机床上单件台时数；C_{ij} 为生产周期内单台 j 机床提供的台时数。

在基础公式的基础上进行扩展，i 产品有 m 道工艺，在各道设备上的损耗为 P_1、P_2、$\cdots$、P_k、$\cdots$、P_m，在基础公式中 P_{ij} 表示第 m 道工序加工完的期望产量，要精确计算各工序使用的设备数量，就需要计算各设备加工此产品的投入量是多少，需要从最后一道工序往前推，如下所述。最后一道工序的损耗为 P_m，则第 m 道工序的投入量为 $\frac{p_{ij}}{(1-p_m)}$，依此类推则第 k 道工序的投入量为 $\frac{p_{ij}}{(1-p_k)\cdots(1-p_{m-1})(1-p_m)}$，时间利用效率不总是 100%，考虑时间利用效率 E，则 T_{ij} 用 $\frac{T_{ij}}{E}$ 代替，考虑机床设备的可靠性 η，C_{ij} 则变 $C_{ij}\eta$。把这些因素都考虑进去，第 k 道工序使用 j 设备的数量公式扩展为：

$$M_{jk} = \frac{p_{ij} T_{ij}}{C_{ij}(1-p_k)\cdots(1-p_{m-1})(1-p_m)E\eta} \tag{1-3}$$

本章小结

本章介绍了设施规划的基本概念和基本过程，以及在进行设施规划之前必须准备的前期资料。特别强调了在计算折合纲领时，如何选择代表产品以及如何计算被代表产品的折合纲领。在设备数量的计算上，不仅介绍了基本公式的方法，还考虑了损耗情况下的设备数量计算方法。

本章习题

一、单选题

1. 以下被称为设施的是（　　）。
   A. 政策　　　　　　B. 机床　　　　　　C. 管理　　　　　　D. 技术

2. 不能被称为设施的是（　　）。
   A. 厂房　　　　　　B. 机床　　　　　　C. 道路　　　　　　D. 技术

3. 设施规划起源可以追溯到哪个学科的发展（　　）。
   A. 机械工程　　　　B. 工业工程　　　　C. 建筑学　　　　　D. 经济学

4. 规定产品方案和数量的是（　　）。
   A. 纲领设计　　　　B. 产品设计　　　　C. 工艺过程设计　　D. 设施规划设计

5. 规定产品结构、尺寸、材料、包装等的是（　　）。
   A. 纲领设计　　　　B. 产品设计　　　　C. 工艺过程设计　　D. 设施规划设计

6. 自制零件如何生产、何时生产、每个作业多长时间，是对下述哪个选项的详细描述？（　　）
   A. 纲领设计　　　　B. 产品设计　　　　C. 工艺过程设计　　D. 设施规划设计

7. 生产纲领按生产类型划分为（　　）。
   A. 假定纲领　　　　B. 折合纲领　　　　C. 精确纲领　　　　D. 年生产纲领

8. 大批大量生产类型对应的生产纲领称为（　　）。
   A. 假定纲领　　　　B. 折合纲领　　　　C. 精确纲领　　　　D. 年生产纲领

9. 单件小批生产类型对应的生产纲领称为（　　）。
   A. 假定纲领　　　　B. 折合纲领　　　　C. 精确纲领　　　　D. 年生产纲领

10. 多品种中等批量生产类型对应的生产纲领为（　　）。
    A. 假定纲领　　　　B. 折合纲领　　　　C. 精确纲领　　　　D. 年生产纲领

11. 由规划设计人员完成的任务是（　　）。
    A. 纲领设计　　　　B. 产品设计　　　　C. 系统布置设计　　D. 工艺过程设计

12. 在单件生产类型中生产系统柔性（　　）。
    A. 较小　　　　　　B. 较大　　　　　　C. 最小　　　　　　D. 最大

13. 在大批量生产类型中生产系统柔性（　　）。
    A. 较小　　　　　　B. 较大　　　　　　C. 最小　　　　　　D. 最大

二、多选题

1. 设施规划与设计的内容包括（　　）。
   A. 厂址选择　　　　B. 产品设计　　　　C. 纲领设计　　　　D. 设施设计

2. 设施设计中工业工程专业的设施规划人员重点做的工作是（　　）。
   A. 布置设计　　　　B. 建筑设计　　　　C. 物料搬运设计　　D. 公用工程设计

E. 信息系统设计

3. 设施规划的研究对象是对（　　）的生产或服务系统进行规划。

A. 新建　　　　　　　　B. 改建　　　　　　　　C. 扩建

三、判断题

1. 在计算折合纲领时，选择数量最多的产品作为代表产品。（　　）

2. 在计算折合纲领时，先对产品按同类型进行分组，一般情况下选择数量最多的产品作为代表产品，当产品数量相差不大时选择中等规格的产品作为代表产品。（　　）

四、填空题

1. 从工业工程的角度考察，设施规划的范围被界定为_____和设施设计两个组成部分。

2. 设施规划起源于_____。

3. 工厂设计包括操作法工程、_____和_____。

五、简答题

1. 简述设施的定义。

2. 简述设施规划与设计（设施规划）的定义。

六、计算题

1. 某厂生产同类型中等规格设备，有 4 种规格 ABCD，数据见表 1-4。

（1）选出代表产品。

（2）计算其中某一个被代表产品的折合纲领。

表 1-4　基本数据表

产品型号	年产数量/台	单台重量/t	复杂性折合系数
A	360	15	1.02
B	350	10	1
C	450	12	1
D	500	8	1

2. 在一个 8h 的班次中，某项生产工艺可以生产出 750 件合格产品，该工艺的标准时间为 15min。因为机器操作人员不熟练，实际操作要花 20min，而且生产的零件有 10% 不合格。假设每台机器每班工作时间为 7h，确定在此班次中所需的投料数和机器台数。

3. 某产品每日预期产量为 200 件，它需要 3 道工序加工，车—铣—钻。各自的损耗率分别是 4%、1% 和 3%，铣床上的单件标准加工时间 5.8min，铣床每天提供给该产品的加工时间 6h，历史操作效率 90%，机床可靠性 85%，计算生产该产品需要铣床的数量。

4. X 和 Y 两种零件在 A、B、C 三种机床上加工，数据见表 1-5。零件 X 的加工路线为 ABC，每年要生产 110000 件，零件 Y 的加工路线为 CAB，每年要生产 250000 件，计算各机床的数量。

表 1-5　基本数据表

项目	A	B	C
零件 X 标准时间	0.15h	0.25h	0.1h
零件 Y 标准时间	0.1h	0.1h	0.15h
零件 X 损耗率	5%	4%	3%

项目	A	B	C
零件 Y 损耗率	4%	3%	2.5%
历史效率	90%	92%	95%
可靠性系数	95%	90%	95%
设备可用时间	1600h/年	1600h/年	1600h/年

第**2**章 生产和服务场址选择

2.1 概述

场址选择包括地区选择和地点选择，通常称为选点和定址。20 世纪末世界经济全球化的浪潮，以生产全球化、资本全球化和市场全球化为特征，跨国公司跨越国界的经济活动使设施的选址也超越了国界，可以在全球范围内选址。地区选择是对可能选择的国家或国内地区的选择，然后选择该地区内的合适具体地点。

场址选择不是由设施规划人员单独完成的，它是通过地区规划、地质勘探、气象、环保等部门及设施规划人员的共同合作，最后由决策部门作出决定。场址选择为生产或服务系统确定了所接触的外界环境，影响着生产系统的各种输入和输出。合理的厂址选择有利于充分利用人力、物力和自然资源；有利于促进建厂地区的经济发展；有利于保护环境和生态平衡。因此，场址选择的合理与否，直接影响工厂的基建投资、产品成本、发展前景、企业经济效益和国民经济效益。总之，场址选择对社会生产力布局、城镇建设、企业投资、建设速度及建成后的生产经营都会产生深远的重大影响。设施场址选得好，不但可以缩短建设工期，降低造价，同时还会对当地的政治、经济、文化、环保等领域产生深远的影响。场址选择不好，就会给企业留下终身隐患。

2.2 影响场址选择的主要因素

下面分别从地区选址和地点选址考虑因素分别进行介绍。地区选择主要考虑宏观因素，由于制造业和服务业的设施考虑不一样，因此要充分考虑不同设施的不同性质和特点。一般而言，地区选择主要考虑以下因素：

① 市场情况。不论是制造业还是服务业，设施的地理位置一定要与客户接近，越近越好。要考虑该地区的市场条件，对企业的产品和服务的需求情况、消费水平及与同类企业的竞争能力。要分析在相当长的时期内，企业是否有稳定的市场需求及未来市场的变化情况。

② 社会环境。要考虑当地的法律规定、金融、税收政策等情况是否有利于投资。

③ 资源条件。要充分考虑该地区是否可使企业得到足够的资源，如原材料、水电、燃料、动力等。除物料资源要求外，还应充分考虑人力，不同产品和生产方法对工人素质

和技巧有不同的要求。

④ 基础设施。交通道路、邮电通信、动力、燃料管线等基础设施对建立工厂投资影响很大，还有土地征用、拆迁、平整等费用。对我国来说尽量选用不适合耕作的土地作为场址，而不去占用农业生产用地。

⑤ 配套供应。通常，制造业中的产品尤其是大型机电产品需要数量众多的零部件厂与之配套供应，因此，地区内若有本企业所需要的各种配套件供应商，对及时供应各种零部件，支持精益生产，降低总成本都有重要意义。

在完成了地区选址后，就要在选定的地区内确定具体的建厂地点。一般而言地点选择主要考虑以下因素：

① 地形地貌条件。场址要有适宜建厂的地形和必要的场地面积，要充分合理地利用地形。地形力求平坦略有坡度，可以减少土石方工程，又便于地面排水。

② 地质条件。选择场址时，应对场址及其周围区域的地质情况进行调查和勘探，分析获得资料，查明场址区域的不良地质条件，对拟选场址的区域稳定性和工程地质条件作出评价。使地质条件满足建筑设计要求，如避开强烈地震区、滑坡地区和泥石流地区。

③ 运输连接条件。场址应便于原材料、燃料、产品、废料的运输。铁路运输时考虑靠近铁路和车站，水路运输时考虑靠近码头等。

④ 风向。场址应位于住宅区下风向，以免厂内排出废气烟尘及噪声影响住宅区居民。同时场址又不宜建在现有或拟建工厂的下风向，以免受其吹来烟尘影响。窝风的盆地会使烟尘不易消散，从而影响本厂卫生。

⑤ 供排水条件。供水水源要满足工厂既定规模用水量的要求，并满足水温、水质要求。在选择场址时，要考虑工业废水和场地雨水的排除方案。

⑥ 特殊要求。具有特殊要求的设施，应根据其特性选择合适的地点。如机场应选择在平坦开阔、周围没有高层建筑和山丘的地方；船舶制造必须在沿海和沿江的地方。

以上列出的是场址选择时需要考虑的一些重要因素，设施规划人员应根据设施的具体特点，具体问题具体分析，因地制宜，不能生搬硬套。

影响设施选址的因素很多，有些因素可以进行定量分析，并用货币的形式加以反映，称为经济因素，也称为成本因素。有些因素是只能定性分析的非经济因素，也称为非成本因素，非成本因素与成本无直接关系，但能间接影响产品的成本和企业的未来发展。这些因素分类见表2-1，可作为场址选择的评价指标。

表 2-1 设施选址的成本因素和非成本因素

成本因素	非成本因素
①原料供应及成本	①地区政府政策
②动力、能源的供应及成本	②政治环境
③水资源及其供应	③环境保护要求
④劳动力成本	④气候和地理环境
⑤产品运输成本	⑤文化习俗
⑥零配件运输成本	⑥城市规划和社区情况

成本因素	非成本因素
⑦建筑和土地成本	⑦发展机会
⑧税率、利率和保险	⑧同一地区竞争对手
⑨资本市场和流动资金	⑨地区的教育服务
⑩各类服务及维修成本	⑩共赢合作环境

2.3　场址选择方法

在我国，场址选择长期以来一直采用定性的经验分析方法，这些方法很大程度上依赖于设计者个人的经验与直觉，使得在决策时，有些重要因素被忽视，给企业带来难以弥补的损失。目前国内外形成了基于成本因素和综合因素评价的两类方法。

2.3.1　盈亏平衡法

该方法属于经济学范畴，在选址中通过确定的产量规模下，来寻求成本最低的设施选址方案。它建立在产量、成本、预测销售收入的基础之上。

【例 2-1】 某企业拟在国内新建一条生产线，确定了 3 个备选场址。由于各场址征地费用、建设费用、原材料成本、工资等不尽相同，从而生产成本也不相同。3 个场址的生产成本见表 2-2，试确定不同生产规模下最佳场址。

表 2-2　备选场址费用表

备选场址费用项目	A	B	C
固定费用/元	600000	1200000	2400000
单件可变费用/元	50	24	11

解：先求 A、B 两场址方案的交点产量，再求 B、C 两场址方案的交点产量，就可以决定不同生产规模下的最优选址。设 C_F 为固定费用，C_V 为单件可变费用，Q 为产量，则总费用为 $C_F + C_V Q$，A 方案总费用为 $600000 + 50Q$，B 方案总费用为 $1200000 + 24Q$，C 方案总费用为 $2400000 + 11Q$，设 A、B 两方案生产成本相同时产量为 Q_M，则

$$Q_M = \frac{C_{FB} - C_{FA}}{C_{VA} - C_{VB}} = \frac{1200000 - 600000}{50 - 24} = 2.31（万件）$$

设 B、C 两方案生产成本相同时产量为 Q_N，则

$$Q_N = \frac{C_{FC} - C_{FB}}{C_{VB} - C_{VC}} = \frac{2400000 - 1200000}{24 - 11} = 9.23（万件）$$

以生产成本最低为标准，当产量 Q 低于 2.31 万件时选 A 场址为佳，产量 Q 介于 2.31 万～9.23 万件之间时选 B 方案成本最低，当 Q 大于 9.23 万件时，选择 C 场址。

2.3.2 重心法

当产品成本中运输费用所占比重较大，企业的原材料由多个原材料供应地提供或其产品运往多个销售点时，都适宜采用重心法。选择此方法时运输费用等于货物运输量与运输距离以及运输费率的乘积。如图 2-1 所示，在直角坐标系中，需要选址的工厂坐标为 $P_0(x_d, y_d)$，配送中心、仓库或原材料供应点表示为 $W_j(x_j, y_j)$，现欲确定工厂位置，使从工厂到各处的运输费用为最小。

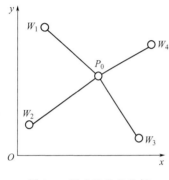

图 2-1 重心法选址坐标

P_0 到各处总费用为：

$$T = \sum_{j=0}^{n} a_j w_j d_j \tag{2-1}$$

$$d_j = \sqrt{(x_d - x_j)^2 + (y_d - y_j)^2} \tag{2-2}$$

式中，a_j 为工厂 P_0 到 W_j 的每单位物流量单位距离所需的运输费用；w_j 为工厂 P_0 到 W_j 的物流量；d_j 为工厂 P_0 到 W_j 的距离。

现在要求出 (x_d, y_d) 为何值时总费用最小。为使总费用最小。上述问题转变为求特定解使 T 为极小值。根据高等数学多元函数求极值的方法，将式(2-1) 分别对 x_d、y_d 求偏导，令偏导数为零。

$$\frac{\partial T}{\partial x_d} = \sum_{j=0}^{n} a_j w_j (x_d - x_j)/d_j = 0$$

$$\frac{\partial T}{\partial y_d} = \sum_{j=0}^{n} a_j w_j (y_d - y_j)/d_j = 0 \tag{2-3}$$

整理公式(2-3) 可得出最佳位置为：

$$x_d^* = \frac{\sum_{j=0}^{n} a_j w_j x_j/d_j}{\sum_{j=0}^{n} a_j w_j/d_j}$$

$$\tag{2-4}$$

$$y_d^* = \frac{\sum_{j=0}^{n} a_j w_j y_j/d_j}{\sum_{j=0}^{n} a_j w_j/d_j}$$

式(2-4) 中含有 d_j，而 d_j 是 x_d、y_d 的函数，此处要用迭代法求解 x_d、y_d，计算步骤如下：

① 给出初始位置 (x_d^0, y_d^0)，代入式(2-1)，计算 T^0。

② 初始位置 (x_d^0, y_d^0) 代入式(2-2)，计算 d_j。

③ d_j 代入式(2-4)，计算改进位置 (x_d^1, y_d^1)。

④ 改进位置 (x_d^1, y_d^1) 代入式(2-2)和式(2-1)，计算 T^1。

⑤ 比较 T^1 和 T^0，若 $T^1 < T^0$，重复步骤②、③、④，反复迭代，直到 $T^{k+1} \geqslant T^k$ 或两次差值极小，求出最优解 (x_d^k, y_d^k)。

由上述求解过程可知，该问题适合用计算机编程求解。通过研究发现，用式(2-5)作为最佳场址坐标与用计算机迭代求解结果相差不大。

$$x_d^* = \frac{\sum\limits_{j=0}^n a_j w_j x_j}{\sum\limits_{j=0}^n a_j w_j}$$

$$y_d^* = \frac{\sum\limits_{j=0}^n a_j w_j y_j}{\sum\limits_{j=0}^n a_j w_j}$$

（2-5）

【例 2-2】 某公司拟在某城市建一配送中心，该配送中心每年要往 A、B、C、D 销售点配送产品。各地与城市中心的距离和年运量见表 2-3。假定各种材料运输费率相同，试用重心法确定该厂的合理位置。

表 2-3 各设施位置和需要产品数量

各设施	位置坐标/km	需要产品数量/t
A	(40,50)	1800
B	(70,70)	1400
C	(15,18)	1500
D	(68,32)	700

解：根据式(2-5)有

$$x^* = \frac{40 \times 1800 + 70 \times 1400 + 15 \times 1500 + 68 \times 700}{1800 + 1400 + 1500 + 700} = 44.5 \text{(km)}$$

$$y^* = \frac{50 \times 1800 + 70 \times 1400 + 18 \times 1500 + 32 \times 700}{1800 + 1400 + 1500 + 700} = 44.0 \text{(km)}$$

2.3.3 线性规划法——运输问题

对于多个工厂供应多个需求点的问题，通常应用线性规划方法求解更为方便，此问题转化为运筹学问题中的经典问题即运输问题，其目的也是使生产运输费用最小。一般模型为：

$$\text{Min} Z = \sum_{i=1}^m \sum_{j=1}^n c_{ij} x_{ij}$$

$$s.t. \quad \sum_{i=1}^m x_{ij} = b_j \quad j = 1, 2, \cdots, n$$

$$\sum_{j=1}^{n} x_{ij} = a_i \quad i = 1, 2, \cdots, m$$
$$x_{ij} \geqslant 0$$

(2-6)

式中，m 为工厂数量；n 为销售点数量；c_{ij} 为产品单位运输费用；x_{ij} 为从工厂 i 运到销售点 j 的决策变量；b_j 为销售点 j 需求量；a_i 为工厂 i 供应量。

对于运输问题可以用单纯形法进行求解，因为运输问题具有结构上的特殊性，应用表上作业法进行求解。

表上作业法是一种求解运输问题的特殊方法，其实质是单纯形法，它针对运输问题变量多（如有 20 个产地 30 个销地的运输问题就有 600 个变量）、结构独特的情况，大大简化了求解的计算过程，它的计算过程如下所述。

这里设所有的运输问题都是产销平衡的，至于产销不平衡的运输问题可以先化为产销平衡的问题，再进行求解，表上作业法的步骤如下所述。

（1）确定初始基本可行解　对于有 m 个产地 n 个销地的产销平衡的问题，从其线性规划的模型上可知在它的约束条件中有 m 个关于产量的约束方程，n 个关于销量的约束方程，共有 $m+n$ 个约束方程。但由于产销平衡，前 m 个约束方程之和等于后 n 个约束方程之和，所以其模型最多有 $m+n-1$ 个独立的约束方程。系数矩阵的秩为 $m+n-1$，即运输问题有 $m+n-1$ 个基变量。找出初始基本可行解，就是在 $m \times n$ 产销平衡表上给出 $m+n-1$ 个数字格，其相应的调运量就是基变量，格子中所填写的值即为基变量的值。

（2）判定初始基本可行解是否最优　通过非基变量的检验数判断是否最优，即在表上计算除了上述的 $m+n-1$ 个基变量以外的空格的检验数，判别是否达到最优解，如已是最优解，则停止计算，否则转到下一步。特别强调在运输问题中都存在最优解。

（3）确定入基变量与出基变量。

（4）重复步骤（2）和（3）直到得到最优解。

以上运算都可以在表上完成，下面通过例子来说明表上作业法计算步骤。

【例 2-3】　喜庆食品公司有三个生产面包的分厂 A_1、A_2、A_3，有四个销售公司 B_1、B_2、B_3、B_4，其各分厂每日的产量、各销售公司每日的销售以及各分厂到各销售公司的单位运价如表 2-4 所示，在表中产量与销量的单位为 t，运价的单位为百元/t。问在满足各销售点的需求量的前提下，该公司如何调运产品使总运费最少？

表 2-4　产销平衡表

销地 产地	B_1	B_2	B_3	B_4	产量
A_1	3	11	3	10	7
A_2	1	9	2	8	4
A_3	7	4	10	5	9
销量	3	6	5	6	20 / 20

解：在产销平衡与运价表上找出初始基本可行解，为了把初始基本可行解与运价区分开，把运价放在每一栏的右上角，每一栏的下面写上初始基本可行解，初始可行解的确定介绍两种方法：西北角法和最小元素法。

（1）西北角法确定初始可行解　先从表的左上角（即西北角）的变量 x_{11} 开始分配运输量，并使 x_{11} 取尽可能大的值，这里产地 A_1 的产量为7，B_1 的销量为3，x_{11} 只能取3，即 $x_{11} = \min(7, 3) = 3$。由于 x_{11} 为3，所以 x_{21} 与 x_{31} 必为零。令 x_{21} 与 x_{31} 为非基变量，这样在 x_{11} 格里填上3，并把 B_1 的销量与 A_1 的产量都减去3填入销量、产量处，把原来的销量、产量划去。新填上的销量、产量表示在 $x_{11} = 3$（即 A_1 运给 B_1，3t）情况下，B_1 还需要的销量与 A_1 还能供应的数量，这时 A_1 还能供应4t，而 B_1 销量为0，已不需要从 A_2、A_3 再运了，这样我们就可把 B_1 列划去了。这样在产销平衡与运价表上（简称运输表）只剩下 3×3 矩阵了，这时 x_{12} 为西北角了，同样取 x_{12} 为尽可能大的值，知 $x_{12} = \min(4, 6) = 4$。取 $x_{12} = 4$ 填入，把 A_1 的产量改为0，把 B_2 的销量改为2填上，并划 A_1 这一行；同样找到西北角 x_{22}，取 $x_{22} = \min(4, 2) = 2$，改写 A_2 产量为2，B_2 销量为0，并划去 B_2 列；继续下去，取 $x_{23} = \min(2, 5) = 2$，改写 A_2 产量为0，B_3 销量为3，划去 A_2 行；再取 $x_{33} = \min(3, 9) = 3$，改写 A_3 产量为6，B_3 销量为0，并划去 B_3 列；最后取 $x_{34} = \min(6, 6) = 6$ 填上，A_3 的产量，B_4 的销量都改写为零，并划去 A_3 行。这样就得到了一个初始基本可行解，有 $m+n-1 = 3+4-1 = 6$ 个基变量，其中 $x_{11} = 3$，$x_{12} = 4$，$x_{22} = 2$，$x_{23} = 2$，$x_{33} = 3$，$x_{34} = 6$，此时，其总运输费用为 $3\times3 + 11\times4 + 9\times2 + 2\times2 + 10\times3 + 5\times6 = 135$，具体过程如表 2-5 所示。

表 2-5　西北角法确定初始方案

产地＼销地	B_1	B_2	B_3	B_4	产量
A_1	3 $x_{11} = 3$	11 $x_{12} = 4$	3	10	7　4　0
A_2	1	9 $x_{22} = 2$	2 $x_{23} = 2$	8	4　2　0
A_3	7	4	10 $x_{33} = 3$	5 $x_{34} = 6$	9　6　0
销量	3	6	5	6	20
	0	2	3	0	
	0	0	0		20

（2）最小元素法确定初始可行解　西北角法是对西北角的变量分配运输量，而最小元素法的做法是就近供应，即对单位运价最小的变量分配运输量。仍以本例为例确定初始基本可行解，如表 2-6 所示。

表 2-6　最小元素法确定初始方案

产地＼销地	B_1	B_2	B_3	B_4	产量
A_1	3	11	3 $x_{13}=4$	10 $x_{14}=3$	7　3　0
A_2	1 $x_{21}=3$	9	2 $x_{23}=1$	8	4　1　0
A_3	7	4 $x_{32}=6$	10	5 $x_{34}=3$	9　3　0
销量	3 0	6 0	5 4 0	6 3 0	20 20

在表上找到单位运价最小的 x_{21} 开始分配运输量，并使 x_{21} 取尽可能大的值。这里产地 A_2 产量为 4，销地 B_1 销量为 3，取 $x_{21}=\min(4,3)=3$，把 x_{21} 所在空格上填上 3，把 A_2 的产量改写为 1，把 B_1 的销量改写为 0，并把 B_1 列划去。在所剩下的 3×3 矩阵里找到运价最小的变量 x_{23}，取 $x_{23}=\min(1,5)=1$，A_2 产量改为 0，B_3 的销量改为 4，并把 A_2 行划去。在剩下的矩阵里找到运价最小的变量 x_{13}，取 $x_{13}=\min(7,4)=4$，A_1 产量改为 3，B_3 销量改为 0，并划去 B_3 列。在剩下的矩阵里找到运价最小的变量 x_{32}，取 $x_{32}=\min(9,6)=6$，A_3 产量改为 3，B_2 的销量改为 0，并把 B_2 列划去。在剩下的表中找到运价最小的变量 x_{34}，取 $x_{34}=\min(3,6)=3$，A_3 产量改为 0，B_4 的销量改为 3，并划去 A_3 行。在剩下的表中找到运价最小的变量 x_{14}，取 $x_{14}=\min(3,3)=3$，A_1 产量改为 0，B_4 的销量改为零，并划去 A_1 行。这就得到了一个初始基本可行解，有 6 个基变量，其中 $x_{13}=4$，$x_{14}=3$，$x_{21}=3$，$x_{23}=1$，$x_{32}=6$，$x_{34}=3$，其总运费为 $3\times4+10\times3+1\times3+2\times1+4\times6+5\times3=86$。

一般用最小元素法求得的初始基本可行解比用西北角法求得的初始基本可行解总运费要少一些。这样从用最小元素求得的初始基本可行解出发求最优解迭代次数可能少一些。另外在求初始基本可行解时要注意两个问题，一是当取定某个值后，会出现 A 的产量与 B 的销量都变为零的情况，这时只能划去 A_i 行或 B_j 列，但不能同时划去。二是用最小元素法时，可能会出现只剩一行或一列的所有格均未填数或未被划掉的情况，此时在这一行或这一列中除去已填上的数外均填上零，不能按空格划掉。这样可以保证填过数或零的格为 $m+n-1$ 个，即保证基变量的个数为 $m+n-1$ 个。

确定初始可行解后，需要判断是否是最优解，这里介绍两种方法检验初始方案是否为最优解的方法：一个是闭回路法，另一个是位势法。

（1）闭回路法检验初始方案是否最优　在已给出的调运方案的运输表上从一个代表非基变量的空格出发，沿水平或垂直方向前进，只有碰到代表基变量的填入数字的格才能向左或右转 90°（当然也可以不改变方向）继续前进，这样继续下去，直至回到出发的那个空格，由此形成的封闭的折线叫作闭回路。一个空格存在唯一的闭回路。

所谓的闭回路法，就是对于代表非基变量的空格（其调运量为零），把它的调运量调整为1，由于产销平衡的要求，必须对这个空格的闭回路的顶点的调运量加上或减少1。最后计算出由于这些变化给整个运输方案的总运输费带来的变化。其增加值或减少值作为该空格的检验数填入该空格，如果所有代表非基变量的检验数都$\geqslant 0$，也就是任一个非基变量变成基变量都会使得总运输费增加（对于求目标函数最大值的线性规划问题是要求所有检验数都$\leqslant 0$），那么原基本可行解就是最优解了，否则要进一步迭代以找出最优解。

对本例用最小元素法求出的初始基本解中的非基变量 x_{11} 来加以说明，如表 2-7 所示。

表 2-7 闭回路法求非基变量检验数

产地 ＼ 销地	B_1	B_2	B_3	B_4	产量
A_1	3 (1)	11	3 $x_{13}=4$	10 $x_{14}=3$	7 3 0
A_2	1 $x_{21}=3$	9	2 $x_{23}=1$	8	4 1 0
A_3	7	4 $x_{32}=6$	10	5 $x_{34}=3$	9 3 0
销量	3 0	6 0	5 4 0	6 3 0	20 20

先从空格（即非基变量）x_{11} 出发，找到一个闭回路如表 2-7 所示，这个闭回路有 4 个顶点，除 x_{11} 为非基变量外，其余的 x_{13}、x_{23}、x_{21} 都是基变量。现在把 x_{11} 的调运量从零增加为 1t，运费增加了 3 元，为了使 A_1 产量平衡，x_{11} 就减少 1t，运费减少了 3 元。为了 B_3 的销量平衡，x_{23} 就增加了 1t，运费增加 2 元。为了 A_2 的产量与 B_1 的销量平衡，x_{21} 就减少 1t，运费减少 1 元。这样调整之后，运费增加了 1 元。这就说明了 x_{11} 为非基变量，其值为零是对的选择。如果让 x_{11} 变为基变量，则运费要增加，把运费增加值 1 填入此空格作为 x_{11} 的检验数，为了区别检验数放在括号内表示。

同样我们可以用闭回路法求出 x_{22} 的检验数，从空格 x_{22} 出发，找到一个闭回路，如表 2-8 所示。

这个闭回路有 6 个顶点，除 x_{22} 外都是基变量。把这个闭回路的 6 个顶点，依次编号，x_{22} 为第一个顶点，x_{23} 为第二个顶点，x_{13} 为第三个顶点，x_{14} 为第四个顶点，x_{34} 为第五个顶点，x_{32} 为第六个顶点。把奇数顶点运价之和减去偶数顶点运价之和，所得值即为 x_{22} 检验数，如果 x_{22} 增加 1t 运输所引起的总运输费用的增加值为 1，在表上的 x_{22} 处写上检验数①。依次可以求得所有非基变量的检验数。

表 2-8　闭回路法求非基变量检验数

产地 \ 销地	B_1	B_2	B_3	B_4	产量
A_1	3	11	3　$x_{13}=4$	10　$x_{14}=3$	7　3　0
A_2	1　$x_{21}=3$	9　(1)	2　$x_{23}=1$	8	4　1　0
A_3	7	4　$x_{32}=6$	10	5　$x_{34}=3$	9　3　0
销量	3 0	6 0	5 4 0	6 3 0	20 20

（2）位势法检验初始方案是否最优　用闭回路法求检验数，需要给每一个空格找一条闭回路，当产销点很多时这种计算很麻烦。下面介绍较为简便的方法，即位势法。所谓的位势法，对运输表上的每一行赋予一个数值 u_i，对每一列赋予一个数值 v_j，它们的数值是由基变量 x_{ij} 的检验数 $\sigma_{ij}=c_{ij}-u_i-v_j=0$ 所决定的，则非基变量 x_{ij} 的检验数就可用公式 $\sigma_{ij}=c_{ij}-u_i-v_j$ 求出。

下面用位势法对本例用最小元素法求出的初始基本可行解求检验数。对给出的初始基本可行解做一个表，如表 2-9 所示，把原来表中的最后一列的产量改成 u_i 值，最后一行的产量改为 v_j 值，表中每一栏的右上角仍表示运价，栏中表示调运量，栏中无数值的表示此栏为非基变量，调运量为零。

表 2-9　位势法确定非基变量检验数

产地 \ 销地	B_1	B_2	B_3	B_4	u_i
A_1	3　(1)	11　(2)	3　$x_{13}=4$	10　$x_{14}=3$	0
A_2	1　$x_{21}=3$	9　(1)	2　$x_{23}=1$	8　(-1)	-1
A_3	7　(10)	4　$x_{32}=6$	10　(12)	5　$x_{34}=3$	-5
v_j	2	9	3	10	

先给 u_i 赋任意数值，不妨令 $u_1=0$，则从基变量 x_{13} 的检验数 $\sigma_{13}=c_{13}-u_1-v_3=0$，求得 $v_3=3$。同样求得 $u_2=-1$，$u_3=-5$，$v_1=2$，$v_2=9$，$v_3=3$，$v_4=10$。再利用非基变量检验数公式 $\sigma_{ij}=c_{ij}-u_i-v_j$ 求出检验数填入上表括号内，显然用位势法求得的检验数与用闭回路法求得的检验数是一样的。位势法的理论依据在这里省略不讲。

对不是最优方案进行调整，需要用闭回路法进行调整，根据检验数的含义，当某个非基变量的检验数为负值时，表明未得最优解，要进行调整。在所有为负值的检验数中，选其中最小的负检验数，以它对应的非基变量为入基变量，如在本例中因为 $\sigma_{24}=-1$，选非基变量 x_{24} 为入基变量，并以 x_{24} 所在格为出发点作一个闭回路，由于 $\sigma_{24}=-1$，表明增加 1 个单位的 x_{24} 的运输量，就可以使总运输减少 1。我们应尽量多增加 x_{24} 的运输量，但为了保证运输方案的可行性（即所有调运量必须 $\geqslant 0$），以 x_{24} 为出发点画闭回路，如表 2-10 所示，在 $x_{14}=3$，$x_{23}=1$ 中取其最小值即为 x_{24} 的最大可能增加量，即 $x_{24}=\min(3，1)=1$。为了使产销平衡，把所有的闭回路上为偶数顶点的运输量都减少这个值，而其他的闭回路上的为奇数顶点的运输量都增加这个值，即得到了调整后的运输方案，如表 2-10 所示。

表 2-10 闭回路法调整方案

产地 ＼ 销地	B₁	B₂	B₃	B₄	产量
A₁	3	11	3 $x_{13}=5$	10 $x_{14}=2$	7
A₂	1 $x_{21}=3$	9	2	8 $x_{24}=1$	4
A₃	7	4 $x_{32}=6$	10	5 $x_{34}=3$	9
销量	3	6	5	6	20 ＼ 20

再应用位势法进行非基变量检验数的计算如表 2-11 所示。

表 2-11 位势法计算检验数

产地 ＼ 销地	B₁	B₂	B₃	B₄	u_i
A₁	3 （0）	11 （2）	3 $x_{13}=5$	10 $x_{14}=2$	0
A₂	1 $x_{21}=3$	9 （2）	2 （1）	8 $x_{24}=1$	−2
A₃	7 （9）	4 $x_{32}=6$	10 （10）	5 $x_{34}=3$	−5
v_j	3	9	3	10	

根据表中检验数可知所有检验数都 $\geqslant 0$（基变量的检验数都等于零），此解是最优解，

这时最小总运输费为 85 元。具体的运输方案如下：A_1 分厂运 5t 给销售公司 B_3，运 2t 给销售公司 B_4；A_2 分厂运 3t 给销售公司 B_1，运 1t 给销售公司 B_4；A_3 分厂运 6t 给销售公司 B_2，运 3t 给销售公司 B_4。

与单纯形表法一样，表上作业法求解运输问题也会存在多个最优方案的情况，这对决策者来说是很重要的，他可以考虑与模型无关的其他因素，而确定最后的方案。识别是否有多个最优解的方法与单纯形表法一样，只需看最优方案中是否存在非基变量的检验数为零。如在本例中给出的最优运输方案中 x_{11} 的检验数 $\sigma_{11}=0$，可知此运输问题有多个最优解，为求得另一个最优解，只要把 x_{11} 作为入基变量，调整运输方案，就可得到另一个最优方案。

2.3.4 启发式方法

服务系统经常面临在一个地区建多少服务点的问题，该问题比较复杂，可以通过启发式方法求解，通过例题加以说明。

【例 2-4】 某公司拟在某市建立两家连锁超市，该市共有 4 个区，记为甲、乙、丙、丁。假定各区人口均匀分布，各区可能光临各个超市的人数相对权重及距离见表 2-12，问题是两家超市设立在哪两个区使得各区居民到超市购物最方便，即总距离成本最低。

表 2-12 4 个地区人口、距离和相对权重

项目	甲	乙	丙	丁	人口/千人	人口相对权重
甲	0	11	8	12	10	1.1
乙	11	0	10	7	8	1.4
丙	8	10	0	9	20	0.7
丁	12	7	9	0	12	1.0

解： 由表 2-12 构造权重人口距离表，如从甲区到乙区为 $11\times10\times1.1=121$。表 2-13 中按列相加，挑选出最低成本所在列为超市第一候选地址，本列中丙区为优先选择的地址。

表 2-13 按列相加选择地址

项目	甲	乙	丙	丁
甲	0	121	88	132
乙	123.2	0	112	78.4
丙	112	140	0	126
丁	114	84	108	0
合计	349.2	345	308	336.4

对每一行比较除零以外至已确定地址的成本，若成本高于已确定地址成本则修改为已确定地址成本，若成本低于已确定地址成本则保留，删除已确定地址，再按列相加，和最

小对应的丁是第 2 个超市地址，见表 2-14。重复以上步骤，选择超市的顺序为丙、丁、甲、乙。

表 2-14　按列相加选择地址

项目	甲	乙	丁
甲	0	88	88
乙	112	0	78.4
丙	0	0	0
丁	108	84	0
合计	220	172	166.4

2.3.5　加权因素法

设施选址受到诸多因素的影响，比如经济因素和非经济因素。经济因素可以用货币的量来表示，而非经济因素要通过一定的方法进行量化，称为综合因素评价法。常用的有加权因素法和因次分析法。

对非经济因素进行量化一般采用加权因素法，按下列步骤进行：

① 列出场址选择考虑的各种因素。

② 确定因素权重。

③ 对各因素就每个备选场址进行评级，共分为五级，用 5 个元音字母 A、E、I、O、U 表示。各个级别分别对应不同的分数：A＝4、E＝3、I＝2、O＝1、U＝0。

④ 计算各因素权重与备选场址对各因素评级分数乘积之和，分数最高者为最佳场址方案。

【例 2-5】 某一设施选址共有 K、L、M 3 个备选方案，选定的影响因素有 5 个，权重及评定等级见表 2-15，确定场址方案。

表 2-15　加权因素法选择场址举例

序号	因素	权重	K	L	M
1	位置	8	A/32	A/32	I/16
2	面积	6	A/24	A/24	U/0
3	地形	3	E/9	A/12	I/6
4	地质条件	10	A/40	E/30	I/20
5	运输条件	5	E/15	I/10	I/10
合计			120	108	52

从表中可以看出来应该选择得分最高的 K 作为场址，应用此方法的关键是因素的确定和权重的确定。

2.3.6 因次分析法

因次分析法是将经济因素（成本因素）和非经济因素（非成本因素）按照相对重要度统一起来。设经济因素和非经济因素相对重要程度之比为 $m:n$，且有 $m+n=1$，步骤如下。

① 确定经济因素重要性因子 OM_i，其大小受各项成本影响，其计算式表示为：

$$OM_i = \frac{\dfrac{1}{C_i}}{\displaystyle\sum_{i=1}^{N} \dfrac{1}{C_i}} \qquad (2\text{-}7)$$

式中，C_i 为第 i 选址方案总成本；N 为备选场址方案数目。

此处取成本的倒数进行比较，是为了和非经济因素相统一。因为非经济因素越重要其指标越大，而经济因素成本越高，经济性越差。所以取倒数进行比较，计算结果大者经济性好。

② 确定非经济因素重要性因子 SM_i。确定各个非经济因素相对权重 I_k，再确定单一非经济因素对于不同候选场址的重要性 S_{ik}。即就单一因素将被选场址两两比较，令较好的比重值为 1，较差的比重值为 0。将各方案的比重除以所有方案所得比重之和，得到单一因素相对于不同场址的重要性因子 S_{ik}，如公式(2-8)表示：

$$S_{ik} = \frac{W_{ik}}{\displaystyle\sum_{i=1}^{N} W_{ik}} \qquad (2\text{-}8)$$

式中，W_{ik} 为第 i 选址方案 k 因素中的比重；S_{ik} 为 i 选址方案对 k 因素的重要性。

确定非经济因素重要性因子 SM_i，如公式(2-9)所示：

$$SM_i = \sum_{k=1}^{M} I_k S_{ik} \qquad (2\text{-}9)$$

式中，I_k 为非经济因素相对权重。

③ 将经济因素的重要性因子和非经济因素的重要性因子按重要程度叠加，得到该场址的重要性指标 LM_i，场址重要性指标最大的为最佳选择方案。计算公式为

$$LM_i = m \times SM_i + n \times OM_i \qquad (2\text{-}10)$$

【例 2-6】 某公司拟建一配送中心，有 3 处待选场址 A、B、C，主要经济因素成本见表 2-16，非经济因素主要考虑竞争能力、运输条件和环境（表 2-17～表 2-19）。就竞争能力而言，C 地最强，B、A 地相平；就运输条件而言，C 优于 A，A 优于 B；就环境而言，B 地最好，A 地最差。据专家评估，3 种非经济因素相对权重为 0.4、0.4 和 0.2，要求用因次分析法确定最佳场址，设经济因素和非经济因素相对重要程度之比为 $m:n=0.5:0.5$（表 2-20）。

解： 按式(2-7)计算经济因素重要性因子 OM_i 得到 OM_A、OM_B 和 OM_C 分别为 0.3395、0.3382 和 0.3223。根据 0-1 强迫法确定 i 选址方案对 k 因素的重要性 S_{ik}。

表 2-16 备选场址各项生产成本费用

费用	A	B	C
工资	250	230	248
运输费用	181	203	190
租金	75	83	91
其他费用	17	9	22
总费用	523	525	551

表 2-17 竞争能力对各方案相对重要性

竞争能力	A	B	C	得分	S_{ik}
A	0	1	0	1	0.25
B	1	0	0	1	0.25
C	1	1	0	2	0.5

表 2-18 运输条件对各方案相对重要性

运输条件	A	B	C	得分	S_{ik}
A	0	1	0	1	0.33
B	0	0	0	0	0
C	1	1	0	2	0.67

表 2-19 环境对各方案相对重要性

环境	A	B	C	得分	S_{ik}
A	0	0	0	0	0
B	1	0	1	2	0.67
C	1	0	0	1	0.33

根据式(2-9)计算非经济因素重要性因子 SM_i。

表 2-20 各非经济因素重要性因子

S_{ik}	A	B	C	I_k	SM_i
竞争能力	0.25	0.25	0.5	0.4	0.232
运输条件	0.33	0	0.67	0.4	0.234
环境	0	0.67	0.33	0.2	0.534

按式(2-10)计算场址重要性指标 LM_i 得到 LM_A、LM_B 和 LM_C 分别为 0.2858、0.2961 和 0.4281。因为 LM_C 最大，故选择 C 地作为配送中心。

2.3.7　优缺点比较法

优缺点比较法是把各个方案的优点和缺点列在一张表上，对各方案的优缺点进行分析和比较，从而得到最优方案。优缺点比较法的一般步骤如下。首先，明确需要比较的选项。这些选项可以是不同的产品、解决方案、决策等。其次对于每个选项，列出它们的优点和缺点。这可以涉及各个方面，如成本、效益、可行性、风险等。然后对于每个优点和缺点，考虑它们的重要性和影响程度。一些因素可能比其他因素更关键，因此需要在评估时给予适当的权重。最后综合所有的优点和缺点，得出每个选项的总体评价。这可以是定性的，也可以是定量的，取决于具体情况。

优缺点方法的优点如下：优缺点比较法可以帮助全面地了解不同选项的各个方面，具有全面性；这种方法可以为决策提供客观的依据，避免基于主观感受的决策；通过比较优缺点，可以更清楚地了解每个选项的优势和劣势，有助于权衡利弊。

优缺点方法的缺点如下：在权衡各个因素的重要性时，可能会受到个人主观判断的影响；获取准确的信息以支持优缺点比较可能会很困难，特别是在复杂的情况下；有时候，某些因素可能无法用优缺点的方式简单比较，因此这种方法可能不适用于所有情况。

2.3.8　TOPSIS 法

TOPSIS（technique for order preference by similarity to an ideal solution）法由 C. L. Hwang 和 K. Yoon 于 1981 年首次提出。TOPSIS 法根据有限个评价对象与理想化目标的接近程度进行排序，是在现有的对象中进行相对优劣的评价。

基本原理是通过检测评价对象与最优解、最劣解的距离来进行排序，若评价对象最靠近最优解同时又最远离最劣解，则为最好；否则不为最优。其中最优解的各指标值都达到各评价指标的最优值。最劣解的各指标值都达到各评价指标的最差值。它能对原始评判数据进行规范化和标准化处理，充分而客观地反映各方案之间的差距，且对原始评判数据无特殊要求。TOPSIS 方法的基本步骤如下所述。

（1）构建评价矩阵　假设某个决策问题有 m 个决策对象，对应 n 个决策指标，选取一定规则和方法对 m 个决策对象分别进行 n 个决策指标的评价，由此得到评价矩阵 $\boldsymbol{Y}$ 为：

$$\boldsymbol{Y} = \begin{bmatrix} y_{11} & y_{12} & \cdots & y_{1n} \\ y_{21} & y_{22} & \cdots & y_{2n} \\ \vdots & \vdots & & \vdots \\ y_{m1} & y_{m2} & \cdots & y_{mn} \end{bmatrix} \tag{2-11}$$

其中，y_{ij} 是第 i 个方案关于第 j 个属性的数值结果。

（2）对评价矩阵进行规范化　由于内部性质、单位量级等存在差异，不同决策指标对决策问题的影响也不同，未消除量纲的影响，需要对综合评价矩阵进行标准化处理，从而得到规范化评价矩阵 $\boldsymbol{Z}$，其中：

$$z_{ij} = \frac{y_{ij}}{\sqrt{\sum\limits_{i=1}^{m} y_{ij}^2}} \qquad (2\text{-}12)$$

（3）确定决策指标权重 指标的权重通常是不一样的，可以根据数据本身所包含的信息更加客观地确定指标权重。指标类型一般分为效益型指标和成本型指标，对数据进行归一化的处理，公式如下：

$$d'_{ij} = \frac{y_{ij} - y_j^{\min}}{y_j^{\max} - y_j^{\min}} \quad j \in I_1$$

$$d'_{ij} = \frac{y_j^{\max} - y_{ij}}{y_j^{\max} - y_j^{\min}} \quad j \in I_2 \qquad (2\text{-}13)$$

式中，I_1 表示效益型指标；I_2 表示成本型指标。

为避免 d'_{ij} 出现 0 值，应用如下公式处理：

$$d_{ij} = \frac{1 + d'_{ij}}{\sum\limits_{i=1}^{m} (1 + d'_{ij})} \qquad (2\text{-}14)$$

根据公式得到第 j 个指标的熵、差异度和熵权：

$$H_j = -\sum\limits_{i=1}^{m} d_{ij} \ln d_{ij} \qquad (2\text{-}15)$$

$$k_j = 1 - \frac{H_j}{\ln m} \qquad (2\text{-}16)$$

$$w_j = \frac{k_j}{\sum\limits_{j=1}^{n} k_j} \qquad (2\text{-}17)$$

（4）加权规范化评价矩阵 X

$$x_{ij} = w_j \times z_{ij} \qquad (2\text{-}18)$$

（5）确定正、负理想解 对加权规范化综合评价矩阵 F 中每个决策指标的评价值进行大小比较，确定该决策指标的正、负理想解，以得到用于比较的每一决策指标的绩效指数。通常情况下，正负理想解分别表收益和成本，因此决策者分别采用最大值、最小值确定正、负理想解如下：

$$x_j^* = \begin{cases} \max_i x_{ij} & I_1 \\ \min_i x_{ij} & I_2 \end{cases} \qquad (2\text{-}19)$$

$$x_j^0 = \begin{cases} \min_i x_{ij} & I_1 \\ \max_i x_{ij} & I_2 \end{cases} \qquad (2\text{-}20)$$

（6）计算正、负欧式距离 应用欧式距离公式，计算每一决策对象与正、负理想解的距离如下：

$$d_i^* = \sqrt{\sum\limits_{j=1}^{n} (x_{ij} - x_j^*)^2} \qquad (2\text{-}21)$$

$$d_i^0 = \sqrt{\sum\limits_{j=1}^{n} (x_{ij} - x_j^0)^2} \qquad (2\text{-}22)$$

（7）**计算相对贴近度**　根据每个决策对象与正、负理想解的相对贴近度的大小进行风险优先度排序，相对贴近度越大，则表示该决策对象越重要，风险也越高。考虑所有决策指标而言，相对贴近度的计算公式如下：

$$c_i^* = d_i^0 / (d_i^0 + d_i^*) \tag{2-23}$$

（8）**风险结果分析**　按 c_i^* 由大到小排列方案的优劣次序。

【**例 2-7**】　某企业由于生产能力扩张，为了进一步发展业务，要新建一个配送中心。备选方案表示 A＝（A₁，A₂，A₃，A₄），考虑 5 种指标 **Y**＝（Y₁，Y₂，Y₃，Y₄，Y₅），指标属性分别表示为总投资（万元）、对环境污染治理（万元）、运行费用（万元/年）、内部收益率（％）和净现值（万元）。

$$\mathbf{Y} = \begin{bmatrix} 20000 & 15 & 100 & 20.1 & 33537 \\ 25000 & 12 & 112 & 19.9 & 35700 \\ 27000 & 18 & 120 & 23.4 & 42100 \\ 22000 & 14 & 108 & 21.5 & 36001 \end{bmatrix}$$

解： 应用公式(2-13) 和公式(2-14) 对矩阵 Y 进行趋势化和归一化处理得到矩阵 **D**

$$\mathbf{D} = \begin{bmatrix} 0.5000 & 0.2308 & 0.5000 & 0.0377 & 0.0000 \\ 0.14285 & 0.4615 & 0.2000 & 0.0000 & 0.1640 \\ 0.0000 & 0.0000 & 0.0000 & 0.6604 & 0.6492 \\ 0.35715 & 0.3077 & 0.3000 & 0.3019 & 0.1868 \end{bmatrix}$$

应用公式(2-15)～公式(2-17) 熵权法确定属性权重

$$w_j = (0.1789 \quad 0.01491 \quad 0.1619 \quad 0.2848 \quad 0.2252)$$

应用公式(2-12) 求得规范决策矩阵

$$\mathbf{Z} = \begin{bmatrix} 0.4228 & 0.5034 & 0.4535 & 0.4729 & 0.4535 \\ 0.5285 & 0.4027 & 0.5079 & 0.4682 & 0.4828 \\ 0.5707 & 0.6040 & 0.5442 & 0.5506 & 0.5693 \\ 0.4650 & 0.4698 & 0.4898 & 0.5059 & 0.4869 \end{bmatrix}$$

应用公式(2-18) 构成加权规范矩阵

$$\mathbf{X} = \begin{bmatrix} 0.0756 & 0.0751 & 0.0734 & 0.1347 & 0.1021 \\ 0.0945 & 0.0600 & 0.0822 & 0.1333 & 0.1087 \\ 0.1020 & 0.0901 & 0.0881 & 0.1568 & 0.1282 \\ 0.0832 & 0.0700 & 0.0793 & 0.1441 & 0.1096 \end{bmatrix}$$

应用公式(2-19) 和公式(2-20) 确定理想解和负理想解

$$x_j^* = (0.0756 \quad 0.0600 \quad 0.0734 \quad 0.1568 \quad 0.1282)$$

$$x_j^0 = (0.1020 \quad 0.0901 \quad 0.0881 \quad 0.1333 \quad 0.1021)$$

应用公式(2-21) 和公式(2-22) 计算各方案到理想解与负理想解的距离

$$d_i^* = (0.0374 \quad 0.0370 \quad 0.0427 \quad 0.0265)$$

$$d_i^0 = (0.0338 \quad 0.0322 \quad 0.0351 \quad 0.0317)$$

应用公式(2-23) 计算各方案的综合评价指数，按综合评价指数由大到小排列方案的

优劣次序

$$c_i^* = (0.4747 \quad 0.4653 \quad 0.4512 \quad 0.5447)$$

按综合评价指数由大到小排列方案的优劣次序为 A_4 优于 A_1 优于 A_2 优于 A_3。

本章小结

本章主要内容包括场址选择考虑的因素和场址选择方法。场址选择方法主要介绍了盈亏平衡法、重心法、线性规划法、启发式方法、加权因素法、因次分析法、优缺点比较法和 TOPSIS 法。八种方法都可以用于对生产或服务系统进行选址。

本章习题

一、选择题

1. 影响场址选择的内部因素是（　　）。

A. 气候条件　　　　　B. 汇率　　　　　C. 项目和产品　　　D. 基础设施

2. 影响场址选择的外部因素是（　　）。

A. 企业经营结构　　　B. 企业性质　　　C. 项目和产品　　　D. 基础设施

3. 影响因素也可以划分为成本因素和非成本因素，以下属于成本因素的是（　　）。

A. 劳动力工资　　　　B. 宗教信仰　　　C. 生活习惯

4. 影响因素也可以划分为成本因素和非成本因素，以下属于非成本因素的是（　　）。

A. 劳动力工资　　　　B. 征用土地　　　C. 地区政府政策

5. Weber（韦伯）提出在产品生产过程中，越来越增重，场址选择靠近（　　）。

A. 原材料产地　　　　B. 消费者市场

6. 重心法是按（　　）原则选址。

A. 生产成本最大　　　B. 生产成本最小　　C. 运输费用最大　　D. 运输费用最小

7. （　　）的场址应选在与本身性质相适应的安静、安全、卫生环境之中。

A. 军用建筑　　　　　B. 民用建筑　　　C. 工业建筑　　　　D. 农业建筑

8. 在场址选择的分析方法中，把备选方案的经济因素（成本因素）和非经济因素（非成本因素）同时加权进行比较的方法是（　　）。

A. 加权评分法　　　　B. 因次分析法　　C. 线性规划法　　　D. 重心法

9. 运用（　　）重要的是要选择好所涉及的因素。

A. 投资收益率法　　　B. 加权因素法　　C. 线性规划法　　　D. 净现值法

二、填空题

1. 设施选址先确定国家，再确定地区，最后确定＿＿＿＿＿＿＿＿＿。

2. 设施选址分类包括＿＿＿＿＿＿＿＿＿和＿＿＿＿＿＿＿＿＿。

3. 厂址选择的影响因素分为内部因素和＿＿＿＿＿＿，＿＿＿＿＿＿是不可控的，企业只能被动适应。

4. 加权因素法的关键是确定＿＿＿＿＿＿和＿＿＿＿＿＿。

5. 方案 A_1、A_2、A_3 有两个指标（属性）f_1、f_2。3 个方案的坐标值分别是 $A_1(2,1)$、$A_2(4,6)$、$A_3(6,3)$：

当 f_1、f_2 都是效益型指标时，理想解 A^* 为＿＿＿＿＿＿＿，负理想解 A^- 为＿＿＿＿＿＿；

当 f_1、f_2 都是成本型指标时，理想解 A^* 为_____，负理想解 A^- 为_____；

当 f_1 是效益型指标，f_2 是成本型指标时，理想解 A^* 为_____，负理想解 A^- 为_____；

当 f_1 是成本型指标，f_2 是效益型指标时，理想解 A^* 为_____，负理想解 A^- 为_____。

三、判断题

1. 盈亏点平衡法是在确定特定产量规模下进行方案选择的定量方法。（　　）

2. 盈亏点平衡法是在产量不确定的前提下进行方案选择的定量方法。（　　）

四、计算题

1. 某工具制造商要迁址，并确定了两个地区以供选择。A 地的年固定成本为 800000 元，可变成本为 14000 元/台；B 地的年固定成本为 920000 元，可变成本为 13000 元/台。产品最后售价为 17000 元/台。

（1）当产量为多少时，两地的总成本相等？

（2）当产量处于什么范围时，A 地优于 B 地？当产量处于什么范围时，B 地优于 A 地？

2. 某企业的两个工厂分别生产 A、B 两种产品，供应三个市场（M_1、M_2 和 M_3），已知如表 2-21 所示。现需设置一个中转仓库，A、B 两种产品通过该仓库间接向三个市场供货。使用重心法求出仓库的最优选址。

表 2-21　基本数据表

节点（i）	产品	运输总量	运输费率	坐标 x	坐标 y
P_1	A	2000	0.05	3	8
P_2	B	3000	0.05	8	2
M_1	A、B	2500	0.075	2	5
M_2	A、B	1000	0.075	6	4
M_3	A、B	1500	0.075	8	8

3. 工厂 F_1、F_2、F_3、F_4 供应 4 个需求点的某种产品，由于需求增加，需要新建工厂，备选地在 F_3 和 F_4，具体数据资料如表 2-22 所示，运用表示作业法选择新建工厂地址。

表 2-22　基本数据表

项目 编号	单位物料运输费用/万元				产量/台	生产成本/万元
	P_1	P_2	P_3	P_4		
F_1	0.5	0.3	0.2	0.3	7000	7.5
F_2	0.65	0.5	0.35	0.15	5500	7
F_3	0.15	0.05	0.18	0.65	12500	7
F_4	0.38	0.5	0.8	0.75	12500	6.7
需求量	4000	8000	7000	6000		

4. 某公司拟建一生产冰箱的工厂，有三处待选场址 A、B、C，主要经济因素成本如表 2-23 所示，非经济因素比较及各因素权重见表 2-24，设经济因素和非经济因素相对重要程度之比为 $m:n=0.5:0.5$，用因次分析法进行方案的选择。

表 2-23　经济因素成本

场址	劳动力费用	运输费用	税收费用	能源费用	其他
A	200	140	180	220	180
B	240	100	240	300	100
C	290	80	250	240	140

表 2-24　非经济因素情况

场址	当地欢迎程度	可利用的劳动力	竞争对手	生活条件
A	很好	好	一般	一般
B	较好	很好	较多	好
C	好	一般	少	很好
加权指数	3	2	4	1

5. 为了客观地评价我国研究生教育的实际状况和各研究生院的教学质量，国务院学位委员会办公室组织过一次研究生院的评估。为了取得经验，先选 5 所研究生院，收集有关数据资料进行了试评估，数据见表 2-25。应用 TOPSIS 法对 5 所研究生院进行评估，师生比指一个导师所带研究生的个数，假设不能容忍下限为 1，下限 3，上限 4，不能容忍上限 8。逾期毕业率指研究生未按时毕业的人数占总人数的比率。应用 TOPSIS 法对 5 个研究院进行评价。

表 2-25　基本数据表

项目	人均专著 /(本/人)	师生比	优秀论文数量	科研经费 /(万元/年)	逾期毕业率 /%
1	0.1	4	5	5000	4.7
2	0.2	2	6	6000	5.6
3	0.4	5	7	7000	6.7
4	0.9	6	10	10000	2.3
5	1.2	7	2	400	1.8

第**3**章　设施布置设计

3.1　概述

3.1.1　设施布置设计的含义和内容

设施布置与设计是指根据企业的经营目标和生产纲领，在已确定的空间场所内，从原材料的接收、零件和产品的制造、成品的包装、发运等全过程，力争将人员、设备和物料所需要的空间做最适当的分配和最有效的组合，以获得最大的经济效益。

设施布置包括工厂总体布置和车间布置。工厂总体布置应解决工厂各个组成部分，包括生产车间、辅助生产车间、仓库、动力站、办公室、露天作业场地等各种作业单位和运输线路、管线、绿化及美化设施的相互位置，同时应解决物料的流向和流程、厂内外运输的连接及运输方式。车间布置应解决各生产工段、辅助服务部门、储存设施等作业单位及工作地、设备、通道、管线之间的相互位置，同时应解决物料搬运的流程及运输方式。

3.1.2　设施布置设计的原则

根据当地规划要求和工厂生产需要确定适当的厂址位置的前提下，应按下列原则进行工厂布置。

① 符合工艺过程的要求。尽量使生产对象流动顺畅，避免工序间的往返交错，使设备投资最小、周期最短。

② 最有效地利用空间。使场地利用达到适当的建筑占地系数（建筑物、构筑物占地面积与场地总面积的比率），使建筑物内部设备的占有空间和单位制品的占有空间最小。

③ 物料搬运费用最少。要便于物料的输入和产品、废料等物料运输路线短捷，尽量避免运输的往返和交叉。

④ 保持生产和安排的柔性。使之适应产品需求的变化、工艺和设备的更新及扩大生产能力的需要。

⑤ 适应组织结构的合理化和管理的方便。使有密切关系或性质相近的作业单位布置在一个区域并就近布置，甚至合并在同一个建筑物内。

⑥ 为职工提供方便、安全、舒适的作业环境，使之合乎生理、心理要求，为提高生

产效率和保证职工身心健康创造条件。

上述设计原则涉及面非常广，往往存在相互矛盾的情况，应该结合具体的条件加以考虑。

3.1.3 设施布置的基本形式

设施布置形式受工作流的形式限制，有 4 种基本类型，包括工艺原则布置、产品原则布置、固定工位布置和成组原则布置。

（1）工艺原则布置（process layout） 工艺原则布置又称机群布置或功能布置，如图 3-1 所示。是一种将相似设备或功能相近设备集中布置的布置形式，如按车床组、磨床组等分区。被加工的零件，根据预先设定好的流程顺序，从一个地方转移到另一个地方，每项操作都由适宜的机器完成。这种布置形式通常适用于单件生产及多品种小批量生产模式。医院是采用工艺原则布置的典型例子。工艺原则布置的优缺点见表 3-1。

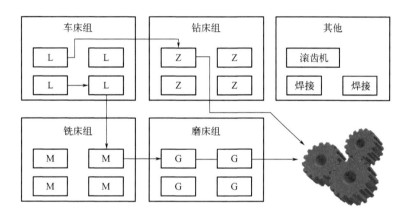

图 3-1　工艺原则布置

表 3-1　工艺原则布置的优缺点

优点	缺点
机器利用率高,可减少设备数量	由于流程较长,搬运路线不确定,运费高
设备和人员柔性程度高,更改产品和数量方便	生产计划与控制较复杂,要求员工素质较高
操作人员作业多样化,有利于提高工作兴趣和职业满足感	库存量相对较大

（2）产品原则布置（product layout） 产品原则布置也称装配线布置、流水线布置或对象原则布置，如图 3-2 所示，是一种根据产品制造的步骤安排设备或工作过程的方式。产品流程是一条从原料投入到成品完工为止的连续线。固定制造某种部件或某种产品的封闭车间，其设备、人员按加工或装配的工艺过程顺序布置，形成一定的生产线。适用于少品种、大批量生产方式，这是大量生产中典型的设备布置方式，产品原则布置的优缺点见表 3-2。

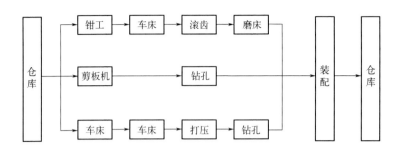

图 3-2 产品原则布置示意

表 3-2 产品原则布置的优缺点

优点	缺点
由于布置符合工艺过程,物流畅通	设备发生故障时引起整个生产线中断
由于上下工序衔接,存放量少	产品设计变化将引起布置的重大调整
物料搬运工作量少	生产线速度取决于最慢的机器
可做到作业专业化,对工人技能要求不高,易于培训	生产线有的机器负荷不满,造成相对投资较大
生产计划简单,易于控制	生产线重复作业,工人易产生厌倦
可使用专用设备和机械化、自动化搬运方法	维修和保养费用高

(3) 固定工位布置 (fixed layout) 适用于大型设备(如飞机、轮船)的制造过程,产品固定在一个固定位置上,所需设备、人员、物料均围绕产品布置,这种布置方式在一般场合很少应用,飞机制造厂、造船厂、建筑工地等是这种布置方式的实例。

(4) 成组原则布置 (group layout) 在产品品种较多、每种产品的产量又是中等程度的情况下,将工件按其外形与加工工艺的相似性进行编码分组,同组零件用相似的工艺过程进行加工,同时将设备成组布置,即把使用频率高的机器群按工艺过程顺序布置,组成成组制造单元,整个生产系统由数个成组制造单元构成。这种成组原则布置方式适用于多品种、中小批量生产。成组技术布置如图 3-3 所示,其优缺点见表 3-3。

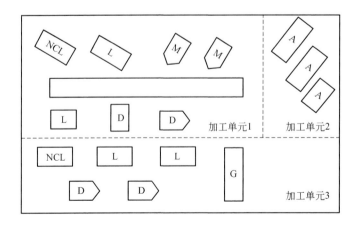

图 3-3 成组技术布置示意

表 3-3 成组技术布置的优缺点

优点	缺点
由于产品成组,设备利用率高	需要较高的生产控制水平以平衡各单元之间的生产流程
流程通畅,运输距离较短,搬运量少	若单元间流程不平衡,需中间储存,增加了物料搬运
有利于发挥班组合作精神,有利于扩大员工的作业技能	班组成员需掌握所有作业技能

成组布置需要将生产同一零件组的机器、物料、工具等设备进行分组,使机器设备形成不同的制造单元。人们已经提出多种方法来解决制造单元的选择问题,最常用的方法有分类和编码法、生产流程分析法、启发式方法、数学模型法、直接簇聚法和排序聚类法等,在本书中主要介绍直接簇聚法和排序簇聚法两种方法。

直接簇聚法步骤如下所述。

步骤 1:建立零件-设备矩阵,零件排在行,设备排在列,矩阵中标识"1"的位置表示零件在某设备上加工。分别按行和按列计算 1 的个数,以行总和从上到下递减重新排列零件,行和相等按零件号递减排列。以列总和从左到右递增重新排列设备,列和相等按设备号递减排列,获得新的零件-设备矩阵。

步骤 2:列移动。从矩阵的第一行开始,将有 1 的各列移动到左边,对下面各行重复上述过程,直到不能移动。

步骤 3:行移动。从矩阵最左列开始,如果有可能形成由 1 组成的集中块,就将行向上移动,对后面各列重复上述步骤。

步骤 4:形成单元。查看是否有单元形成,每个零件的所有加工都在该单元内进行。

【例 3-1】 有 6 种零件分别在 5 种设备上加工,表内"1"表示某零件在该设备上加工,例如对零件 1 需要在设备 1,3 上加工,用直接簇聚法划分制造单元,零件设备矩阵见表 3-4。

表 3-4 零件设备矩阵

零件 \ 设备	1	2	3	4	5
1	1		1		
2	1				
3		1		1	1
4	1		1		
5		1			
6				1	1

解: 计算行和、列和如表 3-5 所示。

重新排列零件-设备矩阵,如表 3-6 所示。

列移动结果如表 3-7 所示。

表 3-5　步骤一

零件＼设备	1	2	3	4	5	行和
1	1		1			2
2	1					1
3		1		1	1	3
4	1		1			2
5		1				1
6				1	1	2
列和	3	2	2	2	2	

表 3-6　新的零件-设备矩阵

零件＼设备	5	4	3	2	1
3	1	1		1	
6	1	1			
4			1		1
1			1		1
5				1	
2					1

表 3-7　列移动

零件＼设备	5	4	2	3	1
3	1	1	1		
6	1	1			
4				1	1
1				1	1
5			1		
2					1

行移动结果如表 3-8 所示。

表 3-8　行移动

零件＼设备	5	4	2	3	1
3	1	1	1		

零件 \ 设备	5	4	2	3	1
6	1	1			
5			1		
4				1	1
1				1	1
2					1

根据表 3-8 划分单元，将设备 5、4、2 放在一起布置，加工零件 3、6、5；设备 3、1 放在一起布置，加工零件 4、1、2。

排序簇聚法步骤如下所述。

步骤 1：建立零件-设备矩阵，零件排在行，设备排在列，矩阵中标识"1"的位置表示零件在某设备上加工。

步骤 2：从上到下给每一行赋权重 2^1，2^2，…，2^m。

步骤 3：计算列和，按列和从左到右升序重新排列设备序号。

步骤 4：从左到右给每一列赋权重 2^1，2^2，…，2^n。

步骤 5：计算行和，按行和从上到下升序重新排列零件序号。

步骤 6：重复步骤 2～5，直到零件和设备位置不变为止。

【例 3-2】 根据【例 3-1】的信息，用排序簇聚法划分制造单元。

解：给行赋权重计算列和，如表 3-9 所示。

表 3-9 行赋权重计算列和

零件 \ 设备	1	2	3	4	5	权重
1	1		1			2
2	1					4
3		1		1	1	8
4	1		1			16
5		1				32
6				1	1	64
列和	22	40	18	72	72	

按列和从小到大重新排列设备，给列赋权重计算行和，如表 3-10 所示。

按行和从小到大重新排列设备，给行赋权重计算列和，根据列和计算结果，无须重新排列设备，如表 3-11 所示。

给列赋权重计算行和，根据行和计算结果，无须重新排列设备，如表 3-12 所示。

表 3-10　计算行和

零件 ＼ 设备	3	1	2	4	5	行和
1	1	1				6
2		1				4
3			1	1	1	56
4	1	1				6
5			1			8
6				1	1	48
权重	2	4	8	16	32	

表 3-11　按行和排序，计算列和

零件 ＼ 设备	3	1	2	4	5	权重
2		1				2
1	1	1				4
4	1	1				8
5			1			16
6				1	1	32
3			1	1	1	64
列和	12	14	80	96	96	

表 3-12　计算行和

零件 ＼ 设备	3	1	2	4	5	行和
2		1				4
1	1	1				6
4	1	1				6
5			1			8
6				1	1	48
3			1	1	1	56
权重	2	4	8	16	32	

　　根据表 3-12 计算结果所示，得到最终结果划分单元如下，将设备 5、4、2 放在一起布置加工零件 3、6、5，将设备 3、1 放在一起布置加工零件 4、1、2，与直接簇聚法结果一致。

3.1.4 设施布置的基本流动模式

对于生产、储运部门来说，物料一般沿通道流动，而设备一般也是沿通道两侧布置的，通道的形式决定了物料、人员的流动模式。选择车间内部流动模式的一个重要因素是车间入口和出口的位置。常常由于外部运输条件或原有布置的限制，需要按照给定的出、入口位置来规划流动模式。此外，流动模式还受生产工艺流程、生产线长度、场地、建筑物外形、物料搬运方式与设备、储存要求等方面的影响。基本流动模式有如图 3-4 所示的 5 种。

(a) 直线形　　　(b) L形　　　(c) U形　　　(d) 环形　　　　　(e) S形

图 3-4　基本流动模式

① 直线形。直线形是最简单的一种流动模式，入口与出口位置相对，建筑物只有一跨，外形为长方形，设备沿通道两侧布置。

② L形。适用于现有设施或建筑物不允许直线流动的情况，设备布置与直线形相似，入口与出口分别处于建筑物两相邻侧面。

③ U形。适用于入口与出口在建筑物同一侧面的情况，生产线长度基本上相当于建筑物长度的两倍，一般建筑物为两跨，外形近似于正方形。

④ 环形。适用于要求物料返回到起点的情况。

⑤ S形。在固定面积上，可以安排较长的生产线。

实际流动模式常常是由 5 种基本流动模式组合而成的。新建工厂时可以根据生产流程要求及各作业单位之间物流关系选择流动模式，进而确定建筑物的外形及其尺寸。

设施布置是设施规划与设计的核心，必须首先进行。布局设计方法可分为摆样法、数学模型法、图解法和系统布置设计方法。本节主要讲述系统布置设计方法。

3.2　系统布置设计

3.2.1 系统布置设计（SLP）要素及阶段

在 SLP 方法中，R. 缪瑟将研究工厂布置问题的依据和切入点归纳为 5 个基本要素，抓住这些就是解决布置问题的"钥匙"。5 个基本要素分别是 P 产品（材料）、Q 数量（产量）、R 生产路线（工艺过程顺序）、S 辅助部门（包括服务部门）、T 时间（时间安排）。

（1）基本要素

① P 是指待布置工厂将生产的商品、原材料或者加工的零件和成品等。这些资料由生产纲领（工厂的和车间的）和产品设计提供，包括项目、种类、型号、零件号、材料、产品特征等。产品这一要素影响着设施的组成及其各作业单位间相互关系、生产设备的类型、物料搬运的方式等方面。

② Q 指所生产、提供或使用的商品量或服务的工作量。其资料由生产纲领和产品设计提供，用件数、重量、体积或销售的价值表示。数量这一要素影响着设施规模、设备数量、运输量、建筑物面积等因素。

③ R 要素是工艺过程设计的成果，可用工艺路线卡、工艺过程图、设备表等表示。它影响着各作业单位之间的关系、物料搬运路线、仓库及堆放地的位置等方面。

④ S 要素在实施系统布置工作以前，必须就生产系统的组成情况有一个总体的规划，可以大体上分为生产车间、职能管理部门、辅助生产部门、生活服务部门及仓储部门等。可以把除生产车间以外的所有作业单位统称为辅助服务部门，包括工具、维修、动力、收货、发运、铁路专用路线、办公室、食堂、厕所等，由有关专业设计人员提供。这些部门是生产的支持系统，在某种意义上加强了生产能力。有时，辅助服务部门的总面积大于生产部门所占的面积，布置设计时必须给予足够重视。

⑤ T 指在什么时候、用多长时间生产出产品，包括各工序的操作时间、更换批量的次数。在工艺过程设计中，根据时间因素可以求出设备的数量、需要的面积和人员，平衡各工序的生产能力。

P 和 Q 两个基本要素是一切其他特征或条件的基础。只有在对上述各要素进行充分调查研究并取得全面、准确的各项原始数据的基础上，通过绘制各种表格、数学和图形模型，有条理地细致分析和计算，才能最终求得工程布置的最佳方案。

（2）阶段结构　整个系统布置设计分 4 个阶段进行，称为"布置设计四阶段"，如图 3-5 所示。

系统布置设计是一种逻辑性强、条理清楚的布置设计方法，分为确定位置、总体区划、详细布置及施工安装 4 个阶段，在总体区划和详细布置两个阶段采用相同的设计程序。

阶段 Ⅰ 是确定位置。不论是工厂的总体布置，还是车间的布置，都必须先确定所要布置的相应位置。

阶段 Ⅱ 是总体区划。总体区划又叫区域划分，就是在已确定的厂址上规划出一个总体布局。在阶段Ⅱ，应首先明确各生产车间、职能管理部门、辅助服务部门及仓储部门等作业单位的工作任务与功能，确定其总体占地面积及外形尺寸。在确定了各作业单位之间的相互关系后，把基本物流模式和区域划分结合起来进行布置。

阶段 Ⅲ 是详细布置。详细布置一般是指一个作业单位内部机器及设备的布置。在详细布置阶段，要根据每台设备、生产单元及公用、服务单元的相互关系确定出各自的位置。

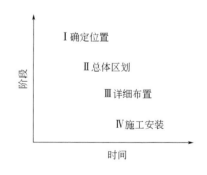

图 3-5　布置设计四阶段

阶段Ⅳ是施工安装。在完成详细布置设计，经上级批准后，可以进行施工设计，需绘制大量的详细施工安装图和编制拆迁、施工安装计划，必须按计划进行土建施工、机器、设备及辅助装置的搬迁、安装施工工作。

3.2.2 系统布置设计模式（程序）

系统布置设计（SLP）程序如图 3-6 所示。

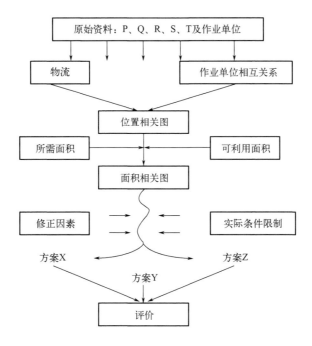

图 3-6 系统布置设计（SLP）程序

（1）**准备原始资料** 在系统布置设计开始时，首先必须明确给出基本要素 P、Q、R、S、T 等这些原始资料，对作业单位进行分析，通过分解与合并，得到最佳的作业单位划分状况。

（2）**物流分析与作业单位相互关系分析** 对某些以生产流程为主的工厂，物料移动是工艺过程的主要部分时，对某些辅助服务部门或某些物流量小的工厂来说，各作业单位之间的相互关系（非物流联系）对布置设计就显得更重要了；介于上述两者之间的情况，则需要综合考虑作业单位之间物流与非物流的相互关系。

（3）**绘制作业单位位置相关图** 根据物流相关表与作业单位相互关系表，考虑每对作业单位间相互关系等级的高或低，决定两作业单位相对位置的远或近，得出各作业单位之间的相对位置关系，这时并未考虑各作业单位具体的占地面积，得到的仅是作业单位相对位置。

（4）**绘制面积相关图** 计算各作业单位所需占地面积与设备、人员、通道及辅助装置等，计算出的面积应与可用面积相适应。把各作业单位占地面积附加到作业单位位置相关图上就形成了作业单位面积相关图。

（5）修正与调整 面积相关图只是一个原始布置，还要根据其他因素进行调整与修正。此时需要考虑的修正因素包括物料搬运方式、操作方式等，同时还需要考虑实际限制条件如成本、安全和职工倾向等方面是否允许。考虑了各种修正因素与实际限制条件以后，对面积图进行调整，得出数个有价值的可行工厂布置方案。

（6）评价与择优 对得到的数个方案，需要进行技术、费用及其他修正因素修正评价，选出布置方案图。

3.2.3 基本要素分析

（1）产品（P）-产量（Q）分析 产品品种的多少及每种产品产量的高低，决定了工厂的生产类型，直接影响工厂的总体布局及生产设备的布置形式。表 3-13 中列出了大量生产、成批生产及单件生产情况下的生产特点及设备布置类型。在新建、改建、扩建企业时，首先要确定企业未来生产的产品及其生产纲领，必须对企业的未来产品与产量关系——生产类型进行深入分析，进一步优化设计制造系统和确定其最优的工艺过程，这是工厂布置设计的前提。

表 3-13 生产类型特点

项目		大量生产（流水线生产）	成批生产	单件生产
需求条件	品种	品种较少,产品的品种、规格一般由企业自己决定	品种较多,产品品种、规格由企业或用户决定	品种较多,产品品种、规格多由用户决定,产品功能有某些特殊要求
	质量	质量变动少,要求有互换性	质量要求稳定,但每批质量可以改进	每种产品都要求有自己的规格和质量标准
	产量	产量大,可以根据国家计划或市场需求预测,预先确定销售（出产）量	产量较小,可以分批轮番生产,可以根据市场预测和订货确定出产量	产量小,由顾客订货时确定产量
技术特点	设备	多采用专用设备	部分采用专用设备	采用通用设备
	工艺装备	专用工艺装备	部分专用工艺装备	通用工艺装备
	工序能力	通过更换程序能够生产多种规格产品,各工序能力要平衡	通过更换程序,能够生产许多品种,主要工序能力要平衡	通过更换程序,能够生产许多品种,各工序能力不需要平衡
	运输	使用传送带	使用卡车、吊车	使用吊车、手推车
	零件互换性	互换选配	部分钳工修配	钳工修配
	标准化	原材料、零件工序和操作要求标准化	对规格化、通用化零件要求标准化	对规格化、通用化零件要求标准化

项目		大量生产(流水线生产)	成批生产	单件生产
生产管理特点	设备布置	产品原则(对象原则)	混合原则(成组原则)	工艺原则
	劳动分工	分工较细	一定分工	粗略分工
	工人技术水平	专业操作	专业操作多工序	多面手
	计划安排	精确	比较细致	粗略,临时派工
	库存	用库存成品调节产量	用在制品调节生产	用库存原材料、零部件调节生产
	维修保养	采用强制的或预防修理保养制度	采用预防修理保养制度	关键设备采用计划维修制,一般设备可采用事故维修
	生产周期	短	较短	长
	劳动生产率	高	较高	低
	成本	低	中	高
	生产适应性	差	较差	强

综上所述,产品品种的多少、产量的高低直接决定了设备布置的形式,因此,只有对产品-产量关系进行深入分析,才能产生恰当的设备布置方式。

随着社会的进步,社会需求正向着多样化发展。因而,工厂的生产类型也趋向多品种、中小批量方向发展,只生产单一品种产品的工厂不再具有竞争力。对于一个工厂来说,不同产品的生产也是不均衡的,往往30%的产品品种占去70%的产量,而30%的产量却分散在70%的产品品种中。准确地把握产品-产量的关系是工厂布置的基础。

产品(P)-产量(Q)分析分为两个步骤:第一,将各种产品、材料或有关生产项目分组归类;第二,统计或计算每一组或类的产品数量。需要说明的是,产量的计算单位应该反映出生产过程的重复性,如件数、重量或体积等。

绘制曲线(见图3-7)时,按产量递减顺序排列所有产品。通过P-Q分析,决定采用何种原则进行布置。在图中M区的产品属于大量生产类型,按产品原则布置;J区属于单件小批生产类型,按工艺原则布置;而介于M区与J区之间的产品生产类型为成批生产,适宜采用两者结合的成组原则布置。

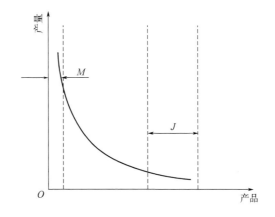

图3-7 产品-产量分析(P-Q)

(2)工艺过程R分析 产品的工艺过程是由产品的组成、零件的形状与加工精度要求、装配要求、现有加工设备与加工方法等因素决定的,必须在深入了解产品组成、各部分加工要求后，才能制定出切实可行的加工工艺过程。

在机械制造业中，产品大多是机器设备，这样的产品组成是很复杂的，一般由多个零部件构成一个产品，因此，产品生产的工艺过程也是因其组成的不同而千变万化。

对于每一种产品，都应由产品装配图出发，按加工、装配过程的相反顺序，对产品进行分解。完整的产品可以按其功能结构分解成数个部件（或组件），每个部（组）件又是由多个零件组成；有些零件可能需要自制，而另一些零件甚至部件可能直接外购，只有需要的零部件才需要编制加工、装配工艺过程。

产品的工艺过程与产品的类型密切相关，不同的产品其工艺过程存在着极大的差别，因此，工艺过程的设计需要由专业技术人员来完成。制定出工艺过程后，需填写工艺路线卡，其中需要注明每道工序的名称、设备、标准作业时间及计算产量等。

在制定工艺过程时，必须选择加工设备。设备的类型及功能对工艺过程有很大影响，如加工中心可以将分散在多台机床上的加工工序集中在一起，大大简化了工艺过程。设备选择是建厂工作中极其重要的一个组成部分，而且设备又是企业的一项长期投资，受到企业的普遍重视。

工厂生产的产品大多数都是经网络状的多个工艺过程制造出来的，因此常由不同的生产车间来完成，也就是说，工艺过程决定了生产车间的划分状况，其他辅助服务部门的设置也大多受生产工艺过程的影响。

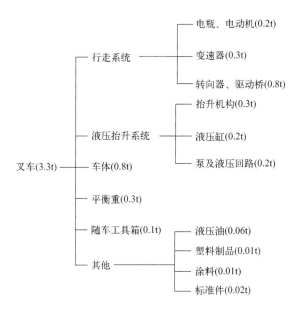

图 3-8　电瓶叉车组成

以图 3-8 中电瓶叉车组成为例，显示了叉车的各个组成部分及重量，这些重量值将直接用于后续的物流分析。

（3）作业单位 S 的划分　在布置设计中有一个作业单位的概念，作业单位（activity）是指布置图中各个不同的工作区或存在物，是设施的基本区划。该术语可以是某个厂区的一个建筑物、一个车间、一个重要出入口；也可以是一个车间的一台机器、一个办公室、一个部门。作业单位可大可小、可分可合，究竟怎么划分，要看规划设计工作所处的阶段或层次。任何一个企业都是由多个生产车间、职能管理部门、仓储部门及其他辅助服务部门组成的，把企业的各级组成部门统称为作业单位。每一个作业单位又可以细分成更小一级的作业单位，如生产车间可以细分成几个工段，每个工段又是由几个加工中心或生产单元构成，那么生产单元就是更小一级的作业单位。在进行工厂总平面布置时，作业单位是指车间、科室一级的部门，一般划分为 4 类。

第一类是生产车间，生产车间也称为生产部门，直接承担着企业的加工、装配生产任务，是将原材料转化为产品的部门。一般根据产品的制造工艺过程的各个阶段划分生产车间。例如，机械制造厂中设置备料车间、机加工车间和总装车间。一般还把机加工车间按工件种类及加工工艺流程的相似性分解成某些零件加工车间，如箱体车间、轴加工车间、齿轮加工车间等，这些车间分别担负某一类零件的加工任务，一般这些零件采用相似的工艺及相同的设备进行加工。装配车间可以分为部件装配和总装两部分，负责把零部件组装成产品的工作。此外，根据生产性质不同，将热处理、铸造、锻造、焊接等热加工部门独立划分为热处理车间、铸造车间、锻造车间和焊接车间。

第二类是仓储部门，仓储部门包括原材料仓库、标准件与外购件库、半成品中间仓库及成品库等，仓库是企业生产连续进行的保证。由于库存不但占用企业的空间，更重要的是占用企业大量的流动资金，因此现代企业生产都把减少库存作为经营管理方面追求的目标。

第三类是辅助服务部门，辅助服务部门一般可分为辅助生产部门（如工具机修车间）、生活服务部门（如食堂）及其他服务部门（如车库、传达室）等。

第四类是职能管理部门，职能管理部门包括生产、技术、质检、人事、供销等各个部门，负责生产协调与控制等工作。对于大中型企业来说，职能管理机构常常是非常庞大的。一般工厂的办公室都集中安排在同一个多层办公楼内，这样有利于减少占地面积且方便人员联系。

在工厂布置设计过程中，生产车间的地位容易受到人们的重视，往往忽视其他部门的重要性，而这些部门恰恰是生产系统的保障。这些部门布置的好坏直接影响全厂的人流、信息流的顺畅程度，因此在系统布置设计中，所有部门都将得到应有的考虑。

在图 3-8 中，电瓶叉车生产厂根据生产工艺过程需要，划分出 12 个作业单位，具体作业单位见表 3-14。

表 3-14　电瓶叉车厂作业单位汇总

序号	作业单位名称	用途	建筑面积/(m×m)	跨距	备注
1	原材料库	存储原材料	72×36	12	
2	油料库	存储涂料	36×36	12	
3	标准件外购件库	存储标准件外购品	48×36	12	露天
4	机加工车间	零件切削加工	72×36	18	
5	热处理车间	零件热处理	90×30	30	露天
6	焊接车间	焊接车身	90×30	30	
7	变速器车间	组装变速器	72×36	18	
8	总装车间	总装	180×96	24	
9	工具车间	制造随车工具箱	60×24	12	
10	涂装车间	车身喷漆	48×30	30	
11	试车车间	试车	48×48	24	
12	成品库	存储叉车成品	100×50		

据资料统计分析，产品制造费用的 20%～50% 是用作物料搬运的，而物料搬运工作量

直接与工厂布置情况有关，有效的布置大约能减少搬运费用的30%。工厂布置的优劣不仅直接影响着整个生产系统的运转，而且通过对物料搬运成本的影响，成为决定产品生产成本高低的关键因素之一。也就是说，在满足生产工艺流程的前提下，减少物料搬运工作量是工厂布置设计中最为重要的目标之一。因此，在实现工厂布置之前必须就生产系统各作业单位之间的物流状态做出深入的分析。

（4）物流分析方法

① 工艺过程图。在大批量生产中，产品品种很少，用标准符号绘制的工艺过程图直观地反映出工厂生产的详细情况，此时，进行物流分析只需在工艺过程图上注明各道工序之间的物流量，就可以清楚地表现出工厂生产过程中的物料搬运情况。另外，对于某些规模较小的工厂，不论产量如何，只要产品比较单一，都可以用工艺过程图进行物流分析。用一些标准的符号直观地表示物料在加工过程中的移动状态，就形成了工艺过程图。工艺过程图可以用来详细描述产品生产过程中各工序之间的关系，也可以用来描述全厂各部门之间的工艺流程。在描述全厂各部门之间产品工艺过程时，用操作符号表示加工与装配等生产车间；用储存符号表示仓储部门；用检验符号表示检验、试车部门。

进行物流分析只需在工艺过程图上注明各道工序之间的物流量，就可以清楚地表现出工厂生产过程中的物料搬运情况。

在工厂设计中，应该按图 3-9 及表 3-15 中的符号绘制工艺过程图。

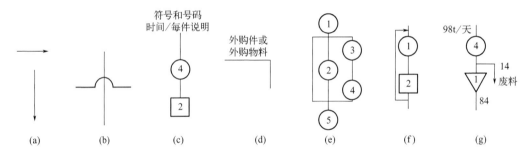

图 3-9　工艺过程图

（a）水平线表示物料送入工艺过程，垂直线表示工艺过程的先后顺序；（b）路线交叉时，水平线让路；

（c）典型工艺过程图解；（d）绘装配图时以最大的部件或操作最多的部件从图纸的右上角开始绘制；

（e）表示分开和重新合并的交错路线；（f）物料返回进行再加工；（g）包括生产、损耗或废料的物料流程

表 3-15　工艺过程表示符号

编号	符号名称	符号	意义
1	加工	◯	表示对生产对象进行加工、装配、合成、分解、包装、处理等
2	搬运	⇨	表示对生产对象进行搬运、运输、输送等；或工作人员工作位置的变化
3	数量检验	▭	表示对生产对象进行数量检验
3	质量检验	◇	表示对生产对象进行质量检验

编号	符号名称	符号	意义
4	停放	◗	表示生产对象在工作地附近的临时停放
5	储存	▽	表示生产对象在保管地有计划地存放
6	流程线	│	表示工艺过程图中工序间的顺序连接
7	分区	∿	表示在工艺过程图中对管理区域的划分
8	省略	╪	表示对工艺过程图作部分省略

以案例中电瓶叉车总装厂为例，说明如何运用工艺流程图来进行物流分析的方法与步骤。依照工艺过程，各个部门分别负责不同阶段的工作，由于要对电瓶叉车总装进行总体布置设计，只需要了解部门与部门之间的联系，因此，只将工艺过程划分到部门级的工艺阶段。

变速器由箱体、轴类零件、齿轮类零件及其他杂件和标准件等组成。变速器的制作工艺过程分为零件制作、组装两个阶段。轴类及齿轮类零件经过备料、退火、粗加工、热处理、精加工等工序，箱体毛坯由协作厂制作，经机加工车间加工送变速器组装车间；杂件的制作经备料、机加工两个阶段。整个变速器成品重 0.31t，其中标准件 0.01t，箱体、齿轮、轴及杂件总重 0.3t，加工过程中金属利用率 60%，即毛坯总重为 0.30/0.60＝0.50(t)，其中需经退火处理的毛坯质量为 0.20t，机加工中需返回热处理车间再进行热处理的为 0.1t，整个机加工过程中金属切除率为 40%，则产生的铁屑等废料重约 0.50×40%＝0.2(t)。变速器加工工艺过程如图 3-10 所示。

随车工具箱共重 0.1t，其中一部分经备料、退火、粗加工、热处理、精加工等工艺流程完成加工，而另一部分只进行简单的冲压加工即可。随车工具箱加工工艺过程如图 3-11 所示。车体为焊接件，经备料、焊接、喷漆完成加工。车体加工工艺过程如图 3-12 所示。液压缸经备料、退火、粗加工、热处理、精加工等工序完成加工。液压缸加工工艺过程如图 3-13 所示。将上述机加工阶段、总装、试车、成品储存阶段工艺流程绘制在一起，就得到了叉车生产厂全部工艺流程图，如图 3-14 所示，该图清楚地表现了叉车生产的全过程及各作业单位之间的物流情况，为进一步进行深入的物流分析奠定了基础。在图 3-10～图 3-14 中，单位都是 t。

② 多种产品工艺过程表。在多品种且批量较大的情况下（如产品品种为 10 种左右），将各产品的生产工艺流程汇总在一张表上，就形成了多种产品工艺过程表，在这张表上各产品工艺路线并列给出，可以反映出各个产品的物流路径。为了在布置上达到物料顺序移动，尽可能减少倒流，通过调整图表上的工序，使有最大物流量的工序尽量靠近，直到获得最佳的顺序。

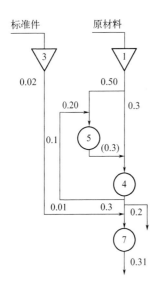

图 3-10　变速器加工工艺过程

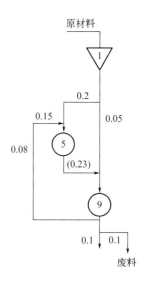

图 3-11　随车工具箱加工工艺过程

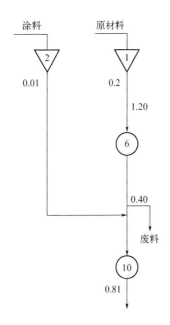

图 3-12　车体加工工艺过程

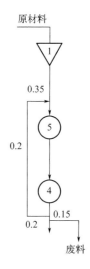

图 3-13　液压缸加工工艺过程

③ 从至表。当产品品种很多，产量很小，且零件、物料数量又很大时，可以用一张方阵图表来表示各作业单位之间的物料移动方向和物流量，表中方阵的行表示物料移动的源，称为从；列表示物料移动的目的地，称为至，行列交叉点标明由源到目的地的物流量。这样一张表就是从至表，从中可以看出各作业单位之间的物流状况，例如一个车间内有 10 种机床，多种物料通过机床间流动，物流量填写在从至表中（表 3-16）。

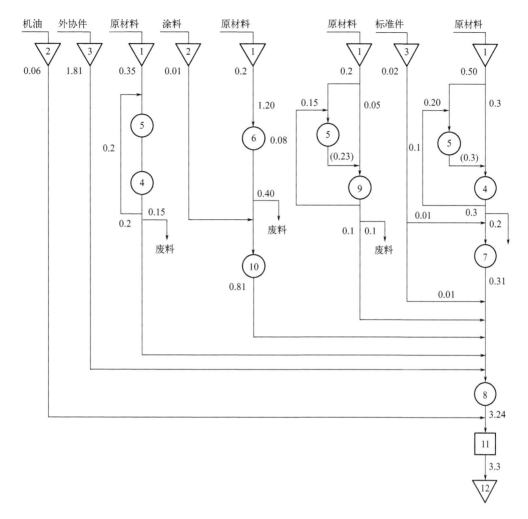

图 3-14 叉车生产过程

表 3-16 从至表

从＼至		毛坯库	铣床	车床	钻床	镗床	磨床	冲床	内圆磨床	锯床	检验台	合计
1	毛坯库		2	8	1		4			2		17
2	铣床			1	2		1			1	1	6
3	车床		3		6		1			3		13
4	钻床			1				2	1		4	8
5	镗床			1								1
6	磨床			1							2	3
7	冲床										6	6
8	内圆磨床										1	1
9	锯床		1	1			1					3
10	检验台											0
	合计	0	6	13	8	1	3	6	1	6	14	58

当物料沿着作业单位排列顺序正向移动时，即没有倒流物流现象，从至表中只有上三角方阵有数据，这是一种理想状态。当存在物流倒流现象时，倒流物流量出现在从至表中的下三角方阵中，此时，从至表中任何两个作业单位之间的总物流量（物流强度）等于正向物流量与逆向（倒流）物流量之和。运用从至表可以一目了然地进行作业单位之间的物流分析。

如上所述，不同的分析方法应用于不同的生产类型，其目的是工作方便，在物流分析时，应根据具体情况选择恰当的分析方法。

3.2.4 物流相关表

根据前面的定义，物流分析包括确定物料移动的顺序和移动量两个方面。如果通过工艺流程分析能够正确地确定各工序或作业单位之间的相互关系（前后顺序），那么各条路线上的物料移动量就是反映工序或作业单位之间相互密切程度的基本衡量标准。把一定时间周期内的物料移动量称为物流强度。对于相似的物料，可以用重量、体积、托盘或货箱作为计量单位。当比较不同性质的物料搬运状况时，各种物料的物流强度大小应酌情考虑物料搬运的困难程度。为了能够简单明了地表示所有作业之间物流的相互关系，依照从至表的结构构造一种作业单位之间物流相互关系表，称之为原始物流相关表。在表中不区分物料移动的起始与终止作业单位，在行与列的相交方格中填入行作业单位与列作业单位间的物流强度等级。因为行作业单位与列作业单位排列顺序相同，所以得到的是右上三角矩阵表格与左下三角矩阵表格对称的方阵表格，舍掉多余的左下三角矩阵表格，将右上三角矩阵变形，就得到了SLP中著名的物流相关表。

根据工艺流程图，可以计算出作业单位之间的物流量的大小。直接分析大量物流数据比较困难且没有必要，在采用SLP法进行工厂布置时，不必关心各作业单位之间具体的物流量，而是通过划分等级的方法来研究物流状况。SLP中将物流强度转化成5个等级，分别用符号A、E、I、O、U来表示，符号表示的含义及划分依据参考表3-17。

表 3-17 物流强度等级比例划分

物流强度等级	符号	物流路线比例/%	承担物流量比例/%
超高物流强度	A(4)	10	40
特高物流强度	E(3)	20	30
较大物流强度	I(2)	30	20
一般物流强度	O(1)	40	10
可忽略搬运	U(0)		

以电瓶叉车总装厂为例，讨论物流强度等级划分的具体步骤。首先根据工艺流程图3-14统计作业单位对之间正反物流量之和，并按物流强度大小排序，然后根据表3-17划分出物流强度等级，见表3-18。

表 3-18　叉车总装厂物流强度等级划分

序号	作业单位对物流路线	物流强度	物流等级
1	11—12	3.3	A
2	8—11	3.24	A
3	3—8	1.82	E
4	1—6	1.2	E
5	4—5	1.15	E
6	8—10	0.81	E
7	6—10	0.8	E
8	1—5	0.7	E
9	5—9	0.31	I
10	7—8	0.31	I
11	1—4	0.3	I
12	4—7	0.3	I
13	4—8	0.2	O
14	8—9	0.1	O
15	2—11	0.06	O
16	1—9	0.06	O
17	2—10	0.01	O
18	3—7	0.01	O

　　为了简单明了地表示所有作业单位之间的物流相互关系，构造 SLP 中著名的物流相关表，见表 3-19。

表 3-19　作业单位物流相关表

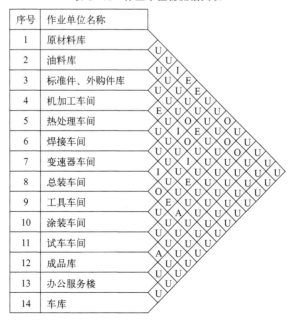

序号	作业单位名称
1	原材料库
2	油料库
3	标准件、外购件库
4	机加工车间
5	热处理车间
6	焊接车间
7	变速器车间
8	总装车间
9	工具车间
10	涂装车间
11	试车车间
12	成品库
13	办公服务楼
14	车库

3.2.5 非物流相关表

在 SLP 中，产品 P、产量 Q、工艺过程 R、辅助服务部门 S 及时间安排 T 是影响工厂布置的基本要素；P、Q 和 R 是物流分析的基础；P、Q 和 S 则是作业单位非物流关系分析的基础。同时，T 对物流分析与非物流分析都有影响。

对于布置设计，当物流状况对企业的生产有重大影响时，物流分析就是工厂布置的重要依据，但是物流分析并不是唯一的依据，当物流对生产影响不大或没有固定的物流时，工厂布置就不能依赖于物流分析，需要进行作业单位间非物流关系分析。下面几种就属于非物流因素的情况。

一些电子或宝石工厂，需要运输的物料很少，物流相对不是非常重要；有的工厂物料主要用管道输送。在这种情况下，其他因素可能要比物流因素更重要。辅助设施与生产部门之间常常没有物流关系，必须考虑其他的密切关系。例如维修间、办公室、更衣室与生产区域之间没有物流关系，但必须考虑到它们与生产区域都有一定的密切关系。在纯服务性设施中，如办公室、维修间内，常常没有真正的或固定的物流以确定它们之间的关系，要采用其他通用规则，而不是物流。

在某些特殊情况下，工艺过程不是布置设计的唯一依据。例如，重大件的搬运要考虑运入运出的条件，不能完全按工艺原则布置；有的工序属于产生污染或有危害的作业，需要远离精密加工和装配区域，也不能以物流为主要考虑因素。

作业单位非物流关系的影响因素与企业的性质有很大关系，不同的企业，作业单位的设置是不一样的，作业单位间相互关系的影响因素也是不一样的。作业单位间相互关系密切程度的典型影响因素一般可以考虑以下因素：①物流；②工艺流程；③作业性质相似；④使用相同的设备；⑤使用同一场所；⑥使用相同的文件档案；⑦使用相同的公用设施；⑧使用同一组人员；⑨工作联系频繁程度；⑩监督和管理方便；⑪噪声、振动、烟尘、易燃易爆危险品的影响；⑫服务的频繁和紧急程度。

据 R. 缪瑟在 SLP 中建议，每个项目中重点考虑的因素应为 8~10 个。确定了作业单位间相互关系密切程度的影响因素以后，就可以给出各作业单位间的关系密切程度等级，在 SLP 中作业单位间相互关系密切程度等级共划分为 A、E、I、O、U、X 6 个等级，其含义及比例见表 3-20。

表 3-20　作业单位间相互关系等级

符号	含义	说明	作业单位对比例/%
A	绝对重要		2~5
E	特别重要		3~10
I	重要		5~15
O	一般密切程度		10~25
U	不重要		43~80
X	负的密切程度	不希望接近,酌情而定	

作业单位间相互关系密切程度的评价，可以由布置设计人员根据物流计算、个人经验或与有关作业单位负责人讨论后进行判断，也可以把相互关系统计表格发给各作业单位负责人填写，或者由有关负责人开会讨论决定，由布置设计人员记录汇总。作业单位间相互关系分析的结果最后要经主管人员批准。

在评价作业单位间相互关系时，首先应制定出一套"基准相互关系"，其他作业单位之间的相互关系通过对照"基准相互关系"来确定。表 3-21 给出的基准相互关系可供实际工作中参考。

确定了各作业单位间相互关系密切程度以后，利用与物流相关表相同的表格形式建立作业单位间相互关系表，表中的每一个菱形框格填入相应的两个作业单位之间的相互关系密切程度等级，上半部用密切程度等级符号表示密切程度，下半部用数字表示确定密切程度等级的理由。针对叉车总装厂，选择如表 3-22 所示的作业单位相互关系影响因素。在此基础上建立如表 3-23 所示的各作业单位相互关系表。

表 3-21　基准相互关系

字母	一对作业单位	关系密切程度的理由
A	钢材库和剪切区域 最后检查和包装 清理和涂装	搬运物料的数量 类似的搬运问题 损坏没有包装的物品 包装完毕以前检查单不明确 使用相同的人员、公用设施、管理方式和相同形式的建筑物
E	接待和参观者停车处 金属精加工和焊接 维修和部件装配	方便、安全 搬运物料的数量和形状 服务的频繁和紧急程度
I	剪切区和冲压机 部件装配和总装配 保管室和财会部门	搬运物料的数量 搬运物料的体积、共用相同的人员 报表送送、安全、方便
O	维修和接收 废品回收和工具室 收发室和厂办公室	产品的运送 共用相同的设备 联系频繁程度
U	维修和自助食堂 焊接和外构件仓库 技术部门和运输部门	辅助服务不重要 接触不多 不常联系
X	焊接和涂装 焚化炉和主要办公室 冲压车间和工具车间	灰尘、火灾 烟尘、臭味、灰尘 外观、振动

表 3-22　叉车总装厂作业单位相互关系理由

编码	考虑的理由
1	工作流程的连续性
2	生产服务
3	物料搬运

续表

编码	考虑的理由
4	管理方便
5	安全和污染
6	公用设备及辅助动力源
7	振动
8	人员联系

表 3-23 叉车总装厂作业单位相互关系

序号	作业单位名称	2	3	4	5	6	7	8	9	10	11	12	13	14
1	原材料库	E 4	E 4	I 3	I 3	E 3	U	U	I 1	U	U	U	U	I 2
2	油料库		E 4	U	X 5	X 5	U	U	U	E 1	U	U	X 5	I 2
3	标准件、外购件库			U	U	U	I 2	I 2	U	U	U	U	U	I 2
4	机加工车间				A 1	O 2	A 1	I 2	E 6	U	O 2	U	I 4	U
5	热处理车间					U	U	U	E 1	X 5	U	U	X 5	U
6	焊接车间						U	U	U	X 5	U	U	X 5	O 2
7	变速器车间							E 1	U	U	I 2	U	I 4	O 2
8	总装车间								I 1	I 1	E 1	U	E 4	I 3
9	工具车间									U	U	U	O 4	U
10	涂装车间										U	U	X 5	U
11	试车车间											A 1	O 4	U
12	成品库												O 4	E 3
13	办公服务楼													I 8
14	车库													

3.2.6 综合相关表

在大多数工厂中，各作业单位之间既有物流联系也有非物流的联系，两作业单位之间的相互关系应包括物流关系与非物流关系，因此在 SLP 中，要将作业单位间物流的相互关系与非物流的相互关系进行合并，求出综合相互关系，然后由各作业单位间综合相互关系出发，实现各作业单位的合理布置。

综合相关表建立步骤如下所述。

步骤 1：进行物流分析，求得作业单位物流相关表。

步骤2：确定作业单位间非物流相互关系影响因素及等级，求得作业单位相互关系表。

步骤3：确定物流与非物流相互关系的相对重要性，一般说来，物流与非物流的相互关系的相对重要性的比值一般为（1∶3）～（3∶1）。当比值小于1∶3时，说明物流对生产的影响小。工厂布置时只需考虑非物流的相互关系；当比值大于3∶1时，说明物流关系占主导地位，工厂布置时只需考虑物流相互关系的影响。实际工作中，根据物流与非物流相互关系的相对重要性取 $m∶n=3∶1，2∶1，1∶1，1∶2，1∶3，m∶n$ 称为加权值。

步骤4：量化物流强度等级和非物流的密切程度等级。一般取 A＝4，E＝3，I＝2，O＝1，U＝0，X＝－1，得出量化以后的物流相关表及非物流相互关系表。

步骤5：量化后的所有作业单位综合相互关系。具体方法如下：设任意两个作业单位分别 A_i 和 A_j（$i≠j$），其量化的物流相互关系等级为 MR_{ij}，量化的非物流相互关系密切程度等级为 NR_{ij}，则作业单位 A_i 与 A_j 之间综合相互关系密切程度数量值为公式(3-1)。

$$TR_{ij}＝m×MR_{ij}＋n×NR_{ij} \tag{3-1}$$

步骤6：综合相互关系等级划分。TR_{ij} 是一个量值，需要经过等级划分，才能建立出与物流相关表相似的符号化的作业单位综合相互关系表，综合相互关系的等级划分为 A、E、I、O、U、X。各级别 TR_{ij} 值逐渐递减，且各级别对应的作业单位对数应符合一定的比例，表3-24给出了综合相互关系等级及划分比例。

表 3-24　综合相互关系等级及划分比例

关系等级	含义	作业单位对比例/%
A	绝对不要靠近	1～3
E	特别重要靠近	2～5
I	重要	5～8
O	一般	5～15
U	不重要	0～10
X	不希望靠近	

需要说明的是，将物流与非物流相互关系进行合并时，应该注意 X 级关系密级的处理，任何一级物流相互关系等级与非物流相互关系等级合并时都不应超过 O 级。对于某些极不希望靠近的作业单位之间的相互关系可以定为 XX 级，即绝对不能相互接近。

步骤7：经过调整，建立综合相互关系表。

由表3-19和表3-23给出的叉车总装厂作业单位物流相关表与作业单位非物流相关表显示出两表并不一致，为了确定各作业单位之间综合相互关系密切程度，需要将两表进行合并。

对于电瓶叉车总装厂来说，物流影响并不明显大于其他因素的影响，因此取加权值 $m∶n=1∶1$，根据各作业单位对之间物流与非物流关系等级高低进行量化及加权求和，求出综合相互关系，见表3-25。

表 3-25　电瓶叉车总装厂作业单位综合相互关系计算表

序号	作业单位对			关系密切程度				综合关系	
	单位1	—	单位2	物流关系 （加权值：1）		非物流关系 （加权值：1）			
				等级	分值	等级	分值	分值	等级
1	1	—	2	U	0	E	3	3	I
2	1	—	3	U	0	E	3	3	I
3	1	—	4	I	2	I	2	4	E
4	1	—	5	E	3	I	2	5	E
5	1	—	6	E	3	E	3	6	E
6	1	—	7	U	0	U	0	0	U
7	1	—	8	U	0	U	0	0	U
8	1	—	9	O	1	I	2	3	I
9	1	—	10	U	0	U	0	0	U
10	1	—	11	U	0	U	0	0	U
11	1	—	12	U	0	U	0	0	U
12	1	—	13	U	0	U	0	0	U
13	1	—	14	U	0	I	2	2	I
14	2	—	3	U	0	E	3	3	I
15	2	—	4	U	0	U	0	0	U
16	2	—	5	U	0	X	−1	−1	X
17	2	—	6	U	0	X	−1	−1	X
18	2	—	7	U	0	U	0	0	U
19	2	—	8	U	0	U	0	0	U
20	2	—	9	U	0	U	0	0	U
21	2	—	10	O	1	E	3	4	E
22	2	—	11	O	1	U	0	1	O
23	2	—	12	U	0	U	0	0	U
24	2	—	13	U	0	X	−1	−1	X
25	2	—	14	U	0	I	2	2	I
26	3	—	4	U	0	U	0	0	U
27	3	—	5	U	0	U	0	0	U
28	3	—	6	U	0	U	0	0	U
29	3	—	7	O	1	I	2	3	I
30	3	—	8	E	3	I	2	5	E
31	3	—	9	U	0	U	0	0	U
32	3	—	10	U	0	U	0	0	U
33	3	—	11	U	0	U	0	0	U
34	3	—	12	U	0	U	0	0	U
35	3	—	13	U	0	U	0	0	U
36	3	—	14	U	0	I	2	2	I
37	4	—	5	E	3	A	4	7	A

序号	作业单位对			关系密切程度				综合关系	
	单位1	—	单位2	物流关系 (加权值:1)		非物流关系 (加权值:1)			
				等级	分值	等级	分值	分值	等级
38	4	—	6	U	0	O	1	1	O
39	4	—	7	I	2	A	4	6	E
40	4	—	8	O	1	I	2	3	I
41	4	—	9	U	0	E	3	3	I
42	4	—	10	U	0	U	0	0	U
43	4	—	11	U	0	O	1	1	O
44	4	—	12	U	0	U	0	0	U
45	4	—	13	U	0	I	2	2	I
46	4	—	14	U	0	U	0	0	U
47	5	—	6	U	0	U	0	0	U
48	5	—	7	U	0	U	0	0	U
49	5	—	8	U	0	U	0	0	U
50	5	—	9	I	2	E	3	5	E
51	5	—	10	U	0	X	−1	−1	X
52	5	—	11	U	0	U	0	0	U
53	5	—	12	U	0	U	0	0	U
54	5	—	13	U	0	X	−1	−1	X
55	5	—	14	U	0	U	0	0	U
56	6	—	7	U	0	U	0	0	U
57	6	—	8	U	0	U	0	0	U
58	6	—	9	U	0	U	0	0	U
59	6	—	10	E	3	X	−1	2	U*
60	6	—	11	U	0	U	0	0	U
61	6	—	12	U	0	U	0	0	U
62	6	—	13	U	0	X	−1	−1	X
63	6	—	14	U	0	O	1	1	O
64	7	—	8	I	2	E	3	5	E
65	7	—	9	U	0	U	0	0	U
66	7	—	10	U	0	U	0	0	U
67	7	—	11	U	0	I	2	2	I
68	7	—	12	U	0	U	0	0	U
69	7	—	13	U	0	I	2	2	I
70	7	—	14	U	0	O	1	1	O
71	8	—	9	O	1	I	2	3	I
72	8	—	10	E	3	I	2	5	E
73	8	—	11	A	4	E	3	7	A
74	8	—	12	U	0	U	0	0	U

序号	作业单位对			关系密切程度				综合关系	
	单位 1	—	单位 2	物流关系 （加权值:1）		非物流关系 （加权值:1）		分值	等级
				等级	分值	等级	分值		
75	8	—	13	U	0	E	3	3	I
76	8	—	14	U	0	I	2	2	I
77	9	—	10	U	0	U	0	0	U
78	9	—	11	U	0	U	0	0	U
79	9	—	12	U	0	U	0	0	U
80	9	—	13	U	0	O	1	1	O
81	9	—	14	U	0	U	0	0	U
82	10	—	11	U	0	U	0	0	U
83	10	—	12	U	0	U	0	0	U
84	10	—	13	U	0	X	−1	−1	X
85	10	—	14	U	0	U	0	0	U
86	11	—	12	A	4	A	4	8	A
87	11	—	13	U	0	O	1	1	O
88	11	—	14	U	0	U	0	0	U
89	12	—	13	U	0	O	1	1	O
90	12	—	14	U	0	E	3	3	I
91	12	—	14	U	0	I	2	2	I

在表 3-25 中综合关系分值取值为 −1～8 之间，参考表 3-24 统计出各段分值所占比例划分综合关系密级。各段分值所占比例见表 3-26，得到综合相关表 3-27。需要特别说明的是，在表 3-25 中第 59 行中，根据表 3-26 中总分为 2～3 时应该划分的等级为 I 等级，因为第 59 行中非物流关系等级为 X 级，与任一级物流关系等级合并时不应该超过 O 级的要求，所以将 I 级调整为 O 级，以 U* 表示。

表 3-26 综合相互关系等级划分

总分	关系等级	作业单位对数	百分比/%
7～8	A	3	3.3
4～6	E	9	9.9
2～3	I	18	19.8
1	O	8	8.8
0	U	46	50.5
−1	X	7	7.7
合计		91	100

表 3-27　综合相关表

序号	作业单位名称
1	原材料库
2	油料库
3	标准件、外购件库
4	机加工车间
5	热处理车间
6	焊接车间
7	变速器车间
8	总装车间
9	工具车间
10	涂装车间
11	试车车间
12	成品库
13	办公服务楼
14	车库

（右侧为各作业单位之间的综合相互关系菱形矩阵，关系等级字母如下）

```
            I
           I I
          I E E
         U X X E
        U X X U U
       A O I U U U
      U E E U E U
     U I I E O X I
    E U X O U X I
   U U U U U U I
    E I U X U
   U A U X O
    U U I O
   A X U
    O U
   I
```

综合相互关系应该是合理的，应该是作业单位之间物流的相互关系与非物流的相互关系的综合体现，不应该与前两种相互关系相矛盾。在表 3-25 中，作业单位 6 与 10 之间物流关系为 E 级，而非物流关系为 X 级，计算结果为 I 级，也就是说出现了重要的关系密级与 X 级的非物流相互关系相矛盾，这显然是不合理的，表中最后调整为 U 级。特别注意，当任一级物流关系与 X 级非物流关系合并时不应超过 O 级。

3.2.7　作业单位位置相关图

在 SLP 中，工厂总平面布置并不直接去考虑各作业单位的建筑物占地面积及其外形几何形状，而是综合相互关系密切程度出发，安排各作业单位之间的相对位置，关系密切程度高的作业单位之间距离近，关系密切程度低的作业单位之间距离远，由此形成作业单位位置相关图。

当作业单位数量较多时，作业单位之间相互关系数目非常多，因此即使只考虑 A 级关系，也有可能同时出现很多个。故引入综合接近程度概念，即某一作业单位综合接近程度等于该作业单位与其他所有作业单位之间量化后的关系密切程度的总和。这个值的高低，反映了该作业单位在布置图上所处的位置，综合接近程度分值越高，说明该作业单位越应该靠近布置图的中心位置，分值越低说明该作业单位越应该处于布置图的边缘位置。处于中央区域的作业单位应该优先布置，也就是说，依据 SLP 思想，首先根据综合相互关系级别高低按 A、E、I、O、U、X 级别顺序先后确定不同级别作业单位位置，而同一级别的作业单位按综合接近程度分值高低顺序来进行布置。表 3-28 为叉车总装厂的综合接近程度排序表。

表 3-28　叉车总装厂的综合接近程度排序表

作业单位代号	1	2	3	4	5	6	7	8	9	10	11	12	13	14
1		$\frac{I}{2}$	$\frac{I}{2}$	$\frac{E}{3}$	$\frac{E}{3}$	$\frac{E}{3}$	$\frac{U}{0}$	$\frac{U}{0}$	$\frac{I}{2}$	$\frac{U}{0}$	$\frac{U}{0}$	$\frac{U}{0}$	$\frac{U}{0}$	$\frac{I}{2}$
2	$\frac{I}{2}$		$\frac{I}{2}$	$\frac{U}{0}$	$\frac{X}{-1}$	$\frac{X}{-1}$	$\frac{U}{0}$	$\frac{U}{0}$	$\frac{U}{0}$	$\frac{E}{3}$	$\frac{O}{1}$	$\frac{U}{0}$	$\frac{X}{-1}$	$\frac{I}{2}$
3	$\frac{I}{2}$	$\frac{I}{2}$		$\frac{U}{0}$	$\frac{U}{0}$	$\frac{U}{0}$	$\frac{I}{2}$	$\frac{E}{3}$	$\frac{U}{0}$	$\frac{U}{0}$	$\frac{U}{0}$	$\frac{U}{0}$	$\frac{U}{0}$	$\frac{I}{2}$
4	$\frac{E}{3}$	$\frac{U}{0}$	$\frac{U}{0}$		$\frac{A}{4}$	$\frac{O}{1}$	$\frac{E}{3}$	$\frac{E}{3}$	$\frac{I}{2}$	$\frac{U}{0}$	$\frac{O}{1}$	$\frac{I}{2}$	$\frac{I}{2}$	$\frac{U}{0}$
5	$\frac{E}{3}$	$\frac{X}{-1}$	$\frac{U}{0}$	$\frac{A}{4}$		$\frac{U}{0}$	$\frac{U}{0}$	$\frac{U}{0}$	$\frac{E}{3}$	$\frac{X}{-1}$	$\frac{U}{0}$	$\frac{U}{0}$	$\frac{X}{-1}$	$\frac{U}{0}$
6	$\frac{E}{3}$	$\frac{X}{-1}$	$\frac{U}{0}$	$\frac{O}{1}$	$\frac{U}{0}$		$\frac{U}{0}$	$\frac{U}{0}$	$\frac{U}{0}$	$\frac{U}{0}$	$\frac{U}{0}$	$\frac{U}{0}$	$\frac{X}{-1}$	$\frac{O}{1}$
7	$\frac{U}{0}$	$\frac{U}{0}$	$\frac{I}{2}$	$\frac{E}{3}$	$\frac{U}{0}$	$\frac{U}{0}$		$\frac{E}{3}$	$\frac{U}{0}$	$\frac{U}{0}$	$\frac{I}{2}$	$\frac{I}{2}$	$\frac{I}{2}$	$\frac{O}{1}$
8	$\frac{U}{0}$	$\frac{U}{0}$	$\frac{E}{3}$	$\frac{I}{2}$	$\frac{U}{0}$	$\frac{U}{0}$	$\frac{E}{3}$		$\frac{I}{2}$	$\frac{E}{3}$	$\frac{A}{4}$	$\frac{U}{0}$	$\frac{I}{2}$	$\frac{U}{0}$
9	$\frac{I}{2}$	$\frac{U}{0}$	$\frac{U}{0}$	$\frac{E}{3}$	$\frac{U}{0}$	$\frac{U}{0}$	$\frac{U}{0}$	$\frac{I}{2}$		$\frac{U}{0}$	$\frac{U}{0}$	$\frac{O}{1}$	$\frac{U}{0}$	$\frac{U}{0}$
10	$\frac{U}{0}$	$\frac{E}{3}$	$\frac{U}{0}$	$\frac{U}{0}$	$\frac{X}{-1}$	$\frac{U}{0}$	$\frac{U}{0}$	$\frac{E}{3}$	$\frac{U}{0}$		$\frac{U}{0}$	$\frac{U}{0}$	$\frac{X}{-1}$	$\frac{U}{0}$
11	$\frac{U}{0}$	$\frac{O}{1}$	$\frac{U}{0}$	$\frac{O}{1}$	$\frac{U}{0}$	$\frac{U}{0}$	$\frac{I}{2}$	$\frac{A}{4}$	$\frac{U}{0}$	$\frac{U}{0}$		$\frac{A}{4}$	$\frac{O}{1}$	$\frac{U}{0}$
12	$\frac{U}{0}$	$\frac{U}{0}$	$\frac{U}{0}$	$\frac{I}{2}$	$\frac{U}{0}$	$\frac{U}{0}$	$\frac{I}{2}$	$\frac{U}{0}$	$\frac{O}{1}$	$\frac{U}{0}$	$\frac{A}{4}$		$\frac{O}{1}$	$\frac{I}{2}$
13	$\frac{U}{0}$	$\frac{X}{-1}$	$\frac{U}{0}$	$\frac{I}{2}$	$\frac{X}{-1}$	$\frac{X}{-1}$	$\frac{I}{2}$	$\frac{I}{2}$	$\frac{O}{1}$	$\frac{X}{-1}$	$\frac{O}{1}$	$\frac{O}{1}$		$\frac{I}{2}$
14	$\frac{I}{2}$	$\frac{I}{2}$	$\frac{I}{2}$	$\frac{U}{0}$	$\frac{U}{0}$	$\frac{O}{1}$	$\frac{O}{1}$	$\frac{I}{2}$	$\frac{U}{0}$	$\frac{U}{0}$	$\frac{U}{0}$	$\frac{I}{2}$	$\frac{I}{2}$	
综合接近程度	17	7	11	18	7	3	13	21	10	4	13	7	7	14
排序	3	12	7	2	11	14	5	1	8	13	6	10	9	4

绘制位置相关图步骤如下所述。

步骤 1：从作业单位综合相互关系表出发，求出各作业单位的综合接近程度，并按其高低将作业单位排序。

步骤 2：按图幅大小，选择单位距离长度，并规定关系密级为 A 级的作业单位对之间距离为一个单位距离长度，E 级为两个单位距离长度，依此类推。

步骤 3：从作业单位综合相互关系表中，取出关系密级为 A 级的作业单位对，并将所涉及的作业单位按综合接近程度分值高低排序，得到作业单位序列 A_{k1}，A_{k2}，…，A_{kn}，其中下标为综合接近程度排序序号。

步骤 4：将综合接近程度分值最高的 A_{k1} 作业单位布置在布置图的中心位置。

步骤 5：按 A_{k2}，A_{k3}，…，A_{kn} 顺序把这些作业单位布置到图中，布置时，应随时检查待布置作业单位与图中已布置的作业单位之间的关系密级，选择适当位置进行布置，出现矛盾时应修改原有布置。

步骤 6：按 E、I、O、U、X、XX 关系密级顺序选择当前处理的关系密级，依次布置到图中。

在绘制作业单位位置相关图时，设计者一般要绘制 6～8 张图，每次不断增加作业单位和修改其布置，最后才能达到满意的布置。

叉车总装厂位置相关图绘制过程如下所述。

① 从综合相关表中取出关系密级为 A 的作业单位对，有 8-11、4-5、11-12，共 5 个作业单位，按综合接近程度高低排序为 8、4、11、12、5，其中作业单位 5 与 12 综合接近程度相同，其顺序可以任意确定。

② 将综合接近程度最高的作业单位 8 布置在图中中心位置，处理与 8 有 A 级关系的作业单位 11，将作业单位 11 布置到图中，且与 8 之间距离为一个单位距离，一个单位距离大小根据图幅大小确定，如图 3-15(a) 所示。

③ 布置综合接近程度分值次高的作业单位 4，作业单位 4 与图中作业单位 8 和作业单位 11 关系密级为 I 和 O 级，即 4 与 8 距离 3 个单位距离，4 与 11 距离 4 个单位距离，如图 3-15(b) 所示。

④ 处理与 4 有 A 级关系的作业单位 5，5 与图中已经存在的作业单位 8 和 11 的关系密级均为 U，可忽略，则重点考虑 4 与 5 关系，如图 3-15(c) 所示。

⑤ 下一个综合接近程度较高的作业单位 11，已经布置在图中，只需要直接处理与 11 关系密级为 A 级的作业单位 12 的位置，从综合相关表中可知作业单位 11 与 8、4、5 关系密级均为 U 级，可忽略，综合考虑将 12 布置在图上，如图 3-15(d) 所示。

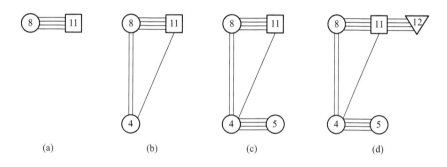

图 3-15　作业单位位置相关图绘制步骤

重复以上步骤，依次布置关系密级为 E、I、O、U、X、XX 的作业单位，直到把所有的作业单位都布置在图中，如图 3-16 所示。

3.2.8　作业单位面积相关图

将各作业单位的占地面积与其建筑物空间几何形状结合到作业单位位置相关图上，就得到了作业单位面积相关图。这个过程中，首先需要确定各作业单位建筑物的实际占地面积与外形（空间几何形状）。作业单位的基本占地面积由设备占地面积、物流模式及其通道、人员活动场地等因素决定。

作业单位面积相关图绘制步骤如下所述。

步骤 1：选择适当的绘图比例，一般比例为 1∶100、1∶500、1∶1000、1∶2000、1∶5000，绘图单位为毫米（mm）或米（m）。

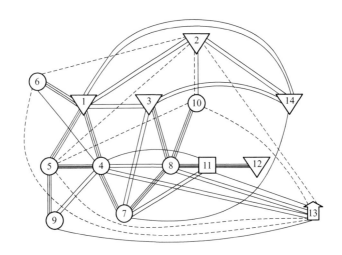

图 3-16 作业单位位置相关图

步骤 2：将作业单位位置相关图放大到坐标纸上，各作业单位符号之间应留出尽可能大的空间，以便安排作业单位建筑物。为了图面简洁，只需绘出重要的关系如 A、E、X 级连线。

步骤 3：以作业单位符号为中心，绘制作业单位建筑物外形。作业单位建筑物一般都是矩形的，可以通过外形旋转角度，获得不同的布置方案。当预留空间不足时，需要调整作业单位位置，但必须保证调整后的位置符合作业单位位置相关图要求。

步骤 4：经过数次调整与重绘，得到作业单位面积相关图，如图 3-17 所示。

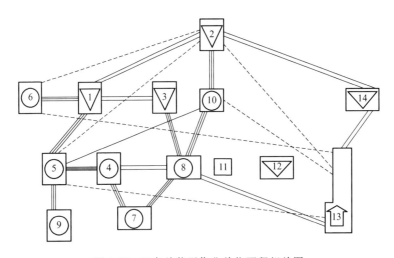

图 3-17 叉车总装厂作业单位面积相关图

将各作业单位的占地面积与空间几何形状结合到作业单位位置相关图上，就得到了作业单位面积相关图。在这个过程中，首先需要确定各作业单位建筑物的实际占地面积与外形（空间几何形状）。

作业单位的基本占地面积由设备占地面积与人员活动场地等因素决定，在前文关于作业单位的划分一节中已有论述。这里重点讨论与作业单位建筑物实际占地面积与外形密切相关的建筑物结构形式与物料流动模式。

工厂建筑物一般都采用标准化设计与施工，建筑物的柱、梁都是标准的，因此，建筑物的柱距，跨距值都是标准序列值，一般柱距为 6m，而跨距为 6m、12m、15m、18m、24m 和 30m。若柱数为 x，跨数为 y，跨距为 w，则建筑物的长度外形尺寸等于 $6(x-1)$＋柱长，建筑物的宽度外形尺寸等于 wy＋柱宽。

有了作业单位建筑物的占地面积与外形后，可以在坐标纸上绘制作业单位面积相关图。选择适当的绘图比例，一般比例为 1∶100、1∶500、1∶1000、1∶2000、1∶5000，绘图单位为 mm 或 m。将作业单位位置相关图放大到坐标纸上，各作业单位符号之间应留出可能的空间，以便安排作业单位建筑物。为了图面简洁，只需绘出重要的关系，如 A、E 及 X 级连线。按综合接近程度分数大小顺序，由大到小依次把各作业单位布置到图上。绘图时，以作业单位符号为中心，绘制作业单位建筑物外形。作业单位建筑物一般都是矩形的，可以通过外形旋转角度，获得不同的布置方案，当预留空间不足时，需要调整作业单位位置，但必须保证调整后的位置符合作业单位位置相关图的要求。

经过数次调整与重绘，得到作业单位面积相关图。

3.2.9　作业单位面积相关图的修正与调整

作业单位面积相关图是直接从位置相关图演化而来的，只能代表一个理论的、理想的布置方案，必须通过调整修正才能得到可行的布置方案。从工厂总平面布置设计原则出发，考虑除基本要素以外的其他因素对布置方案的影响，按 SLP 法的观点，这些因素可以分为修正因素与实际条件限制因素两类。

（1）修正因素

① 物料搬运方法。对布置方案的影响主要包括搬运设备种类特点、搬运系统基本模式以及运输单元（箱、盘等）。在面积相关图上，只反映作业单位之间的直线距离，而由于道路位置、建筑物的规范形式的限制，实际搬运系统并不总能按直线距离进行，物料搬运系统有 3 种基本形式，分为直线型、渠道型和中心型。

② 建筑特征。作业单位的建筑物应保证道路的直线性与整齐性、建筑物的整齐规范以及公用管线的条理性。

③ 道路。道路运输机动灵活，适用于绝大多数货物品种的运输，因此，道路运输是各类工厂的基本运输方式。另外，厂内道路除承担运输任务外，还起到划分厂区、绿化美化厂区、排除雨水、架设工程管道等作用，也具备消防、卫生、安全等环境保护功能。

厂内道路按其功能分为主干道、次干道、辅助道路、车间引道及人行道。各类道路可根据企业规模大小、厂区占地多少及交通运输量的大小酌情设置。厂区内的道路不但承担着物料运输的任务，还起着分隔作业单位、防火、隔声等作用。厂内道路的布置应满足如下基本要求：道路布置应适应工艺流程需要，满足物料搬运要求，力求短捷、安全、联系方便；道路系统应适应公用管线、绿化等要求；满足生产、安全、卫生、防火及其他特殊要求；避免货运线路与人流线路交叉，避免公路与铁路交叉；厂内道路系统一般应采用正交和环形布置，交叉路口和转弯处的视距不应小于 30m。根据工厂生产工艺、物料搬运特点，厂内道路一般有环状式、尽端式和混合式三种基本形式，如图 3-18 所示。

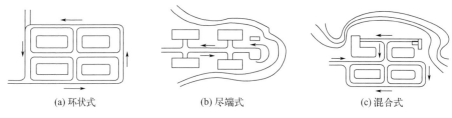

(a) 环状式　　　　　　(b) 尽端式　　　　　　(c) 混合式

图 3-18　道路布置形式

　　环状式道路围绕车间布置,各部门联系方便,利于厂内分区,适于场地条件较好的场合。当因条件限制不能采用环状式道路布置时可以按尽端式道路布置,车道通至某地点就终止了,这时,在道路的端头应设置回车场(图 3-19),以便调头。

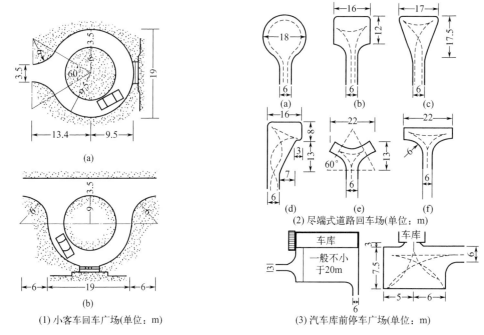

(a)

(b)

(1) 小客车回车广场(单位:m)

(2) 尽端式道路回车场(单位:m)

(3) 汽车库前停车广场(单位:m)

图 3-19　回车场的基本形式

　　混合式道路布置就是同时采用环状式和尽端式两种道路布置形式,是一种灵活的布置形式,适用于各种类型的工矿企业。

　　厂内道路应按《厂矿道路设计规范》进行设计,参照厂内汽车道路主要技术指标(表3-29)和电瓶车道主要技术指标(表 3-30)。

表 3-29　厂内汽车道路主要技术指标

项目	名称	单位	指标	备注
路面宽度	大型厂主干道	m	7～9	城市型道路全路基宽度与路面宽度相同,公路型道路路基宽度为路面宽度与其两侧路肩宽度之和
	大型厂次干道 中型厂主干道	m	6～7	
	中型厂次干道 小型厂主干道	m	4.5～6	
	厂内辅助道路	m	3～4.5	

项目	名称	单位	指标	备注
路面宽度	车间引道	m	3～4	或与车间大门宽度相适应
路肩宽度	主干道、次干道、辅助道	m	1.0～1.5	当经常有履带式车辆通行时,路肩宽度一侧可采用 3m。在条件困难时,路肩宽度可减为 0.5～0.75m
最小转弯半径	行驶单辆汽车	m	9	1. 最小半径值均从路面内缘算起 2. 车间引道的最小转弯半径不应小于 6m 3. 在困难条件下(陡坡处除外),最小转弯半径可减至 3m 4. 通行 80t 以上平板挂车的道路,其最小转弯半径可按实际需要来定
最小转弯半径	汽车带一辆拖车	m	12	
最小转弯半径	15～25t 平板挂车	m	15	
最小转弯半径	40～60t 平板挂车	m	18	
最大纵坡	主干道	平原微丘区	%	6
最大纵坡	主干道	山岭重丘区	%	8
最大纵坡	次干道、辅助道、车间引道	%	8	
最小纵坡		%	0.2	当能保证路面雨水排除的情况下,城市型道路在最小纵坡可采用平坡
视距	会车视距	m	30	
视距	停车视距	m	15	
视距	交叉口视距	m	20	
竖曲线最小半径	凸型	m	300	当纵坡变更处的两相邻坡度差大于 2% 时,设置圆形竖曲线
竖曲线最小半径	凹型	m	100	
纵向坡度的最小长度		m	50	

备注栏（最大纵坡）: 1. 特殊困难处的最大纵坡:次干道可增加 1%,辅助道可增加 2%,车间引道可增加 3% 2. 经常有大量自行车通行的路段,最大纵坡不宜大于 4% 3. 经常运输危险品的车道,纵坡不宜大于 6%

表 3-30 电瓶车道主要技术指标

技术指标名称	单位	指标
单车道路面宽度	m	2
双车道路面宽度	m	3.5
路面内边缘最小转弯半径	m	4
停车视距	m	5
会车视距	m	10
最大纵坡	%	4
竖曲线最小半径	m	100

另外,厂内道路与建筑物之间应留有一定距离,供绿化、排水沟渠及公用管线使用,具体参数详见表 3-31～表 3-33。

表 3-31 树木与相邻建筑物、构筑物之间的距离

建(构)筑物和地下管线名称	最小水平间距/m	
	至乔木中心	至灌木中心
建筑物外墙(有窗)	5.0	1.5～2.0

建(构)筑物和地下管线名称	最小水平间距/m	
	至乔木中心	至灌木中心
建筑物外墙(无窗)	2.0	1.5~2.0
围墙	2.0	1.0
道路路面边缘	1.0	0.5
人行道边缘	0.75	0.5
排水明沟边缘	1.0~1.5	0.5~1.0

表 3-32 厂内道路至相邻建筑物、构筑物的最小距离

序号	相邻建筑物、构筑物名称			最小距离/m
1	一般建筑物外墙	当建筑物面向道路的一侧无出入口时		1.5
		当建筑物面向道路的一侧有出入口而无汽车引道时		3.0
		当建筑物面向道路的一侧有出入口而有汽车引道时	连接引道的道路为单车道时	8.0
			连接引道的道路为双车道时	6.0
			出入口为蓄电池搬运车引道时	4.5
2	特殊建(构)筑物	散发可燃气体,可燃蒸汽的甲类房;甲类库房;可燃液体储罐;可燃、助燃气体储罐	主要道路	10
			次要道路	5.0
		易燃液体储罐;液化石油气储罐	主要道路	15
			次要道路	10
3	消防车道至建筑物外墙			5~25
4	铁路中心线		标准轨距	3.75
			窄轨	3.0
5	围墙	当围墙有汽车出入口时,出入口附近		6.0
		当围墙无汽车出入口而路边有照明电杆时		2.0
		当围墙无汽车出入口而路边无照明电杆时		1.5
6	各类管线支架			1.0~1.5
7	绿化	乔木(至树干中心线)		1.0
		灌木(至灌木丛边缘)		0.5
8	装卸站台边缘(在站台区段内按右列数值加宽路面至站台边,以便停放汽车)	当汽车平行站台停放时	解放 CA-10	3.0
			黄河 JN-150	3.5
		当汽车垂直站台停放时	解放 CA-10	10.5
			黄河 JN-150	11.0

表 3-33 一般地区明沟至建筑物距离

明沟边缘至建筑物	最小距离/m
建筑物基础边缘	3.0
围墙	1.5
地上与地下管道外壁	1.0

明沟边缘至建筑物		最小距离/m
架空管线支架基础边缘	一般管道	1.0
	煤气、天然气、氧气管道	1.5
乔木中心(树冠直径不大于 5m)		1.0
灌木中心		0.5
人行道路面边缘		1.0
粉料堆场边缘	一般	5.0
	困难条件	3.0
挖方坡顶	一般	5.0
	土质良好,且边坡不高(或明沟铺砌)	2.0
挖方坡脚	边坡高度≥2.0m	0.5~1.0
	边坡高度<2.0m	0
填方坡脚	一般	2.0
	地质和排水条件良好或采取措施足以保证填土稳定时	1.0

④ 公用管线布置。在工业生产过程中,各车间或工段所需要的水、气(汽)、燃油以及由水力或风力运输的物料,一般均采用管道输送。同时,生产过程中产生的污水、废液以及由水力或风力运输的废渣,再加上雨水也常用管道排出;各种机电设备、电器照明、通信信号所需要的电能,都用输电线路输送。所谓管线就是各种管道和输电线的统称。

⑤ 厂区绿化。在条件允许的情况下,厂内空地都应绿化。一般情况下,工厂主要出入口及厂级办公楼所在的厂前区、生产设施周围,交通运输线路一侧或双侧,都是厂区绿化的重点。因此,在进行工厂总平面布置时,应在上述区域留出绿化地带。

⑥ 场地条件与环境。厂区内外的社会环境、公共交通情况、环境污染等方面因素都会影响布置方案。为便于与外界联系,常把所有职能管理部门甚至生活服务部门集中起来,布置在厂门周围,形成厂前区。厂门应尽可能便于厂内外运输,便于实现厂内道路与厂外公路的衔接。注重合理利用厂区周围的社会条件。

在实际布置设计中,为减小振动与噪声对生产质量及人身健康的危害,一般采取减振降噪措施或使人员密集区和精密车间远离振源的方法。

(2) 实际条件限制因素

前述修正因素是布置设计中应考虑的事项。此外还存在一些对布置设计方案有约束作用的其他因素,包括给定厂区的面积、建设成本费用、厂区内现有条件(建筑物)的利用、政策法规等方面的限制因素,这些因素统称为实际条件限制因素。确定布置设计方案时,同样需要考虑这些因素的影响,根据这些限制因素,进一步调整方案。

3.2.10 总平面布置图的绘制

通过考虑多方面因素的影响与限制,形成了众多的布置方案,抛弃所有不切实际的想法后,保留 2~5 个可行布置方案供选择。采用规范的图例符号,将布置方案绘制成工厂总平面布置图,如图 3-20 所示,图中数字序号代表作业单位序号,具体参见表 3-14。

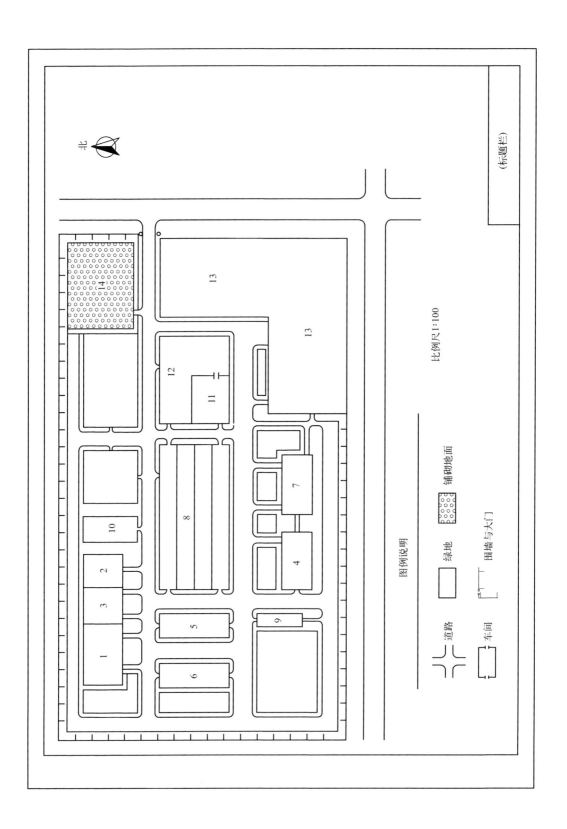

北

图例说明

道路

车间

绿地

铺砌地面

围墙与大门

比例尺1:100

(标题栏)

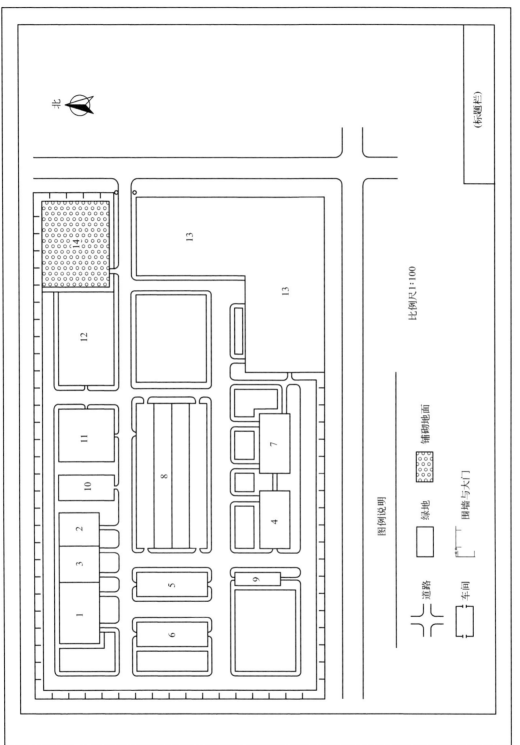

图例说明

道路

车间

围墙与大门

绿地

铺砌地面

比例尺1:100

图 3-20

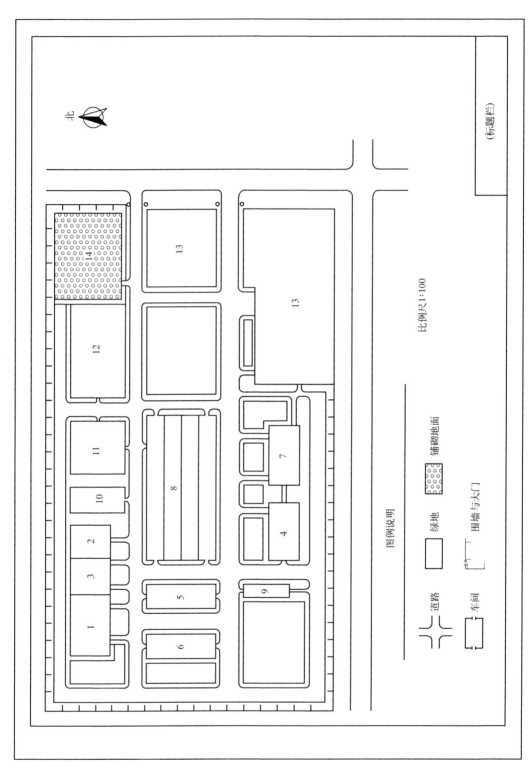

图 3-20 叉车总装厂总平面布置图

比例尺 1∶100

图例说明

道路　绿地　铺砌地面

车间　围墙与大门

3.3 方案评价与选择

方案评价与选择是系统布置设计程序中的最后环节，也是非常重要的环节，只有做好方案评价，才能确保规划设计的成功。物流系统规划设计研究的问题都是多因素、多目标的问题，这就构成了评价与选择的综合性、系统性的特点。在规划与设计过程中进行方案选择与评价时，一般分两种情况：一是单项指标比较评价；二是综合指标比较评价。

(1) 单项指标比较评价　单项指标比较评价是指多个方案中的某些指标基本相同，只有某项主要指标不同时，通过比较该项主要指标的优劣而取舍方案。当方案的技术水平基本相同时，可进行方案的经济比较来评价方案的优劣。当经济效益基本相同，在技术先进性方面差别较大时，则应根据技术水平的高低评价方案。

在建设项目可行性研究期间，经济评价是决策的重要依据。我国现行的项目经济评价分为财务评价和国民经济评价。在项目的可行性研究中，不管采用哪种方法，都要分析不确定因素对经济评价指标的影响，以预测项目可能承担的风险，确定财务、经济上的可靠性。不确定性分析包括盈亏平衡分析、敏感性分析和概率分析。在系统规划设计人员的协助下，由工程经济人员承担经济评价工作，具体工作内容与步骤见有关"工程经济"专业书籍。

(2) 综合指标比较评价　对于企业物流系统建设项目，由于影响因素很多且极为复杂，在进行项目决策时，一般应进行综合指标比较评价。在系统规划与设计中，综合指标比较评价的具体做法有优缺点比较法和加权因素法。加权因素法参见场址选择方法中的具体步骤。

在初步方案的评价与筛选过程中，设计布置方案并不具体，各种因素的影响不易准确确定，此时常采用优缺点比较法对布置方案进行初步评价，舍弃那些存在明显缺陷的布置方案。为了确保优缺点比较法的说服力，应首先确定出影响布置方案的各种因素，特别是有关人员所考虑和关心的主导因素，这一点对决策者尤其重要。一般做法是编制一个内容齐全的系统规划评价因素点检表，供系统规划人员结合设施的具体情况逐项点检并筛选出需要的比较因素。表 3-34 为评价因素点检表。

确定评价因素后，分别对各布置方案列出优点和缺点，并加以比较，最终给出一个明确的结论可行或不可行，供决策者参考。

在布置方案图上，确定各作业单位之间的物料搬运路线，同时，测出各条路线的距离，编制成物流-距离表（表 3-35）。表中每一框格中同时注出物料搬运发送作业单位（从）至物料搬运接收作业单位（至）的物料搬运量（物流强度）f_{ij} 及物料搬运路线长度（距离）d_{ij}。其中，i 表示从作业单位序号，j 表示至作业单位序号，表中空格表示两作业单位之间无明显物流。若忽略不同物料、不同路线上的物料搬运成本的差异，各条路线上物料搬运费 $f_{ij}d_{ij}$ 成正比，则可以将总的物料搬运费用 C 记为如公式（3-2）所示。

表 3-34 设施布置方案评价因素点检表

序号	因素	点检记号	重要性	序号	因素	点检记号	重要性
1	初次投资			16	安全性		
2	年经营费			17	潜在事故的危险性		
3	投资收益率			18	影响产品质量的程度		
4	投资回收期			19	设备的可得性		
5	对生产波动的适应性			20	外构件的可得性		
6	调整生产的柔性			21	与外部运输的配合		
7	发展的可能性			22	与外部公用设施的结合		
8	工艺过程的合理性			23	经营销售的有利性		
9	物料搬运的合理性			24	自然条件的适应性		
10	机械化自动化水平			25	环境保护条件		
11	控制检查的便利程度			26	职工劳动条件		
12	辅助服务的适应性			27	对施工安装投产进度影响		
13	维修的方便程度			28	施工安装对现有生产影响		
14	空间利用程度			29	熟练工人的可得性		
15	需要储存的物料、外购件数量			30	公共关系效果		

表 3-35 物流-距离表

作业单位从 i \ 作业单位至 j	1	2	⋯	n
1	f_{11}/d_{11}	f_{12}/d_{12}	⋯	f_{1n}/d_{1n}
2	f_{21}/d_{21}	f_{22}/d_{22}	⋯	f_{2n}/d_{2n}
n	f_{n1}/d_{n1}	f_{n2}/d_{n2}	⋯	f_{nn}/d_{nn}

某企业物流与人流状况简图如图 3-21 所示。

$$C = \sum_{i=1}^{n} \sum_{j=1}^{n} f_{ij} d_{ij} \qquad (3\text{-}2)$$

为了使总的搬运费用 C 最小，则当 f_{ij} 大时 d_{ij} 应尽可能小，当 f_{ij} 小时 d_{ij} 可以大一些，即 f_{ij} 与 d_{ij} 应遵循反比规律。即 f_{ij} 大的作业单位之间应该靠近布置，且道路短捷，f_{ij} 小的作业单位之间可以远离，道路可以长一些，这显然符合 SLP 的基本思想，从而有

$$f \propto \frac{1}{d} \qquad (3\text{-}3)$$

写成等式形式

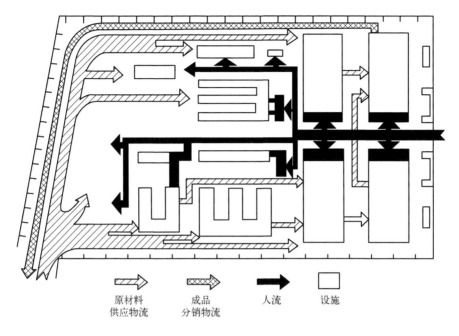

图 3-21　某企业物流与人流状况简图

$$f = \frac{D}{d^H} \tag{3-4}$$

式中，D 和 H 为常数，且应有 $H > 0$。

式(3-4)说明，一个良好的布置方案的各作业单位之间的物料搬运量与搬运路程成双曲型曲线函数关系，如图 3-22 所示。为了评价布置方案的优劣，可以应用曲线回归理论求出式(3-4)中的常数 D 和 H。

$$y = a + bx \tag{3-5}$$

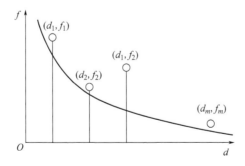

图 3-22　$f\text{-}d$ 的双曲型曲线

首先令 $a = \ln D$，$b = -H$，$x = \ln d$，$y = \ln f$，从而式(3-4)变换成了一元线性函数式(3-5)。为了求出上式中的 a 和 b，应对表 3-35 中的 f_{ij} 进行处理。去掉无明显物流的 f_{ij} 与 d_{ij}，将剩余数据按 d_{ij} 的递增顺序排序，得 d_1，d_2，$\cdots$，d_m 和 f_1，f_2，$\cdots$，f_m，

作变换：

$$x_k = \ln d_k$$
$$y_k = \ln f_k \tag{3-6}$$

应用线性回归知识：

$$\overline{x} = \frac{1}{m}\sum_{k=1}^{m} x_k \tag{3-7}$$

$$\overline{y} = \frac{1}{m}\sum_{k=1}^{m} y_k \tag{3-8}$$

$$l_{xx} = \sum_{k=1}^{m} (x_k - \overline{x})^2 \tag{3-9}$$

$$l_{yy} = \sum_{k=1}^{m} (x_k - \overline{x})(y_k - \overline{y}) \tag{3-10}$$

$$l_{yy} = \sum_{k=1}^{m} (y_k - \overline{y})^2 \tag{3-11}$$

$$b = \frac{l_{xy}}{l_{xx}} \tag{3-12}$$

$$a = \overline{y} - b\overline{x} \tag{3-13}$$

从而有：

$$D = e^a \tag{3-14}$$

$$H = -b \tag{3-15}$$

根据图 3-22 布置方案的双曲线形式，可对布置方案进行如下讨论：

同一布置方案中，如果作业单位之间存在 d_{ij} 大 f_{ij} 也大的情况，如图 3-23 中（a）的点 A，说明作业单位 i 与 j 布置位置不恰当，应靠近布置，且路线应短捷。图（a）中点 B，说明作业单位 i 与 j 之间的相对位置可以远离，道路可以长一些，当然这样布置也可以接受。在不同布置方案图（b）中方案 l_1 的基准曲线在方案 l_2 的基准曲线之下，说明方案 l_1 的布置方案更好。图（c）中 l_1 与 l_2 相交，需要根据目标函数小的确定哪个方案更好。上述分析清楚地反映出布置方案的优劣，为进一步修正布置方案提供了依据。

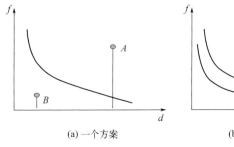
(a) 一个方案

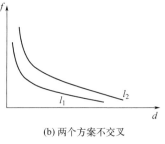
(b) 两个方案不交叉

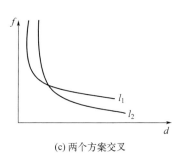
(c) 两个方案交叉

图 3-23　布置方案物流-距离曲线

本章小结

本章主要对 SLP 方法进行了详细介绍。在设施布置成组原则时重点介绍了直接簇聚法和排序簇聚法。应用完整的 SLP 法进行总平面布局时包括系统布置设计的要素及阶段、程序模式、基本要素分析、物流相关表、非物流相关表、综合相关表、位置相关图、面积相关图、确定方案及对方案的评价方法。

本章习题

一、单选题

1. 系统布置设计的主要输入要素为（　　　）。

A. A、E、I、O、U　　　　　　　　B. A、E、I、O、U、X

C. P、Q、R、S、T　　　　　　　　D. P、Q、R、S、T、X

2. （　　　）的生产工厂之间，应考虑一定的防护距离。

A. 液体产品　　　　　　　　　　　B. 气体产品

C. 易燃易爆产品　　　　　　　　　D. 固体产品

3. 少品种大批量的生产方式适宜采用（　　　）。

A. 工艺原则布置　　　　　　　　　B. 成组原则布置

C. 产品原则布置　　　　　　　　　D. 固定工位式布置

4. 要求物料返回到起点的情况适合于（　　　）流动模式。

A. 直线形　　　　　　　　　　　　B. L 形

C. U 形　　　　　　　　　　　　　D. 环形

5. 在系统布置设计中，考虑出入口位置，需要在同一相对位置的基本流动模型是（　　　）。

A. 直线形　　　　　　　　　　　　B. L 形

C. 环形　　　　　　　　　　　　　D. U 形

6. 在物流相关表中，超高物流量应该用（　　　）表示。

A. A　　　　　　　　　　　　　　B. E

C. I　　　　　　　　　　　　　　D. O

7. 在作业单位相关图上表示的密切程度等级的理由，最多不超过（　　　）条。

A. 8 或 10　　　　　　　　　　　B. 6 或 8

C. 4 或 6　　　　　　　　　　　　D. 2 或 4

8. SLP 出发点力求（　　　）。

A. 空间合理规划　　　　　　　　　B. 时间优化

C. 物流合理化　　　　　　　　　　D. 信息流合理化

二、填空题

1. SLP 法是由（　　　　　　）提出的。

2. 系统布置设计基本要素（　　　　　　　　　　　）。

3. 物流强度等级划分为（　　　　　　　　　　）。

4. 非物流强度等级划分为（　　　　　　　　　）。

5. 综合相关表中，物流和非物流权重 $m:n$ 范围是（　　　　　　）。

6. 任一级物流关系和 x 级非物流关系合并时，不能超过（　　　）级。

三、简答题

1. 画出系统布置设计程序图。

2. 简述综合接近程度的概念。

四、计算题

1. 表 3-36 中 6 个零件在 5 个机器上加工，表中数字"1"代表某零件在某机器上加工。请分别用直接簇聚法和排序簇聚法划分制造单元。

表 3-36　零件机器关系表

机器 零件	1	2	3	4	5
1	1		1		
2	1				
3		1		1	1
4	1		1		
5		1	1		
6				1	1

2.（1）图 3-24 是某零件工序图，图中 1、4、9 分别代表该零件加工时经过的作业单位的序号，其他数字代表物流量，请计算作业单位之间物流量。

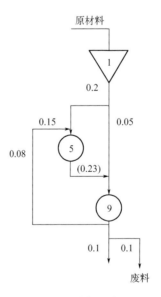

图 3-24　零件工序图

（2）表 3-37 是零件后泵盖的工序表，根据表中内容画出后泵盖的工艺过程图，图中用作业单位序号表示作业单位，并计算作业单位之间的物流量。

表 3-37 零件工序表

产品名称	零件序号	材料	单件重量/kg	计划年产量	年产总重量
后泵盖	2	HT200	10	1500	

序号	作业单位名称	工作内容	工序材料利用率/%
1	原材料库	存储钢材、铸造、备料	
2	铸造车间	铸造	60
4	热处理车间	热处理	
5	机加车间	车、铣、钻、滚齿	80
6	精密车间	镗削、磨削、剃齿	90
7	标准件、半成品库	存储外购件、半成品	

3. 某工厂生产 5 种产品，设有六个作业单元 ABCDEF。每种产品的月产量及其工艺流程见表 3-38。（1）计算出作业单元之间物流量，并画出从至表；（2）划分物流强度，做出物流相关表；（3）若物流与非物流 $m : n = 4 : 1$，确定综合相关表；（4）绘制位置相关图。

表 3-38 产品流程表

产品	工艺流程	月产量(托盘数)
1	A B C D E F	80
2	A B C B E D C F	100
3	A B E F	60
4	A B C D E F	200

4. 某车间生产 4 种产品，由 4 种设备 ABCD 加工。4 种设备的面积相等，产品工艺路线信息以及生产信息如表 3-39 所示，对设备进行单行布局。

表 3-39 产品工艺路线表

产品	加工顺序	产量
1	B D C A C	300
2	B D A C	700
3	D B D C A C	900
4	A B C A	200

5. 物流距离图的评价方法如何评价一个方案？如何对多个方案进行评价？

6. 某厂为新建机械加工厂，划分为 12 个作业单位，作业单位之间的物流量见表 3-40，应用本章节内容中的系统布置设计知识，进行物流分析，物流和非物流权重比为 4 : 1，画出作业单位之间的位置相关图。

表 3-40　作业单位之间的物流量

项目	2	3	4	5	6	7	8	9	10	11	12
1	5076	1449	—	1888	328	—	—	—	—	—	—
2	0	—	—	—	—	1668	—	3408	—	—	—
3	—	0	1449	—	—	—	—	—	1004	—	—
4	—	—	0	—	—	—	—	—	12	—	2456
5	—	—	—	0	—	512	—	—	—	—	—
6	—	—	—	—	0	328	—	—	—	—	—
7	—	—	—	—	—	0	328	1668	—	—	—
8	—	—	—	—	—	—	0	—	—	328	—
9	—	—	—	486	—	—	—	0	—	—	—
10	—	—	—	—	—	—	—	—	0	1016	
11	—	—	—	—	—	—	—	—	—	0	3025

五、案例分析

家乐福选址实例分析

每次家乐福进入一个新的地方，都只派 1 个人来开拓市场。开拓中国市场时也只派了 1 个人。家乐福的企划行销部总监罗定中解释说，这第一个人就是这个地区的总经理，他所做的第一件事就是招一位本地人做他的助理。然后，这位空投到市场上的光杆总经理，和他唯一的员工做的第一件事，就是开始市场调查。他们会仔细地去调查当时其他商店里有哪些本地的商品出售，哪些产品的流通量很大，然后再去与各类供应商谈判，决定哪些商品将来会在家乐福店里出现。一个庞大无比的采购链，完完全全从零开始搭建。

这种进入市场的方式粗看难以理解，但却是家乐福在世界各地开店的标准操作手法。这样做背后的逻辑是，一个国家的生活形态与另一个国家的生活形态经常是大大不同的。在法国超市到处可见的奶酪，在中国很难找到供应商；在中国台湾十分热销的槟榔，可能在上海一个都卖不掉。所以，国外家乐福成熟有效的供应链，对于以食品为主的本地家乐福来说其实意义不大。最简单有效的方法，就是了解当地，从当地组织采购本地人熟悉的产品。

1995 年进入中国市场后，短时间内家乐福便在相距甚远的北京、上海和深圳三地开出了大卖场，就是因为他们各自独立地发展出自己的供应商网络。根据家乐福自己的统计，从中国本地购买的商品占了商场里所有商品的 95％ 以上，仅 2000 年采购金额就达 15 亿美元。除了已有的上海、广东、浙江、福建及胶东半岛等各地的采购网络，家乐福在 2015 年年底分别在中国的北京、天津、大连、青岛、武汉、宁波、厦门、广州及深圳开设区域化采购网络。家乐福自 2015 年的区域化网络布局以来，经历了一系列的变革和发展，根据 2023 年的报道，家乐福中国面临着销售收入大幅下降的问题，家乐福中国正在加速从大卖场到社区品质生活中心的转型变革。

Carrefour 的法文意思就是"十字路口"，而家乐福的选址也不折不扣地体现这一个标准——所有的店都开在了路口，巨大的招牌 500m 开外都可以看得一清二楚。而一个投资几千万的店，当然不会是拍脑袋想出的店址，其背后精密和复杂的计算，常令行业外的人士大吃一惊。

根据经典的零售学理论，一个大卖场的选址需要经过几方面的详细测算。

第一，就是商圈内的人口消费能力。中国目前并没有现有的资料（GIS人口地理系统）可以利用，所以店家不得不借助市场调研公司的力量来收集这方面的数据。有一种做法是从某个原点出发，测算5min的步行距离会到什么地方，然后是10min步行会到什么地方，最后是15min会到什么地方。根据中国的本地特色，还需要测算以自行车出发的小片、中片和大片半径，最后是以车行速度来测算小片、中片和大片各覆盖了什么区域。如果有自然的分隔线，如一条铁路线，或是另一个街区有一个竞争对手，商圈的覆盖就需要依据这种边界进行调整。

然后，需要对这些区域进行进一步的细化，计算这片区域内各个居住小区的详尽的人口规模和特征的调查，计算不同区域内人口的数量和密度、年龄分布、文化水平、职业分布、人均可支配收入等许多指标。家乐福的做法还会更细致一些，根据这些小区的远近程度和居民可支配收入，再划定重要销售区域和普通销售区域。

第二，就是需要研究这片区域内的城市交通和周边商圈的竞争情况。如果一个未来的店址周围有许多的公交车，或是道路宽敞、交通方便，那么销售辐射的半径就可以大为放大。上海的大卖场都非常聪明，例如家乐福古北店周围的公交线路不多，家乐福就干脆自己租用公交车定点在一些固定的小区间穿行，方便这些离得较远的小区居民上门一次性购齐一周的生活用品。

当然未来潜在销售区域会受到很多竞争对手的挤压，所以家乐福也会将未来所有的竞争对手计算进去。传统的商圈分析中，需要计算所有竞争对手的销售情况、产品线组成和单位面积销售额等情况，然后将这些估计的数字从总的区域潜力中减去，未来的销售潜力就产生了。但是这样做并没有考虑到不同对手的竞争实力，所以有些商店在开业前索性把其他商店的短板摸个透彻，以打分的方法发现他们的不足之处，比如环境是否清洁，哪类产品的价格比较高，生鲜产品的新鲜程度如何等，然后依据这种精确制导的调研结果进行具有杀伤力的打击。

当然，一个商圈的调查并不会随着一个门店的开张大吉而结束。家乐福自己的一份资料指出，顾客中有60%在34岁以下，70%是女性，然后有28%的人走路，45%通过公共汽车而来。所以很明显，大卖场可以依据这些目标顾客的信息来微调自己的商品线。能体现家乐福用心的是，家乐福在上海的每家店都有小小的不同。在虹桥门店，因为周围的高收入群体和外国侨民比较多，其中外国侨民占到了家乐福消费群体的40%，所以虹桥店里的外国商品特别多，如各类葡萄酒、各类泥肠、奶酪和橄榄油等，而这都是家乐福为了这些特殊的消费群体特意从国外进口的。南方商场的家乐福因为周围的居住小区比较分散，干脆开了一个迷你Shopping Mall，在商场里开了一家电影院和麦当劳，增加自己吸引较远处人群的力度。青岛的家乐福做得更到位，因为有15%的顾客是韩国人，干脆就做了许多韩文招牌。

高流转率与大采购超市零售业的一个误区是，总以为大批量采购压低成本是大卖场战胜其他小超市的法宝，但是这其实只是"果"而非"因"。商品的高流通性才是大卖场真正的法宝。相对而言，大卖场的净利率非常低，一般来说只有2%～4%，但是大卖场获利不是靠毛利高而是靠周转快。而大批量采购只是所有商场商品高速流转的集中体现而已。而体现高流转率的具体支撑手段，就是实行品类管理（Category Management），优化商品结构。根据沃尔玛与宝洁的一次合作，品类管理的效果使销售额上升32.5%，库存下降46%，周转速度提高11%。

而家乐福也完全有同样的管理哲学。据罗总监介绍，家乐福选择商品的第一项要求就是要有高流转性。比如，如果一个商品上了货架走得不好，家乐福就会把它30cm的货架展示缩小到20cm。如果销售数字还是上不去，陈列空间再缩小10cm。如果没有任何起色，那么宝贵的货架就会让出来给其他的商品。家乐福这些方面的管理工作全部由计算机来完成，由POS机实时收集上来的数据进行统一的汇总和分析，对每一个产品的实际销售情况、单位销售量和毛利率进行严密的监控。这样做，使得家乐福的商品结构得到充分地优化，完全面向顾客的需求，减少了很多资金的搁置和占用。

思考题：

（1）你认为家乐福选址时考虑了哪些因素？

（2）你认为家乐福选址与制造业在选址时有何不同？

第**4**章 物料搬运系统设计

4.1 物料搬运系统的基本概念

物料搬运（material handling）是制造企业生产过程中的辅助生产过程，它是工序之间、车间之间、工厂之间物料流动不可缺少的环节。据调查，我国机械加工厂每生产 1t 产品，需 252 吨次❶的物料搬运，其成本为加工成本的 15.5%。据国外统计，在中等批量的生产车间里，零件在机床上的时间仅占生产时间的 5%，而 95% 的时间消耗在原材料、工具、零件的搬运、等待上。物料搬运的费用占全部生产费用的 20%~50%。由此可见，改善物料搬运作业，可以取得明显的经济效益。为此，设计一个合理、高效、柔性的物料搬运系统，对压缩库存资金占用、缩短物料搬运所占时间是十分必要的。

4.1.1 物料搬运的定义

物料搬运是指在同一场所范围内进行的、以改变物料的存放（即狭义的装卸）和空间位置（即狭义的搬运）为主要目的的活动，即对物料、产品、零部件或其他物品进行搬上、卸下、移动的活动。

物料搬运具有 5 个特点：移动、数量、时间、空间和控制。移动包括运输或者物料从某一地点搬到下一地点，安全要素是移动这一特点中首要考虑的因素。每次移动的量决定于物料搬运设备的类型和性质，这个过程中也产生了单位的货物运输费用。时间这一特点考虑的是物料能够通过设备的速度。物料搬运的空间特点与存储、移动搬运的设备所占空间，以及物料自身排列、存储所需空间有关。物料的追踪、识别、库存管理都是"控制"这一特点的表现。

4.1.2 搬运活性理论

（1）搬运活性 物料存放的状态各式各样，可以散放在地上，也可以装箱放在地上，或放在托盘上等，由于存放的状态不同，物料的搬运难易程度也不一样。把由于物料的不

---

❶ "吨次"表示物料在搬运过程中的重量单位和次数的组合。"252 吨次"意味着物料在搬运过程中的总重量为 252 吨，不考虑具体搬运了多少次。

同存放状态，导致的搬运作业的难易程度，称为搬运活性。

（2）**搬运活性指数** 活性指数用于表示各种状态下的物品的搬运活性。规定散放在地上的物品其搬运活性指数为 0。散放在地上的物品要运走，需要经过集中、搬起、升起、运走 4 次作业，每增加一次必要的操作，物品的搬运活性指数加上 1，如运动中的物品搬运活性指数为 4。物料活性的区分与活性指数见表 4-1。

表 4-1 物料活性的区分和活性指数

物料状态	作业种类				还需要的作业数量	已不需要的作业数量	物料活性指数 α
	集中	搬起	升起	运走			
散放在地面上	要	要	要	要	4	0	0
集装在容器内	不要	要	要	要	3	1	1
托盘上	不要	不要	要	要	2	2	2
车中	不要	不要	不要	要	1	3	3
运动中	不要	不要	不要	不要	0	4	4

α 值越高，物料流动越容易，所要求的工位器具投资费用及其工位器具所消耗的费用水平越高。设计系统时，不应机械地认为物料活性指数越高越好，应综合考虑，合理选择。

4.1.3 搬运单元化与标准化

实现单元化和标准化对物料搬运意义非常重大。一方面，物料实行单元化后，改变物料散放状态，提高搬运活性指数，易于搬运，同时也改变了堆放条件，能更好地利用仓库面积和空间；另一方面，实现标准化能合理、充分地利用搬运设备、设施，提高生产率和经济效益。

（1）**单元化** 单元化是将不同状态和大小的物品，集装成一个搬运单元，便于搬运作业，也叫作集装单元化。集装单元可以是托盘、箱、袋、筒等，其中以托盘应用最为广泛。物品搬运单元化，可以缩短搬运时间、保持搬运的灵活性和作业的连贯性，也是搬运机械化的前提。使用具有一定规格尺寸的货物单元，便于搬运机械的操作，可以减轻人力装卸从而提高生产作业率。另外，利用集装单元可以防止物品散失，易于清点和增加货物堆码层数，更好地利用仓库空间。

（2）**标准化** 标准化是指物品包装与集装单元的尺寸（如托盘的尺寸，包厢的尺寸等），要符合一定的标准模板，仓库货架、运输车辆、搬运机械也要按标准模数决定其主要性能参数。这有利于物流系统中各个环节的协调配合，在异地完成中转等作业时不用换装，提高通用性，减少搬运作业时间，减少物品的散失、损坏，从而节约费用。

物流基础模数尺寸是标准化的基础，它的作用和建筑模数尺寸的作用大体相同，其考虑的基点主要是简单化。基础模数尺寸一旦确定，设备的制造，设施的建设，物流系统中各个环节的配合协调，物流系统与其他系统的配合，就有了依据。目前 ISO 中央秘书处及欧洲各国已基本认定 600mm×400mm 为基础模数尺寸，我国目前尚在研究。

物流模数即集装单元基础模数尺寸（即最小的集装尺寸）。集装单元基础模数尺寸，可以从600mm×400mm按倍数系列推导出来，也可以在满足600mm×400mm的基础模数的前提下，从卡车或大型集装箱的分割系列推导出来。物流模数尺寸以1200mm×1000mm为主，也允许1100mm×1100mm等规格。

物流基础模数尺寸与集装单元基础模数尺寸的配合关系，以集装单元基础模数尺寸1200mm×1000mm为例，如图4-1所示。

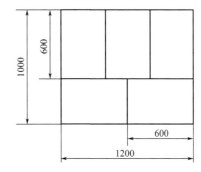

图4-1　物流基础模数尺寸与集装
单元基础模数尺寸的配合关系

4.1.4　物料搬运合理化原则

搬运系统合理化的原则可以概括如下：

① 不要多余的作业。搬运造成的玷污、破损等可能成为影响物品价值的原因，如无必要，尽量不要搬运。

② 合理提高搬运活性。放在仓库的物品都是待运物品，因此应使之处在易于移动的状态。应当把它们整理归堆，或是包装成单件放在托盘上，或是装在车上，或是放在输送机上。

③ 利用重力。利用重力由高处向低处移动，有利于节省能源，减轻劳力。当重力作为阻力发生作用时，应把物品装在滚轮输送机上。

④ 机械化。由于劳动力不足，应尽可能使搬运机械化。使用机械可以把作业人员或司机从重体力劳动中解放出来，并提高劳动生产率。

⑤ 务必使流程不受阻滞。应当进行不停地连续作业，最为理想的是使物品不间断地连续地流动。

⑥ 单元货载。大力推行使用托盘和集装箱，将一定数量的货物汇集起来成为一个大件货物以有利于机械搬运、运输、保管，形成单元货载系统。

⑦ 系统化。物流活动由运输、保管、搬运、包装、流通加工等活动组成，应把这些活动当成一个系统处理，以求其合理化。

综上所述，将物料搬运合理化原则概括为4条：减少环节，简化作业流程，实现物流合理化原则；在满足生产工艺的前提下，发挥设备的利用率原则；贯彻系统化、标准化原则；步步活化、省力节能原则。

4.2　物料搬运设备、管理

4.2.1　物料搬运设备

物料搬运设备可概括为四大类，即搬运车辆、输送机械、起重机械和垂直搬运机械，本节将分别介绍。

（1）搬运车辆

① 手推车。手推车是一种以人力为主，在路面上水平输送物料的搬运车，其特点是轻巧灵活、易操作、回转半径小，适于短距离搬运轻型物料。由于运输物料的种类、性质、重量、形状及行走道路条件不同，手推车的构造形式是多种多样的。常见的手推车类型包括杠杆式手推车、手推台车、登高手推台车和手动液压升降平台车，图 4-2 为各类手推车外形图。

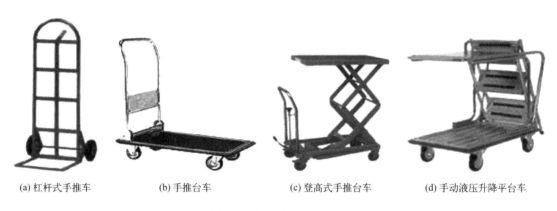

    (a) 杠杆式手推车   (b) 手推台车   (c) 登高式手推台车   (d) 手动液压升降平台车

图 4-2　各类手推车外形图

杠杆式手推车是最古老的、最实用的人力搬运车，它轻巧、灵活、转向方便，但需靠体力装卸。杠杆式手推车需要保持平衡再进行移动，所以仅适合装载较轻、搬运距离较短的作业。为适应现代的需要，目前已有采用自重轻的钢型和铝型材作为车体；以及采用阻力小的耐磨的车轮；还有采用可折叠、便携的车体。

手推台车是一种以人力为主的搬运车。它轻巧灵活、易操作、回转半径小，广泛适用于车间、仓库、超市、食堂、办公室等，是短距离、运输轻小物品的一种方便而经济的搬运工具。一般，每次搬运量为 5～500kg，水平移动 30m 以下，搬运速度 30m/min 以下。

当需要向较高的货架内存取轻小型的物料时，可采用带梯子的登高式手推台车，以提高仓库的空间利用率，适用于图书、标准件等仓库进行拣选、运输作业。

手动液压升降平台车采用手压或脚踏为动力，通过液压驱动使载重平台做升降运动的手推平台车。可调整货物作业时的高度差，减轻操作人员的劳动强度。在选择和使用手推车时，首先应考虑物料的形状及性质。当搬运多品种货物时，应考虑采用通用型的手推车；当搬运单一品种货物时，则应尽量选用专用手推车，以提高作业效率。其次还要考虑输送量及运距。由于手推车是以人力为动力的搬运工具，当运距较远时，载重量不宜太大。此外，货物的体积、放置方式、道路条件及路面状况等，在选择手推车时也要加以考虑。

② 托盘搬运车。托盘搬运车是一种轻小型搬运设备，它有两个货叉似的插腿，可插入托盘底部。插腿的前端有两个小直径的行走轮，用来支撑托盘货物的重量。货叉可以抬起，使托盘或货箱离开地面，然后用手拉或电动驱动使之行走。这种托盘搬运车广泛应用于收发站台的装卸或车间内各工序间不需堆垛的搬运作业。常见的托盘搬运车类型包括手

动托盘搬运车、电动托盘搬运车和固定平台搬运车，图 4-3 为各类托盘搬运车外形图。

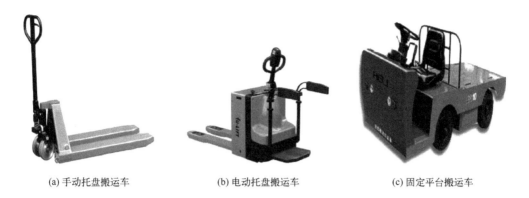

(a) 手动托盘搬运车　　(b) 电动托盘搬运车　　(c) 固定平台搬运车

图 4-3　各类托盘搬运车外形图

手动托盘搬运车在使用时将其承载的货叉插入托盘孔内，由人力驱动液压系统来实现托盘货物的上升和下降，并由人力拉动完成搬运作业。它是托盘运输中最简便、最有效、最常见的装卸、搬运工具。

电动托盘搬运车由外伸在车体前方的、带脚轮的支腿来保持车体的稳定，货叉位于支腿的正上方，并可以作微抬升，使托盘货物离地进行搬运作业。

固定平台搬运车是具有较大承载物料平台的搬运车。相对承载卡车而言，承载平台离地面比较低，装卸方便；结构简单、价格低；轴距、轮距较小，作业灵活等，一般用于企业内车间与车间、车间与仓库之间的运输。根据动力不同分为内燃型和电瓶型。

③ 叉车（truck）。叉车是一种用来装卸、搬运和堆码单元货物的车辆。它具有适用性强、机动灵活、效率高的优点。不仅可以将货物叉起进行水平搬运，还可以将货物提升进行垂直堆码。如果在货叉叉架上安装各种专用附属工具（如旋转夹具、推出器、串杆、吊臂等），还可以进一步扩大其适用范围。常见的叉车类型包括平衡重式叉车、前移式叉车、插腿式叉车和侧面叉车等，图 4-4 为各类叉车外形图。

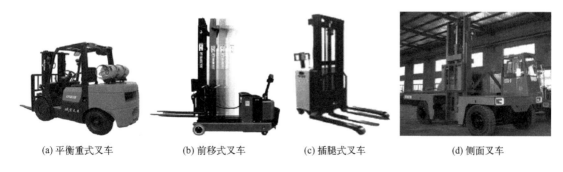

(a) 平衡重式叉车　　(b) 前移式叉车　　(c) 插腿式叉车　　(d) 侧面叉车

图 4-4　各类叉车外形图

平衡重式叉车是使用最为广泛的叉车。货叉在前轮中心线以外，为了克服货物产生的倾覆力矩，在叉车的尾部装有平衡重块。这种叉车适用于在露天货场作业，一般采用充气轮胎，运行速度比较快，而且具有较好的爬坡能力。取货或卸货时，门架可以前移，便于货叉插入，取货后门架后倾以便在运行中保持货物的稳定。

前移式叉车是门架（或货叉）可以前后移动的叉车。运行时门架后移，使货物重心位于前、后轮之间。运行稳定，不需要平衡重块，自重轻，能够降低直角通道宽和直角堆垛宽，适用于在车间、仓库内工作。

插腿式叉车是使用插腿而非平衡重块来保持货物和车辆的稳定性，从而减少通道宽度。货叉在两个支腿之间，因此无论在取货或卸货时，还是在运行过程中，都不会失去稳定性。由于尺寸小，转弯半径小，在库内作业比较方便。但是货架或货箱的底部必须留有一定高度的空间，使叉车的货叉插入。由于支腿的高度会影响仓库的空间利用率，必须使其尽量低，故前轮的直径也比较小，对地面平整度的要求比较高。常用于通道空间不足或空间宝贵的工厂车间、仓库。仓库内效率要求不高，但需要有一定堆垛、装卸高度的场合。

侧面叉车有一个放置货物的平台，门架与货叉在车体的中央，可以横向伸出取货，然后缩回车体内将货物放在平台上即可行走。这种叉车司机的视野好，所需通道宽度小于插腿式叉车和前移式叉车。为了存取特殊位置的货物，侧面叉车必须调整方向进入通道，这增加了额外的叉车行程。侧面叉车自身结构显然更倾向于存取悬臂式货架上的长料货物。

④ 无人搬运车（automated guided vehicle，AGV）。无人搬运车装备有电磁或光学等自动导引装置，能够沿规定的导引路径行驶，具有安全保护以及各种移载功能的运输车，工业应用中不需驾驶员的搬运车，以蓄电池为其动力来源。一般可透过计算机来控制其行进路线以及行为，或利用电磁轨道来设立其行进路线，电磁轨道粘贴于地板上，无人搬运车则依循电磁轨道所传来的信息进行移动与动作，如图 4-5 所示。

图 4-5　无人搬运车

（2）输送机械　在两个固定路径之间进行经常性的物料移动时可用到输送机械，进行水平、倾斜或垂直输送，也可组成空间输送线路，输送线路一般是固定的。输送机输送能力大，运距长，结构简单。输送机还可在输送过程中同时完成若干工艺操作，所以应用十分广泛。缺点是一定类型的连续输送机只适合输送一定种类的物品；只能布置在物料的输送线上，而且只能沿着一定路线定向输送，因而在使用上有一定的局限性。常见的输送机类型包括带式输送机、辊式输送机、链式输送机、悬挂输送机，图 4-6 为各类输送机外形图。

(a) 链式输送机

(b) 悬挂输送机

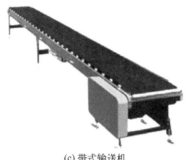
(c) 带式输送机

(d) 辊式输送机

图 4-6　各类输送机

　　带式输送机经常用来在操作台、部门、地面和楼宇间传送中型、轻型物料。输送机既可水平输送也可倾斜输送。由于带式输送机与货物之间有足够的摩擦力，所以它对货物位置和方位控制较好，而且摩擦力也能防止货物打滑，可用于货物的积聚、混合和分选。

　　辊式输送机是利用辊子的转动来输送成件物品的输送机。它可沿水平或曲线路径进行输送，其结构简单，安装、使用、维护方便，对不规则的物品可放在托盘或者托板上进行输送。

　　链式输送机是利用链条牵引、承载，或由链条上安装的板条、金属网、辊道等承载物料的输送机。

　　悬挂输送机是一种常用的连续输送设备，广泛应用于连续地在厂内输送各种成件物品和装在容器或包内的散装物料，也可在流水线中用来在各工序间输送工件，完成各种工艺过程，实现输送和工艺作业的综合机械化。其结构主要由牵引链条、滑架、吊具、架空轨道、驱动装置、张紧装置和安全装置等组成。

　　（3）起重机械　起重机械是一种以间歇作业方式对物料进行起升、下降和水平移动的搬运机械。起重机械的作业通常带有重复循环的性质，一个完整的作业循环一般包括取物、起升、平移、下降、卸载等环节。经常启动、制动、正反向运动是起重机械的基本特点。广泛应用于工业、交通运输业、建筑业、商业和农业等。

　　根据起升机构的活动范围不同，分为简单起重机械、通用起重机械和特种起重机械。

　　简单起重机械包括只有单动作起升机构的起重机械，只能在固定点起降物料或人员，如滑车、葫芦、升降机和电梯等，或者带有运行机构的电葫芦，可以沿一定线路装卸物料。

通用起重机械除需要一个使物品升降的起升机构外，还有使物品作水平方向的直线运动或旋转运动的机构。这种起重机是一种多动作起重机械，通常用吊钩工作，间或配合使用各种辅助吊具，用于搬运各种物品（成件、散粒和液态物体）。"通用"的含义，不仅指搬运物品的多样性，而且也包括使用场所的广泛性。这类起重机通常都用电力驱动，也有用其他动力驱动。一般只做物品的搬运，不直接参与生产工艺过程。

特种起重机械也是具备两个以上机构的多动作起重机械，专用于某些专业性的工作，构造比较复杂，如冶金专用起重机、建筑专用起重机和港口专用起重机等。

本节主要介绍在企业物流系统中，经常使用的通用起重机械。常见的通用起重机类型包括桥式起重机、门式起重机、悬臂起重机、塔式起重机和堆垛起重机，图4-7为通用起重机外形图。

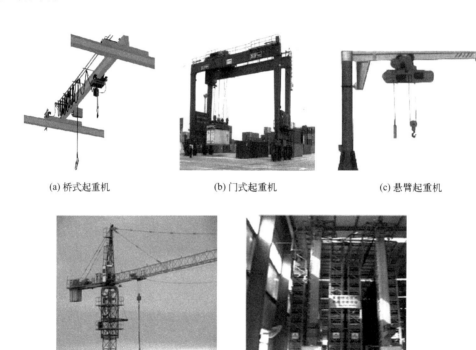

(a) 桥式起重机   (b) 门式起重机   (c) 悬臂起重机

(d) 塔式起重机   (e) 堆垛起重机

图 4-7   通用起重机

桥式起重机如同桥一样横跨在工作区域上。它的桥架安装在轨道上，这样可以覆盖更广的区域。桥式起重机和电动葫芦组合起来，可以在覆盖区域进行三维作业。桥架分上骑式和下挂式两类。上骑式桥式起重机可以承受更重的负荷。但是下挂式比上骑式应用更广，因为它传输货物的稳定性和接触面都比单轨系统好。

门式起重机跨越工作区域的方式与桥式起重机类似，但是它的支撑点一般是在地面上，而不是在跨越区域的一头或两头的空中。门式支撑架可以是固定的也可以是沿着轨道移动的。

悬臂起重机的起重臂可以延伸并越过工作区域。它的起重臂下有葫芦用于起升货物。

悬臂起重机可以安装在墙上，或者在地面的支撑柱上。悬臂起重机的起重臂可以旋转，葫芦随着起重臂移动以覆盖更广的范围。

塔式起重机经常在建筑工地看到，也可以用于其他物料运输作业。塔式起重机由单根支架和悬臂吊杆组成，支架可以是固定的也可以是在轨道上移动的。提升操作由悬臂吊杆进行，它可以绕着支架旋转360°。

堆垛起重机门架上装有货叉或平台，用来从存储货架中取出或存放集装单元货物。堆垛起重机可以远程遥控，或者由操作工在门架上的操作室里操控。经常用于高架仓库。

在物料搬运中，配合起重机的选择原则，主要根据以下参数进行起重机的类型、型号选择：①所需起重物品的重量、形态、外形尺寸等；②工作场地的条件（长宽高，室内或室外等）；③工作级别（工作频繁程度、负荷情况）的要求；④每小时的生产率要求。

根据上述要求，首先选择起重机的类型，然后再决定选用这一类型起重机中的某个型号。

（4）垂直搬运机械 在楼房仓库或多层建筑内，为了有效地连接各层的运输系统往往要采用各种升降机械。

电梯是利用轿厢在钢丝绳的牵引下或其他方式驱动下沿着垂直导轨升降来运送货物的一种垂直搬运机械，适用于需要垂直运送货物的各种作业场所。根据用途不同可分为载客电梯、载货电梯和医用电梯。载货电梯一般分为有司机操纵和无司机操纵两种，只要载重量和轿厢尺寸足够，搬运车辆也可以单独或随同货物一起运送。

液压升降台如图4-8所示，是在各个工业企业、仓库、车站和机场等广泛使用的一种起重设备。它主要由载货平台、剪式支臂、油缸和电动油泵等组成。载货台的升降由油缸驱动剪式支臂来完成，可在起升高度范围内的任意位置停止，并连同搬运人员和机具一起运输。常用于楼层间的垂直输送、车辆的装卸、在货架巷道内进行储存或拣货作业等。

垂直输送机能连续地垂直输送物料，如图4-9所示，使不同高度上的连续输送机保持不间断的物料输送。在输送货物的过程中，载货台保持水平并载着托盘升降。在回程时，载货台由水平位置改变成垂直位置，回程结束时，又恢复到水平位置。为了保证货物准确地送到载货台上，不发生掉落的危险，一般在提升机入口的送入输送机前端设有光电管或限位开关进行自动控制。

图4-8　液压升降台

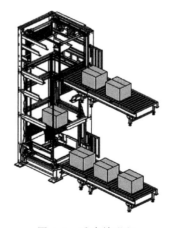

图4-9　垂直输送机

可以说，垂直输送机是把不同楼层间的输送机系统连接成一个更大的连续的输送机系统的重要设备。垂直输送机又称连续垂直输送机和折板式垂直输送机，被广泛应用于生产线和物料搬运系统中。

4.2.2 物料搬运器具

物料的大小、形状是各式各样的，在货物的储运过程中，为便于装卸搬运，将一定数量的货物（同种的或不同的）汇集成一个扩大的作业单元，称为货物的集装单元化。有人称集装单元化是物料搬运、物流作业的革命性改革。集装单元化器具不仅仅是一个物流容器，它是物料的载体，是物流机械化、自动化作业的基础。标准化后的单元化容器也是物流设备、物流设施、物流系统设计的基础，是高效联运、多式联运的必要条件。单元化器具在企业物流系统中的主要功能包括盛放、包装物料的物品；便于物料的保管、存放或搬运；保护物料品质不损失；计量的功能。

集装单元化器具必须具备两个条件，一是能使货物集装成一个完整、统一的重量或体积单元；二是具有便于机械装卸搬运的结构，如托盘有叉孔，集装箱有角件吊孔等，这是它与普通货箱和容器的主要区别。下面主要介绍物料搬运器具中的托盘和集装箱。

(1) 托盘 20 世纪 30 年代随着叉车的出现，托盘作为一种附属工具与叉车配套使用，从而使托盘首先在工业部门得到推广。第二次世界大战期间，为解决大量军用物资的快装快卸问题，托盘得到发展。战后，随着经济的复苏和发展，伴随着叉车产量的增长，托盘得到普及。为提高出入库效率和仓库利用率，实现储存作业机械化，工业发达国家纷纷采取货物带托盘储存的办法，使托盘成为一种储存工具。为消除转载时码盘拆盘的繁重体力劳动，各发达国家逐渐开始实现托盘流通与联营。所以托盘不仅是仓储系统的辅助设备，而且是整个物流系统的集装化工具，是物流合理化的重要条件。

① 托盘的规格尺寸。托盘规格尺寸标准化，是托盘流通的必要前提。1988 年 ISO/TCS1 将托盘规格整合为 4 种主要尺寸，以避免规格的增加导致物流系统的混乱。这 4 种规格分别是 1200mm×800mm、1200mm×1000mm、1219mm×1016mm 和 11400mm×1140mm。2003 年 ISO 在难以协调世界各国物流标准利益的情况下，在保持原有 4 种规格的基础上又增加了 2 种规格（1100mm×1100mm 和 1067mm×1067mm）。

这迫使我国不得不重新全盘考虑我国托盘标准的适应性。我国物流专家在 2006 年再一次提出对我国托盘标准进行修订。在充分考虑我国对欧美贸易、东北亚贸易和东盟贸易发展的现实需要，考虑我国托盘使用现状、考虑当前物流设备之间的系统性、考虑 ISO（世界标准化组织）2003 年推荐的 6 种规格之间的互换性与相近性，考虑托盘规格多样降低物流系统运行效率的弊端，充分借鉴国际经验和广泛听取托盘专家意见的基础上，对 1996 年联运通用平托盘主要尺寸及公差（GB/T 2934—1996）国家标准进行修订后而制定的国家新标准。联运通用平托盘主要尺寸及公差国家标准（GB/T 2934—2007）正式公布并开始实施，最终选定了 1200mm×1000mm 和 1100mm×1100mm 两种规格作为我国托盘国家标准，并向企业优先推荐使用 1200mm×1000mm 规格，以提高我国物流系统的整体运作效率。

这次托盘标准修订是在中国物流与采购联合会托盘专业委员会主持下，由交通运输部、铁道部、全国包装标准委等多家研究机构的专家共同组成课题组，曾在北京、天津、上海和广州等城市深入 200 多家企业，调查我国托盘生产与使用现状，广泛征求托盘企业与托盘用户的意见，先后 2 次召开大型的托盘国际会议、5 次召开国内托盘修订会议，两度在中国物流与采购联合会官方网站公开征求社会各界的建议，耗费近两年时间，终于在 2007 年 10 月 11 日得到国家市场监督管理总局和中国国家标准化管理委员会的批准，从 2008 年 3 月 1 日起正式在全国范围内实施。

② 托盘的类型与结构。随着托盘的使用范围和托盘数量的不断扩大和增长，托盘的种类和形式也在不断变化。按材料不同可分为木托盘、钢托盘、铝托盘、纸托盘、塑料托盘、胶合板托盘和复合材料托盘等；按使用寿命可分为一次性用（消耗性）和多次用（循环性）两种；按使用方式一般分为通用托盘和专用托盘两种。

通用托盘按其结构不同可分为平托盘、箱式托盘、柱式托盘和轮式托盘等。下面分别介绍其类型及结构特征。

平托盘是一种基本型托盘，几乎是托盘的代名词。在承载面和支撑面间夹以纵梁，可使用叉车或搬运车等进行作业。按台面分类有单面型、单面使用型、双面使用型和翼型 4 种；按叉车插入方式分类有单向进叉、双向进叉、四向进叉 3 种；按材料分类有木质、钢制、塑料、复合材料以及纸质托盘等。其他各种结构的托盘都是由平托盘发展而来的。图 4-10 为各种平托盘的示意图。

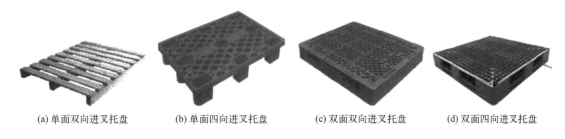

(a) 单面双向进叉托盘　　(b) 单面四向进叉托盘　　(c) 双面双向进叉托盘　　(d) 双面四向进叉托盘

图 4-10　各种平托盘的示意

箱式托盘是在平托盘基础上发展起来的，多用于散件或散状物料的集装，金属箱式托盘还用于热加工车间集装热料。一般下部可叉装，上部可吊装，并可进行码垛（一般为 4 层）。

柱式托盘是在平托盘基础上发展起来的，在平托盘的四角安有 4 根立柱的托盘称为柱式托盘。其特点是可在不压货物的情况下进行码垛（一般为 4 层）。柱式托盘主要用于包装件、桶装货物、棒料和管材等的搬运和储存。该种托盘可以多层码，并使下层货物不受上层货物的压力。柱式托盘一般可分为固定柱式托盘、可套叠柱式托盘、拆装式柱式托盘和折叠式柱式托盘等。图 4-11 为箱式托盘和柱式托盘示意图。

在平托盘、箱式托盘、柱式托盘的下部安上可以移动的脚轮即构成各种轮式托盘。这种托盘既便于机械化搬运，又适合做短距离的人力移动，适用于企业工序间的物流搬运；也可在工厂或配送中心装上货物运到商店，直接作为商品货架的一部分。广泛应用于行包、邮件的装卸搬运作业中。

(a) 箱式托盘　　　　　　　　　　　　　(b) 柱式托盘

图 4-11　箱式托盘和柱式托盘

专用托盘是一种集装特定物料（或工件）的储运器具。它和通用托盘的区别在于具有适合特定物料（或工件）装载的支撑结构，以避免在搬运作业过程中的磕、碰、划现象。由于物料（或工件）的形状和重量的差异，以及生产工艺要求和作业方式的不同，专用托盘的形式也多种多样，如插孔式托盘、插杆式托盘、悬挂式托盘、架放式托盘和箱格式托盘。专用托盘外形如图 4-12 和图 4-13 所示。

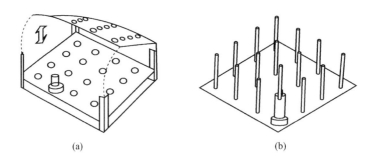

(a)　　　　　　　　　　　　　　　　(b)

图 4-12　插孔式托盘和插杆式托盘

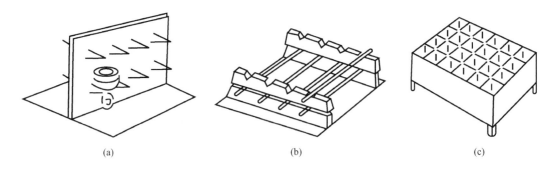

(a)　　　　　　　　　　　(b)　　　　　　　　　　　(c)

图 4-13　悬挂式托盘、架放式托盘和箱格式托盘

（2）集装箱　集装箱是具有一定强度、刚度和规格专供周转使用的大型装货容器。使用集装箱转运货物，可直接在发货人的仓库装货，运到收货人的仓库卸货，中途更换车、

船时，无须将货物从箱内取出换装，它是一种集装器具，如图 4-14 所示。

图 4-14　集装箱

按国际标准化组织 ISO 第 104 技术委员会的规定，集装箱应具备下列条件：能长期地反复使用，具有足够的强度；途中转运不用移动箱内货物，就可以直接换装；可以进行快速装卸，并可从一种运输工具直接方便地换装到另一种运输工具；便于货物的装满和卸空；具有 $1m^3$（即 35.32 立方英尺）或以上的容积。

集装箱按用途分为下列几种类型。

① 普通集装箱称为干货集装箱，装运杂货为主，通常用来装运文化用品、日用百货、医药、纺织品、工艺品、化工制品、五金交电、电子机械、仪器及机器零件等。这种集装箱占集装箱总数的 70%～80%。

② 冷冻集装箱分外置式和内置式两种。温度可在 −28～26℃ 之间调整。内置式集装箱在运输过程中可随意启动冷冻机，使集装箱保持指定温度；而外置式则必须依靠集装箱专用车、船和专用堆场、车站上配备的冷冻机来制冷。这种箱子适合在夏天运输黄油、巧克力、冷冻鱼肉、炼乳、人造奶油等物品。

③ 开顶集装箱用于装运较重、较大、不易在箱门掏装的货物。用吊车从顶部吊装货物。其上部、侧壁及端壁为可开启式。

④ 罐式集装箱又称液体集装箱。是为运输食品、药品、化工品等液体货物而制造的特殊集装箱。其结构是在一个金属框架内固定上一个液罐。液罐是载货主体，有椭圆形和近似球形等形状；框架由钢材制成。液罐顶上一般设有圆形的装载口，用于装载，罐底设有卸载阀，采用便于拆卸和清扫的结构。

⑤ 通风集装箱箱壁有通风孔，内壁涂塑料层，适宜装新鲜蔬菜和水果等怕热怕闷的货物。

⑥ 保温集装箱箱内有隔热层，箱顶又有能调节角度的进出风口，可利用外界空气和风向来调节箱内温度，紧闭时能在一定时间内不受外界气温影响。适宜装运对温湿度敏感的货物。

⑦ 散装货集装箱一般在顶部设有 2～3 个小舱口，以便装货。底部有升降架，可升高成 40° 的倾斜角，以便卸货。这种箱子适宜装粮食、水泥等散货。如要进行植物检疫，还可在箱内熏舱蒸洗。

⑧ 挂式集装箱适合于装运服装类商品的集装箱。还有其他类型的集装箱，不再赘述。

4.3　物料搬运系统的分析设计方法

物料搬运系统是一个综合性的工程系统，通过使用各种搬运设备和技术对物料进行移动、储存、控制和保护。确保物料在供应链中的每个环节都能高效、安全地流转。物料搬运基本内容有 3 项，即物料、移动和方法。

4.3.1 搬运系统分析概念

搬运系统分析（system handling analysis，SHA）适用于一切物料搬运项目，是一种条理化的分析方法。

(1) SHA 的 4 个阶段 每个搬运项目都有一定的工作过程，从最初提出目标到具体实施完成分为 4 个阶段，如图 4-15 所示。

第 I 阶段是外部衔接。把区域内具体的物料搬运问题同外界情况或外界条件联系起来考虑，这些外界情况有的是能控制的，有的是不能控制的。例如，对区域的各道路入口，铁路设施要进行必要的修改以与外部条件协调一致，使工厂或仓库内部的物料搬运同外界的大运输系统结合成为一个整体。

第 II 阶段是编制总体搬运方案。这个阶段要确定各主要区域之间的物料搬运方法、对物料搬运的基本路线系统、搬运设备大体的类型及运输单元或容器做出总体决策。

图 4-15　物料搬运系统分析阶段

第 III 阶段是编制详细搬运方案。这个阶段要考虑每个主要区域内部各工作地点之间的物料搬运，要确定详细物料搬运方法。例如，各工作地点之间具体采用哪种路线系统、设备和容器。

第 IV 阶段是方案的实施。这个阶段要进行必要的准备工作，订购设备，完成人员培训，制订并实现具体搬运设施的安装计划。然后，对所规划的搬运方法进行调试，验证操作规程，并对安装完毕的设施进行验收，确定它们能正常运转。

上述 4 个阶段是按时间顺序依次进行的。但是为取得最好的效果，各阶段在时间上应有所交叉重叠。总体方案和详细方案的编制是物流系统规划设计人员的主要任务。

(2) 搬运系统设计要素 搬运系统设计要素就是进行物料搬运系统分析时所需输入的主要数据，包括产品或物料 P（部件、零件、商品）、数量 Q（销售量或合同订货量）、路线 R（操作顺序和加工过程）、后勤与服务 S（如库存管理、订货单管理、维修等）和时间因素 T（时间要求和操作次数）。

(3) SHA 程序 由前所述，物料搬运的基本内容是物料、移动和方法。因此，物料搬运分析就是分析所要搬运的物料，分析需要进行的移动和确定经济实用的物料搬运方法。搬运系统分析的程序就是建立在这 3 项基本内容基础上的。图 4-16 为搬运系统分析程序。

搬运系统分析设计的过程如下：

① 物料的分类。按物料的物理性能、数量、时间要求或特殊控制要求进行分类。

② 布置。在对搬运活动进行分析或图表化之前，先要有一个布置方案，即系统布置设计中所确定的方案图。

③ 各项移动的分析。各项移动的分析主要是确定每种物料在每条路线上的物流量和移动特点。

④ 各项移动的图表化。就是把分析结果转化为直观的图形。通常用物流图或距离与物流量指示图来体现。

⑤ 物料搬运方法的知识和理解。在找出一个解决办法之前，需要先掌握物料搬运方法的知识，运用有关的知识来选择各种搬运方法。

⑥ 初步搬运方案。提出关于路线系统、设备和运输单元的初步搬运方案。

⑦ 修改和限制。在考虑一切有关的修正因素和限制因素以后，对初步方案进一步调整，把可能性变为现实性。

⑧ 各项需求的计算。算出所需设备的台数或运输单元的数量，算出所需费用和操作次数。

⑨ 方案的评价。从几个方案中选择一个较好的方案。不过，在评价过

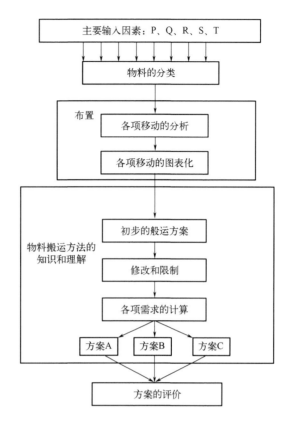

图 4-16　搬运系统分析程序

程中，往往会把两个或几个方案结合起来形成一个新的方案。

⑩ 选定物料搬运方案。经过评价，从中选出一个最佳方案。

值得说明的是，搬运系统分析的模式对第Ⅱ阶段（总体搬运方案）和第Ⅲ阶段（详细搬运方案）都适用。虽然两个阶段的工作深度不同，但分析步骤的模式是一样的。

（4）SHA 的图例符号　在 SHA 模式各步骤中运用搬运分析技术时，要用到一些图例符号，包括各种符号、颜色、字母、线条和数码。用这些图例符号标志物流的起点和终点，实现各种搬运活动的图表化，评定比较方案等。这些图例符号见表 4-2～表 4-5。

表 4-2　物流作业活动及定义

序号	活动或作业	定义
1	操作	有意识地改变物体的物理或化学特性，或者把物体装配到另一物体上或从另一物体上拆开。所需进行的作业叫操作，当发出信息、接收信息、做计划或者做计算时所需进行的作业也叫操作
2	运输	物体从一处移到另一处的过程中所需进行的作业叫运输，除非这一作业已被划分为搬动，或者已被认为是在某一工位进行操作或检验的一部分

序号	活动或作业	定义
3	搬动	为了进行另一项作业(如操作、运输、搬动、检验、存储或停滞)而对物体进行安排或准备时所需进行的作业叫搬动
4	检验	在验证物体是否正确合格,或者核实其一切特性的质量或数量时,所需进行的作业叫检验
5	储存	把物体保存,不得无故搬动,叫储存
6	停滞	除了为改变物体的物理或化学特性而有意识地延续时间以外,不允许或不要求立即进行计划中的下一项作业的叫作停滞
7	复合作业	如果要表示同时进行的多项作业,或者要表示同一工位上的同一操作者所进行的多项作业,那么就要把这些作业的符号组合起来表示

表 4-3　流程图的表示方法

图形	符号的延伸意义表示以下作业或区域	用颜色表示	用线条表示
○	成形或加工区	绿	
○	装配(包括分装及拆卸)	红	
⇨	与运输有关的活动(或区域)	橘黄	
◖	搬动区	橘黄	
▽	储存区及仓库	浅黄	
◗	卸货及停放区	浅黄	
□	检验、测试、校核区	蓝	
⌂	服务及辅助作业区	蓝	

图形	符号的延伸意义表示 以下作业或区域	用颜色表示	用线条表示
 ⬆	办公室或建筑物、建筑设施	棕或灰	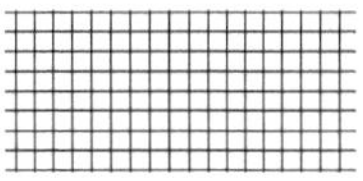 (网格线条)

表4-4 物流量的表示方法

元音字母	系数	线条数	物料移动的流量等级	颜色
A	4	4条	超大流量	红
E	3	3条	特大流量	橘黄
I	2	2条	较大流量	绿
O	1	1条	普通流量	蓝
U	0		流量忽略不计的不重要物流	

表4-5 物流图的表示方法

名称	符号	方法
区域	———	一个区域的正确位置,画在建筑物平面图或各个厂房和有关设备的平面布置图上
	② ▽R	每一个区域的作业形式——用区域符号(s)和作业代号或字母来表示(需要时也可用颜色或黑白阴影来表示)
流程线	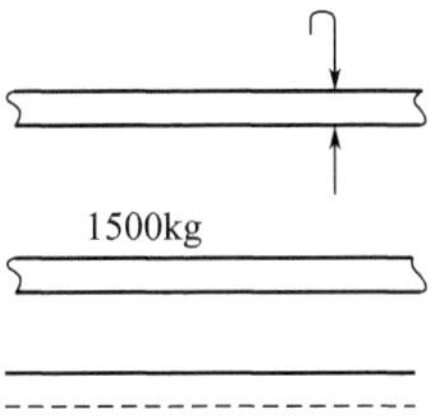 1500kg	物流量用物流线的宽度来表示,线旁注上号码,或用1～4条线来表示。但后者仅用于不太复杂的图中
	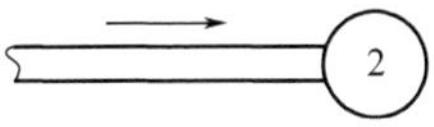 →②	物流的方向用箭头表示,注在线路终点的近旁
	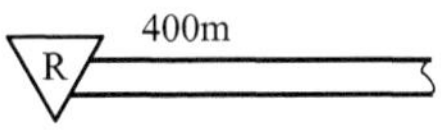 ▽R 400m	如果图上不太拥挤,距离可注在流向线的旁边,标出距离的单位并注在流向线的起点附近
物料类别	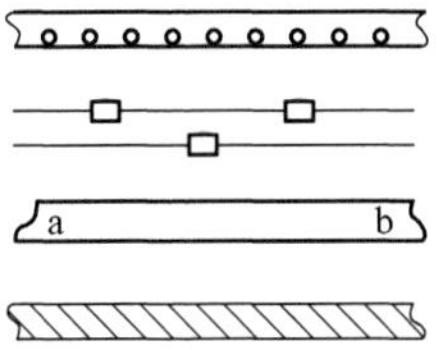 a b	小的物流量符号,物种类别的字母,颜色或阴影用于标志不同的产品、物料或成组物品,用彩虹颜色顺序表示物料的总物流量、重要性、大小的顺序

综上所述，搬运系统分析的基本方法包括了 3 个部分，即一种解决问题的方法，一系列依次进行的步骤和一整套关于记录、评定等级和图表化的图例符号。由 4 个分析阶段构成，每个阶段都相互交叉重叠。总体方案设计和详细方案设计都必须遵循同样的程序模式。

4.3.2 搬运系统分析设计

物料搬运基本内容是物料、移动和方法。在设计之前，应用 5W1H 方法加强对问题的理解。"Why（为什么）"提示设计者评估环境，正确确定问题。"What（什么）"是关于移动什么物料的问题。"Where（什么地点）"和"When（什么时间）"是关于移动的。"How（如何）"和"Who（谁）"是关于方法的。图 4-17 为物料搬运程式。

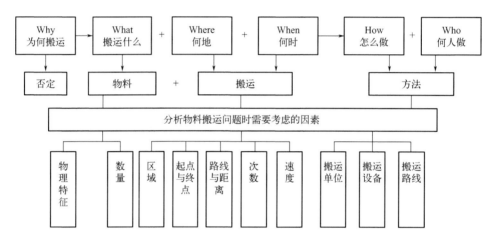

图 4-17　物料搬运程式

（1）物料的分类　物料分类可按固体、液体还是气体进行分类，也可按单独件、包装件还是散装物料进行分类。但在实际分类时，SHA 是根据影响物料可运性（即移动的难易程度）的各种特征和影响能否采用同一种搬运方法的其他特征进行分类的。

区分物料类别的主要特征包括物理特征、数量、时间性和特殊控制。

物理特征通常是影响物料分类的最重要因素，物理特征包括尺寸、重量、形状、损伤的可能性、状态和其他特征。数量也特别重要。不少物料是大量的（物流较快的），有些物料是小量的（常属于"特殊订货"）。搬运大量的物品与搬运小量的物品一般是不一样的。另外，从搬运方法和技术分析的观点出发，适当归并产品或物料的类别也很重要。考虑时间性方面的影响因素，一般急件的搬运成本高，而且要考虑采用不同于搬运普通件的方法。间断的物流会引起不同于稳定物流的其他问题。季节的变化也会影响物料的类别。同样，特殊控制问题往往对物料分类有决定作用。麻醉剂、弹药、贵重毛皮、酒类饮料、珠宝首饰和食品等都是一些受政府法规、市政条例、公司规章或工厂标准所制约的典型物品。

记录其物理特征或其他特征，分析每种物料或每类物料的各项特征，并确定哪些特征是主导的或特别重要的。在起决定作用的特征下面画红线（或黑的实线），在对物料分类有特别重大影响的特征下面画橘黄线（或黑的虚线）。确定物料类别，把那些具有相似的主导特征或特殊影响特征的物料归并为一类。对每类物料写出分类说明。

值得注意的是，这里主要起作用的往往是装有物品的容器。因此要按物品的实际最小单元（瓶、罐、盒等）分类，或者按最便于搬运的运输单元（瓶子装在纸箱内、衣服包扎成捆、板料放置成叠等）进行分类。在大多数物料搬运问题中都可以把所有物品归纳为8～10类；一般应避免超过15类。列表标明所有的物品或分组归并的物品的名称，见表4-6。

表 4-6　物料特征表

厂名：						项目：				
制表人：					参加人：		日期：		第　页，共　页	
物料名称	物料实际最小单位	单元物料的物理特征						其他特征		类别
		尺寸/in			重量/lb	形状	损伤的可能性（物料、人、设施）	状态（湿度、稳定度、刚度）	数量（产量）或批量	时间性	特殊控制	
		长	宽	高								
1. 绷带	卷	直径24,高1			6～12	盘形	—	—	少	—	—	d
2. 空纸袋	捆	28	18	24	48	矩形	易撕破	—	少	—	—	d
3. 空桶	桶	直径18,高31			35	圆柱形	—	—	少	—	—	a
4. 药物	盒	6	6	12	8	矩形	—	—	很少	—	政府规范	d
5. 油料豆	袋	32	16	8	96	矩形	—	—	中等	—	—	c
6. 乳酸	醋坛	24	24	30	42	方形	严重	—	很少	—	—	d
7. 黏性油	罐	约1gal			10	圆柱形	怕破裂	—	少	—	—	d
8. 浓缩维生素	纸箱	6	12	6	20	矩形	—	要避热	少	—	—	d
9. 备件	各种	各种	各种	各种	各种	各种	有些	—	很少	急	—	d
10. 润滑油	桶	直径12,高18			50	圆柱形	—	油腻	很少	—	—	d

注：1in＝25.4mm；1lb＝0.454kg；1gal＝3.785L。

（2）布置 对物料鉴别并分类后，根据 SHA 的模式，下一步就是分析物料的移动。在对移动进行分析之前，首先应该对系统布置进行分析。布置决定了起点与终点之间的距离，这个移动的距离是选择任何一个搬运方法的主要因素。

根据现有的布置制订搬运方案时，距离是已经确定了。然而只要能达到充分节省费用的目的，就很可能要改变布置。所以，往往要同时对搬运和布置进行分析。当然，如果项目本身要求考虑新的布置，并作为改进搬运方法规划工作的一部分，那么规划人员就必须把两者结合起来考虑。

对物料搬运分析来说，需要从布置中了解的信息主要有 4 点。

① 每项移动的起点和终点（提取和放下的地点）具体位置在哪里。

② 哪些路线及这些路线上有哪些物料搬运方法，是在规划之前已经确定了的，或大体上作出了规定的。

③ 物料运进运出和穿过的每个作业区所涉及的建筑特点是什么样的（包括地面负荷、厂房高度、柱子间距、屋架支撑强度、室内还是室外、有无采暖、有无灰尘等）。

④ 物料运进运出的每个作业区内进行什么工作，作业区内部分已有的（或大体规划的）安排或大概是什么样的布置。

当进行某个区域的搬运分析时，应该先取得或先准备好这个区域的布置草图、蓝图或规划图，这是非常有用的。如果是分析一个厂区内若干建筑物之间的搬运活动，那就应该取得厂区布置图；如果分析一个加工车间或装配车间内两台机器之间的搬运活动，那就应该取得这两台机器所在区域的布置详图。

总之，最后确定搬运方法时，选择的方案必须是建立在物料搬运作业与具体布置相结合的基础之上的。

（3）分析各项移动需要掌握的资料 在分析各项移动时，需要掌握的资料包括物料（产品物料类别）、路线（起点和终点，或搬运路径）和物流（搬运活动）。

① 物料。SHA 要求在分析各项移动之前，首先需要对物料的类别进行分析。

② 路线。SHA 用标注起点（即取货地点）和终点（即卸货地点）的方法来表明每条路线。起点和终点是用符号、字母或数码来标注的，也就是用一种"符号语言"简单明了地描述每条路线。

每条路线的长度是从起点到终点的距离。距离的常用单位是：英尺（ft，1ft＝0.3048m）、米（m）、英里（mile，1mile＝1609.344m），距离一般是指两点间的直线距离。除移动距离外，还要了解路线的具体情况，如衔接程度和直线程度（水平、倾斜、垂直；直线、曲线、折线）；交通拥挤程度，路面的情况；气候与环境（室内、室外、冷库、空调区；清洁卫生区、洁净房间、易爆区）；起讫点的具体情况和组织情况（取货和卸货地点的数量和分布，起点和终点的具体布置，起点和终点的组织管理情况）。

③ 物流。物料搬运系统中，每项移动都有其物流量，同时又存在某些影响该物流量的因素。物流量是指在一定时间内在一条具体路线上移动（或被移动）的物料数量。物流量的计量单位一般用每小时多少吨或每天多少吨表示。但是有时物流量的这些典型计量单位并没有真正的可比性。例如，一种空心的大件，如果只用重量来表示，那还不能真正说明它的可运性，而且无法与重量相同但质地密实的物品相比较。在碰到这类问题时，就应该采用"玛格数"的概念来计量。除了物流量之外，通常还需要了解物流的条件。物流条件包括如下：数量条件如物料的组成，每次搬运的件数，批量大小，少量多批还是大量少批，搬运的频繁性（连续的，间歇的，还是不经常的），每个时期的数量（季节性），及以上这些情况的规律性。管理条件指控制各项搬运活动的规章制度或方针政策，以及它们的稳定性。例如，为了控制质量，要求把不同炉次的金属分开等；时间条件如对搬运快慢货缓急程度的要求（急的，还是可以在方便时搬运的），搬运活动是否与有关人员、有关事项及有关的其他物料协调一致，是否稳定并有规律，是否天天如此。

(4) 各项移动的分析方法

① 流程分析法。流程分析法是每一次只观察一类产品或物料，并跟随它沿整个生产过程收集资料，必要时要跟随从原料库到成品库的全过程。在这里，需要对每种或每类产品或物料都进行一次分析，适用于物料品种少的情况。流程分析见表 4-7。

表 4-7 流程分析表

①

厂名 ________ 项目 ________

制表人 ________ 参加人 ________

日期 ________ 第 ____ 页 共 ____ 页

表列单元与最终单元的关系		
表列单元	大小或重量	每个最终单元的数量
	⑤	

表列流程 ________

起点 ________

终点 ________

□ 现有的　□ 建议的(方案号) ________

方案摘要 ________ ②

每一(单位时间)最终单元的数量 ________

表列单元和每次装载的单元数	作业符号	作业说明	装载的重量或尺寸单位___	每___(单位时间)的次数	距离单位___	备注
1						
2	③					④
3						
4						
5						
6						
7						
8						
9						
10						
11						
12						
13						
14		⑥				

流程表用法说明

本表用于编制一种产品或物品的作业顺序和流程情况。

①填写本表表头各项；

②详细填写本表包括的范围和单位时间的最终搬运单元数；

③填写有关的单元(每行填一项)、每次装载的数量和物料发生的情况。标明流程符号(把该符号出现的次数写在符号内)并填写说明；

④对流程的每个步骤作适当说明；

⑤记载表列单元折合到最终单元(或相反)的换算关系，以便核算；

⑥把有用的资料数据填写在表内适当栏内。

② 起讫点分析法。对于物料品种多一般使用起讫点分析法，起讫点分析法又有两种不同的做法：一种是搬运路线分析法；另一种是区域进出分析法。

搬运路线分析法适用于路线少的情况，是通过观察每项移动的起讫点来收集资料，编制搬运路线一览表，每次分析一条路线，收集这条路线上移动的各类物料或各种产品的有关资料，每条路线要编制一个搬运路线表（表4-8）。

表 4-8　搬运路线表

1								
厂名 ＿＿＿＿＿＿＿＿＿　项目 ＿＿＿＿＿＿＿＿＿
起点 ＿＿＿＿＿＿＿＿＿＿＿＿＿＿＿＿＿＿＿＿＿＿＿＿＿＿＿＿＿＿＿＿＿＿＿　制表人 ＿＿＿＿＿＿＿＿＿　参加人 ＿＿＿＿＿＿＿＿＿
终点 ＿＿＿＿＿＿＿＿＿＿＿＿＿＿＿＿＿＿＿＿＿＿＿＿＿＿＿＿＿＿＿＿＿＿＿　日期 ＿＿＿＿＿＿＿＿＿　第 ＿＿页 共＿＿页

物料类别		路线状况		距离	物流或搬运活动		标定等级依据
名称	类别代号	起流	路程	终点	物流量(即单位时间的数量)	物流要求数量要求，管理要求，时间要求	
2			3			4	1
1							
2							
3							
4							
5							
6							
7							
8							
9							
10							
11							
12 ⑦						6	

搬运路线表填写说明
用于某一条路线上的搬运活动。
①填写本表表头各项；
②每一行填写一类物料或物品，写明物料名称和类别代号；
③填写路线情况，包括起运区域、路程和到达区域的状况；
④填写物流或搬运活动情况，包括物流、数量要求、管理要求、季节性和生产节拍等；
⑤记载所填资料数据的来源和依据，或对物流量(或运输工作量)标定等级，以便于了解与其他路线表所列数据的关系；
⑥利用本表的背面画一个布置图，说明本表所指的路线在布置图上的位置；
⑦把进一步解释以上数据的有关资料填写在各备注栏内。

备注 ＿＿＿＿＿＿＿＿＿→　路线示意图：在反面，或 ＿＿＿＿＿＿＿

区域进出分析法适用于路线多的情况，每次对一个区域进行观察，收集运进运出这个区域的一切物料的有关资料，每个区域要编制一个物料进出表（表4-9）。

③ 搬运活动一览表。为了把所收集的资料进行汇总，达到全面了解情况的目的，编制搬运活动一览表是一种实用的方法（表4-10）。

在表中，需要对每条路线、每类物料和每项移动的相对重要性进行标定。一般是用5个英文元音字母来划分等级，即 A、E、I、O、U。

搬运活动一览表是 SHA 方法中的一项主要文件，因为它把各项搬运活动的所有主要情况都记录在一张表上。简要地说，搬运活动一览表包含下列资料。

a. 列出所有路线，并排出每条路线的方向、距离和具体情况。

b. 列出所有的物料类别。

表 4-9 物料进出表

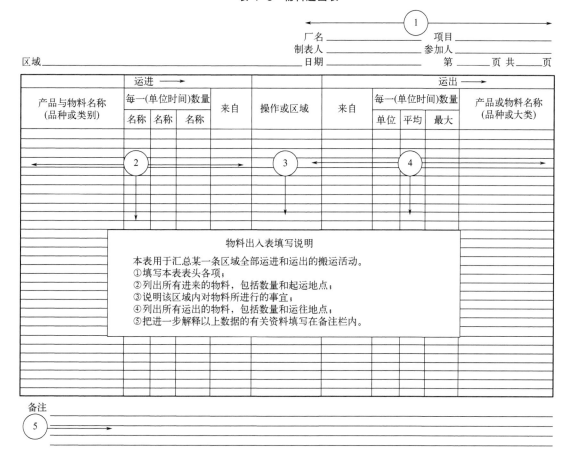

c. 列出各项移动（每类物料在每条路线上的移动），包括物流量（每小时若干吨、每周若干件等）；运输工作量［每周若干吨（英里）、每天若干磅（英尺）等］；搬运活动的具体状况（编号说明）；各项搬运活动相对重要性等级（用元音字母或颜色标定，或两者都用）。

d. 列出每条路线，包括总的物流量及每类物料的物流量；总的运输工作量及每类物料的运输工作量；每条路线的相对重要性等级（用元音字母或颜色标定）。

e. 列出每类物料，包括总的物流量及每条路线上的物流量；总的运输工作量及每条路线上的运输工作量；各类物料的相对重要性的等级（用颜色或元音字母标定，或两者都用）。

（5）各项移动的图表化　做了各项移动的分析，并取得了具体的区域布置图后，就要把这两部分综合起来，用图表来表示实际作业的情况。一张清晰的图表比各种各样的文字说明更容易表达清楚。

物流图表化有几种不同的方法。

① 物流流程简图。物流流程简图用简单的图表描述物流流程。但是它没有联系到布置，因此不能表达出每个工作区域的正确位置，它没有标明距离，所以不可能选择搬运方法。这种类型的图只能在分析和解释中作为一种中间步骤。

表 4-10 搬运活动一览表

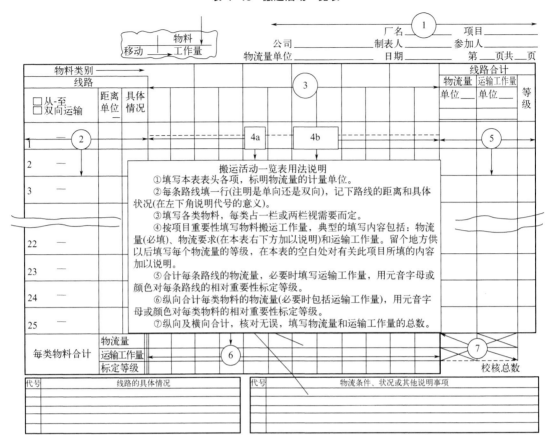

② 在布置图上绘制的物流图。在布置图上绘制的物流图是画在实际的布置图上的，图上标出了准确的位置，所以能够表明每条路线的距离、物流量和物流方向。可作为选择搬运方法的依据，如图 4-18 所示。

虽然流向线可按物料移动的实际路线来画，但一般仍画成直线。除非有特别的说明，距离总是按水平上的直线距离计算。当采用直角距离、垂直距离（如楼层之间）或合成的当量距离时，分析人员应该给出文字说明。

③ 坐标指示图。坐标指示图是距离与物流量指示图。图上的横坐标表示距离，纵坐标表示物流量。每一项搬运活动按其距离和物流量用一个具体的点标明在坐标图上。

制图时，可以绘制单独的搬运活动（即每条路线上的每类物料），也可绘制每条路线上所有各类物料的总的搬运活动，或者把这两者画在同一张图表上。图 4-19 为距离与物流指示图。

在布置图上绘制的物流图和距离与物流量指示图往往要同时使用。但是对比较简单的问题，采用物流图就够了。当设计项目的面积较大、各种问题的费用较高时，就需要使用距离与物流量指示图，因为在这种情况下，物流图上的数据会显得太零乱，不易看清楚。

（6）物料搬运方法的选择 物料搬运方法是物料搬运路线、搬运设备和搬运单元的总和。

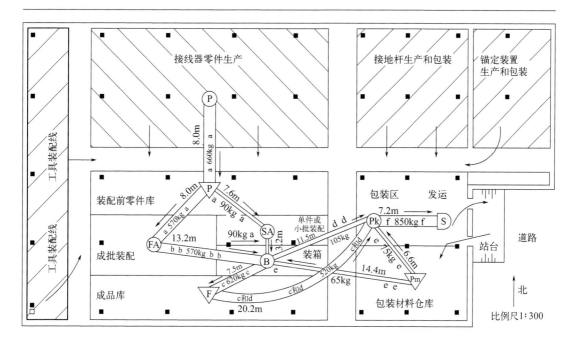

图 4-18　在布置图上绘制的物流图

① 搬运路线。根据距离与物流量的大小确定搬运路线的形式。

直达型路线上各种物料从起点到终点经过的路线最短。当物流量大、距离短或距离中等时，一般采用这种形式是最经济的，尤其当物料有一定的特殊性而时间又较紧迫时更为有利。

渠道型搬运路线是指一些物料在预定路线上移动，与来自不同地点的其他物料一同运到一个终点。当物流量为中等或少量而距离为中等或较长时，采用这种形式是经济的，尤其当布置是不规则的分散布置时更为有利。

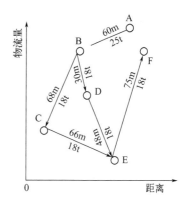

图 4-19　距离与物流指示图

中心型搬运路线是指各种物料从起点移动到一个中心分拣处或分发地区，然后再运往终点。当物流量小而距离中等或较远时，这种形式是非常经济的，尤其当厂区外形基本上是正方形的且管理水平较高时更为有利。3 种形式的搬运路线如图 4-20 所示。

② 搬运设备。SHA 对物料搬运设备的分类采用了一个与众不同的方法，就是根据费用进行分类。具体来说，就是把物料搬运设备分成 4 类。

简单的搬运设备价格便宜，但可变费用（直接运转费）高。设备是按能迅速方便地取放物料而设计的，不适宜长距离运输，适用于距离短和物流量小的情况。

复杂的搬运设备价格高，但可变费用（直接运转费）低。设备是按能迅速方便地取放物料而设计的，不适宜长距离运输，适用于距离短和物流量大的情况。

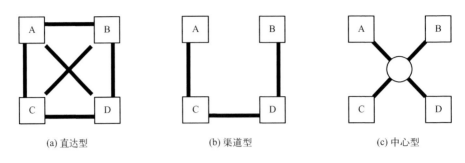

| (a) 直达型 | (b) 渠道型 | (c) 中心型 |

图 4-20　物料搬运路线分类

　　简单的运输设备价格便宜而可变费用（直接运转费）高。设备是按长距离运输设计的，但装卸不方便，适用于距离长和物流量小的情况。

　　复杂的运输设备价格高而可变费用（直接运转费）低。设备是按长距离运输设计的，但装卸不方便，适用于距离长和物流量大的情况。

　　根据距离与物流量的大小确定设备的类别，如图 4-21 所示。

图 4-21　搬运设备选择

　　③ 搬运单元。搬运单元是指物料搬运时的状态，就是搬运物料的单位。搬运的物料有 3 种基本可供选择的情况，即散装的、单件的或装在某种容器中的。一般说来，散装搬运是最简单和最便宜的移动物料的方法，当然，物料在散装搬运中必须不被破坏，不受损失，或不对周围环境引起任何危险，散装搬运通常要求物料数量很大。单件搬运常用于尺寸大、外形复杂、容易损坏和易于抓取或用架子支起的物品，相当多的物料搬运设备是为这种情况设计的。使用各种容器要增加装、捆、扎、垛等作业，会增加投资；把用过的容器回收到发运地点，也要增加额外的搬运工作，而单件的搬运就比较容易。许多工厂选用了便于单件搬运的设备，因为物料能够以其原样来搬运。当有一种"接近散装搬运"的物料流或采用流水线生产时，大量的小件搬运也常常采取单件移动的方式。

　　除上面所说的散装和单件搬运外，大部分的搬运活动要使用容器或托架。单件物品可以合并、聚集或分批地用桶、纸盒、箱子、板条箱等组成运输单元。这些新的单元（容器或托架）当然变得更大更重，常常要使用一些能力大的搬运方法。但是单元化运件可以保护物品并往往可以减少搬运费用。用容器或运输单元的最大好处是减少装卸费。用托盘和托架、袋、包裹、箱子或板条箱，堆垛和捆扎的物品，叠装和用带绑扎的物品，盘、篮、网兜都是单元化搬运的形式。

　　标准化的集装单元，其尺寸、外形和设计都彼此一致，这就能节省在每个搬运终端（即起点和终点）的费用。而且标准化还能简化物料分类，从而减少搬运设备的数量及种类。

（7）初步的搬运方案　在对物料进行了分类，对布置方案中的各项搬运活动进行了分析和图表化，并对 SHA 中所用的各种搬运方法具备了一定的知识和理解之后，就可以初步确定具体的搬运方案。然后对这些初步方案进行修改并计算各项需求量，把各项初步确定的搬运方法编成几个搬运方案，并设这些搬运方案为"方案 A""方案 B""方案 C"等。

前面已经讲过，把一定的搬运系统、搬运设备和运输单元叫作"方法"。任何一个方法都是使某物料在某一路线上移动。几条路线或几种物料可以采用同一种搬运方法，也可以采用不同的方法。不管是哪种情况，一个搬运方案都是几种搬运方法的组合。

在 SHA 中，把制订物料搬运方法叫作"系统化方案汇总"，即确定系统（指搬运的路线系统）、确定设备（装卸或运输设备）及确定运输单元（单件、单元运输件、容器、托架以及附件等）。

① SHA 方法用的图例符号。在 SHA 中，除了各个区域、物料和物流量用的符号外，还有一些字母符号用于搬运路线系统、搬运设备和运输单元。

路线系统的代号包括直接系统和间接系统：D 表示直达型路线系统；K 表示渠道型路线系统；C 表示中心型路线系统。

用图 4-22 所示的符号或图例来表示设备和运输单元。值得注意的是，这些图例都要求形象化，能不言自明，很像实际设备。图例中的通用部件（如动力部分、吊钩、车轮等）也是标准化的。图例只表示设备的总的类型，必要时还可以加注其他字母或号码来说明。利用这些设备和运输单元的符号，连同代表路线形式的 3 个字母，就可以用简明的"符号语言"来表达每种搬运方法。

② 在普通工作表格上表示搬运方法。编制搬运方案的方法之一是填写工作表格，列出每条路线上每种（或每类）物料的路线系统、搬运设备和运输单元。如果物料品种是单一的或只有很少几种，而且在各条路线上是顺次流通而无折返的，那么这种表格就很实用。

另一种方法是直接在以前编制的流程图上记载建议采用的搬运方法。

第三种方法是把每项建议的方法标注在以前编制的物流图（或其复制件）上，一般说来，这种做法使人看起来更易理解。

③ 在搬运系统方案汇总表上表示搬运方法，如表 4-11 所示。编制汇总表同编制搬运活动一览表一样，就是每条路线填一横行，每类物料占一竖栏。在搬运活动一览表上记载的是每类物料在每条路线上移动的"工作量"，而填汇总表只是用"搬运方法"来取代"工作量"。适用于项目的路线和物料类别较多的场合。

采用前面规定的代号和符号，把每项移动（一种物料在一条路线上的移动）建议的路线系统、设备和运输单元填写在汇总表中相应的格内。汇总表上还有一些其他的空格，供填写其他资料数据之用，如其他的搬运方案、时间计算和设备利用情况等。

从一张汇总表上可以全面了解所有物料搬运的情况，还可以汇总各种搬运方法，可以整合各条路线和各类物料的同类路线系统、设备和运输单元。这样就能把全部搬运规划记在一张表上（或粘在一起的几页表上），并把它连同修改布置的建议提交审批。

（8）修改和限制　初步确定的方案是否符合实际、切实可行，必须根据实际限制条件进行修改。

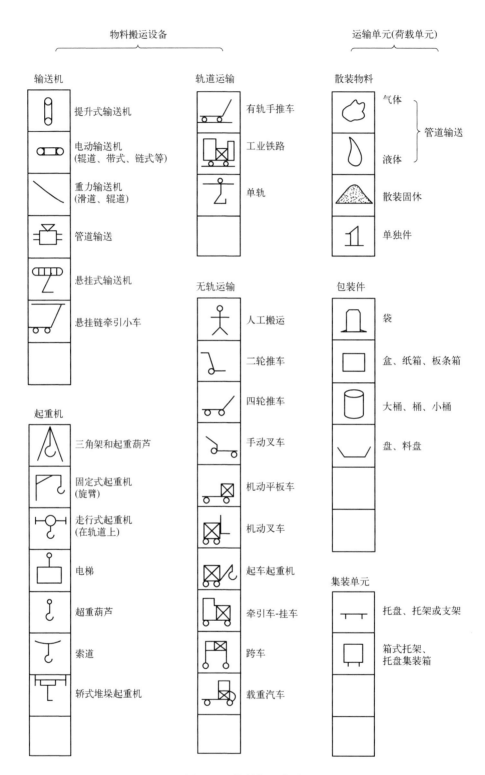

图 4-22　物料搬运符号

表4-11 搬运系统方案汇总表

公司＿＿＿＿＿＿＿＿＿＿＿＿＿　厂名＿＿＿＿＿＿　项目＿＿＿＿＿＿
方案号＿＿＿＿＿＿　制表人＿＿＿＿＿＿　参加人＿＿＿＿＿＿
日期＿＿＿＿＿＿　第＿＿页共＿＿页

物料——移动——方案

物料类别	类别号＿＿			类别号＿＿			类别号＿＿			类别号＿＿			类别号＿＿			类别号＿＿		
路线	说明＿＿			说明＿＿			说明＿＿			说明＿＿			说明＿＿			说明＿＿		
☐从-至 ☐双向	代用S	E	T	代用S	E	T	代用S	E	T	代用S	E	T	代用S	E	T	代用S	E	T
1 －	☐			☐			☐			☐			☐			☐		
2 －	☐			☐									☐			☐		
3 －	☐																	
4 －																		
5 －																		
6 －																		
7																		
25	☐			☐									☐			☐		
搬运方法的代用方案或第二方案	a			c			e			g						k		
	b			d			f			h						l		

系统化方案汇总表用法说明

本表用于填写一个或多个物料搬运规划。
① 填写本表表头各项。
② 填写物料或产品类别号并加以说明，每类填写一大栏。
③ 列出现在(或将来)物料移动的各条路线(单向或双向)，每条填写一行，填明起讫点。
④ 填写每条路线上每类物料的搬运方法，在相应小栏内填明路线系统的形式(S栏)、搬运设备(E栏)和运输单元(T栏)。如有代用的第二方案，则在小方格内标明字母。在"代用"和"S"上面的横栏内填写物流量、运输工作量等级或计算数据(究竟填什么，在表头内注明)。
⑤ 填写搬运方法的代用方案或第二方案。
⑥ 记载其他有关资料以进一步解释表内资料数据。

备注＿＿＿＿＿＿＿＿＿＿＿＿＿＿＿＿＿＿＿＿＿＿＿＿＿＿＿＿＿＿＿＿＿＿＿＿＿＿＿

物料搬运也就是物料位置的移动，从广义上讲是一项必要的工作，但在成型、加工、装配或拆卸、储存、检验和包装等整个生产过程中，它只是其中的一部分，甚至是居于第二位的。具体的搬运活动仅仅是整个工商企业设施规划和大的经营问题中的一个部分。但是，为了有效地进行生产和分配，必须有物料搬运。有许多因素影响正确地选择搬运方法。各物料搬运方案中经常涉及的一些修改和限制的内容如下。

① 在前面各阶段中已确定的同外部衔接的搬运方法。

② 既满足目前生产需要，又能适应远期的发展和变化。

③ 和生产流程或流程设备保持一致。

④ 可以利用现有公用设施和辅助设施保证搬运计划的实现。

⑤ 布置或建议的初步布置方案及它们的面积、空间的限制条件（数量和外廓形状）。

⑥ 建筑物及其结构的特征。

⑦ 库存制度及存放物料的方法和设备。

⑧ 投资的限制。

⑨ 设计进度和允许的期限。

⑩ 原有搬运设备和容器的数量、适用程度及其价值。

⑪ 影响工人安全的搬运方法。

（9）**各项需求的计算**　对几个初步搬运方案进行修改以后，就开始逐一说明和计算那些被认为是具有现实意义的方案。一般要提出 2~5 个方案进行比较。对每一个方案需作如下说明。

① 说明每条路线上每种物料的搬运方法。

② 说明搬运方法以外的其他必要的变动，如更改布置、作业计划、生产流程、建筑物、公用设施、道路等。

③ 计算搬运设备和人员的需要量。

④ 计算投资数额和预期的经营费用。

（10）**方案的评价**　方案的分析评价方法参见系统布置设计评价的方法。

本章小结

本章在介绍物料搬运系统的基本概念、基本设备和器具及设备管理之后，着重介绍物料搬运系统的分析设计方法（SHA）。搬运系统分析由 4 个分析阶段构成，每个阶段都相互交叉重叠，总体方案和详细方案的设计都必须遵循同样的程序模式。

本章习题

一、选择题

1. 要求物料返回到起点的情况适合于（　　　）流动模式。

A. 直线形　　　　　B. L 形　　　　　C. U 形　　　　　D. 环形

2. 搬运路线中的 D 形适用于（　　　）。

A. 距离短、物流量大　　　　　　　B. 距离短、物流量小

C. 距离长、物流量大　　　　　　　D. 距离长、物流量小

3. 系统搬运分析（SHA）重点在于（　　　）。

A. 空间合理规划　　　　　　　　　B. 时间优

C. 物流合理化　　　　　　　　　　D. 搬运方法和手段的合理化

4. 长大物料应使用的搬运设备是（　　　）。

A. 平衡重式叉车　　　　　　　　　B. 前移式叉车

C. 电瓶叉车　　　　　　　　　　　D. 侧面叉车

二、判断题

1. 物料活性指数越高越好。　　　　　　　　　　　　　　　　　　　　　　（　　　）

2. 搬运路线中的直达型 D 形适用于距离短、物流量小。　　　　　　　　　（　　　）

3. 侧面叉车通常用于长大物料搬运。　　　　　　　　　　　　　　　　　　（　　　）

4. 搬运方法包括搬运路线、搬运设备和搬运单元。　　　　　　　　　　　　（　　　）

三、简答题

1. 分析 SLP（系统布置设计）和 SHA（系统搬运分析）的异同。

2. 简述物料搬运的基本原则。

3. 什么是搬运活性及搬运活性指数？试问物品在运动着的输送机上其搬运活性指数是多少？

4. 设物流模数尺寸为 1200mm×800mm，试问可以由几个物流基础模数尺寸组成？以图示之。

5. 简述物料搬运系统设计的程序。

四、计算题

1. 关于托盘尺寸，欧洲的英国、荷兰、芬兰，美洲的巴西、智利和墨西哥，亚洲的中国、新加坡、泰国、马来西亚、印度尼西亚、菲律宾，大洋洲的新西兰等国家和地区的官方均采纳 1200mm×1000mm 托盘标准作为标准，而且印度和中东地区也正在推广使用这种国际标准。1200mm×800mm 被誉为欧洲托盘标准，这种标准被德国、法国、意大利、西班牙、瑞典、瑞士和奥地利等大部分欧洲国家广泛采用和普遍接受。1100mm×1100mm 目前只有日韩两个国家在使用。中国 2006 修订托盘尺寸为 1200mm×1000mm 和 1100mm×1100mm，并向企业优先推荐使用 1200mm×1000mm 规格，2008 年 3 月 1 日正式实施。要求：画出物流基础模数尺寸与 1200mm×1000mm，1200mm×800mm，1100mm×1100mm 各种标准托盘的配合关系。

2. A 和 B 两类货物，包装尺寸（长×宽×高）分别为 500mm×280mm×180mm 和 400mm×300mm×205mm，采用在 1200mm×1000mm×150mm 的标准托盘上堆垛，高度不超过 900mm。分别画出 A、B 货物在标准托盘上的排列方式，计算每个托盘上最多可存放 A、B 的层数。

五、案例题

某汽车制造厂热处理车间多年来物流系统不佳，常常影响正常生产。为了提高效益，决定对该车间物流系统进行全面调查与分析，并做了相应调整。

（1）系统环境及外部衔接分析。该车间是该厂生产流程中的一部分，夹在锻造车间与成品库之间。物料的输入依靠转运车 1 和转运车 2（图 4-23），输入频率较高。输出依靠转运车 18 和转运车 19，车间内搬运由两台 5t 天车完成。

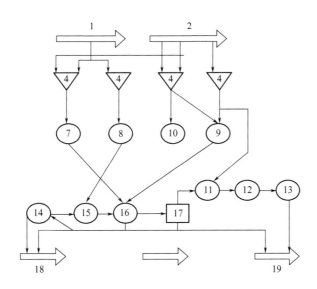

图 4-23　某汽车制造厂热处理车间生产流程

（2）输入因素分析。该车间每年生产 139 种锻件的热处理件。经过 ABC 分类法，确定物件、齿轮件和连杆共 10 条物流为 A 类和 B 类物料，其物流状态将确定全车间系统状态。

（3）流程分析。首先，绘制该车间布置情况的平面图，对主要工作设备进行编码。根据 A、B 类物料工艺路线绘制物流流程图。

（4）物流系统状态分析。该车间物流交叉，迂回严重；车间内大流量物料搬运距离较长，两台天车工作繁忙，且互相干涉，影响效率；由于到料繁忙，工件损失严重，易产生事故。工位虽采用标准化料箱料架，但因无负责部门，维修管理不力，损坏严重。

（5）可行方案建立及最佳方案选择。由于该车间酸洗部16位置不佳，造成全系统物流状态不合理，并且该工艺也应改换。因此，可将酸洗工艺改为喷丸处理，同时调整部分设施位置。调整后的物流比较顺畅合理，虽然存在少量物流交叉，但无大规模迂回倒流。经过计算，新系统方案的搬运工作量为17496.7吨/年，总工作量下降739121.9吨/年，仅为原方案的30.9%。

请思考：

（1）企业物流系统分析方法的模式是什么？

（2）试述物流合理化途径。

（3）实地参观某企业物流系统，对其进行评价，并提出改进意见。

第**5**章 仓储系统规划

5.1 仓储的基本知识

5.1.1 仓库

仓库是储存和保管货物的场所，现代仓库和物流中心已经形成了围绕货物的以存储空间、储存设施设备、人员和作业及管理系统组成的仓储系统，功能也延伸到包括运输、仓储、包装、配送、流通加工和信息等一整套的物流环节。

5.1.2 仓库的作业功能

仓库在设施规划中具有重要的功能，它是一个专门用于储存和管理物品、货物和资源的设施，通常用于不同类型的组织和行业。以下是仓库的一些主要功能。

（1）存储物品 仓库的主要功能是提供安全、干燥、有序的存储空间，用于储存各种物品，包括原材料、成品、备件、设备等。这有助于保护物品免受天气、损坏或盗窃的影响。

（2）库存管理 仓库是库存管理的核心，它允许组织追踪物品的数量、状态和流动，确保物品始终可供应或销售。这有助于避免过量或不足的库存，并提高了供应链的效率。

（3）分拣和装载 仓库通常用于分拣不同类型的物品，并将它们组织成批次，以便交付或运输。这需要有效的仓库布局和物品的合理存放。

（4）供应链支持 仓库在供应链管理中扮演重要角色，它可以作为物流网络中的中转站，确保物品在生产和销售之间的流动。这有助于降低成本、提高响应能力和服务水平。

（5）质量控制 仓库可以用于检查和维护存储物品的质量，以确保它们符合标准和规定。这对于食品、药品和其他需要质量控制的物品尤为重要。

（6）安全和保障 仓库通常配备安全措施，如监控摄像头、入侵报警系统和访问控制，以确保物品的安全性和保障。

（7）空间优化 仓库规划需要优化存储空间，以最大程度地利用可用的区域，减少浪费，提高效率。

（8）**库存记录和信息管理** 现代仓库通常使用计算机系统来管理库存记录和信息，以便跟踪物品的流动和状态，做出明智的决策。

总之，仓库在设施规划中的功能是确保物品的安全、高效存储和管理，以支持组织的供应链、生产和分销等运营活动。有效的仓库规划可以大大提高组织的效率和竞争力。

5.1.3　仓库的分类

仓库种类很多，可以从不同的角度进行分类。按库存功能分为储备仓库和周转仓库；按产品流程分为原料仓库、在制品仓库和成品仓库；按堆放形式分为无货架仓库和货架仓库；按保管形态分为普通仓库、恒温仓库、冷藏仓库、露天仓库和危险品仓库；按结构和构造分为平房仓库、多层仓库、高层货架仓、散装仓库和罐式仓库；按用途分为自有仓库、公共仓库、合同仓库和保税仓库。

5.1.4　仓储系统的组成

仓储系统包括存储空间、货物、仓储设施设备、人员、作业及管理系统等要素。

（1）**存储空间** 存储空间由仓库库房提供，不同的库房提供的空间差别很大。在进行存储空间规划时，必须考虑到空间的大小、柱距、有效高度、通道和收发站台等因素，并配合其他因素，才能做出完善的设计。

（2）**货物** 货物的特征、货物在存储空间的摆放方式和管理与控制是储存系统要解决的关键问题。影响它们在存储空间的摆放因素有：储位单位、储位策略原则和商品特性等。货物在库不仅仅要摆放好，还要便于存取、分拣和加工等管理，这些活动在仓库，尤其是流通型仓库即物流中心更多，要求掌握库存状况，了解其品质、数量、位置和出入库状况等信息。

（3）**仓储设施设备** 仓储设施设备由收发设施设备、存储设备、搬运和输送设备等组成。只要货物不是直接堆码在地上，不是由人力肩扛手捧，就需要托盘、货架等存储设备和输送机、笼车、叉车等搬运和输送设备。

（4）**人员** 仓储系统的人员包括仓管、搬运、拣货和补货等人员。即使是最自动化的仓库也需要人员来看护和管理。人员仍然是仓库最活跃的因素，在仓储空间设计和设备选择时，都要根据自动化程度的高低来考虑人-机作业和管理问题，例如考虑人员在存取搬运货物时，要求效率高、省时、省力，作业流程要合理、储位配置及标志要简单清楚，一目了然；且要好放、好拿、好找。

（5）**作业及管理系统** 前几项组成已经决定了仓库的作业状况好坏。按照设施规划设计的要求，我们首先要考虑的是作业流程，没有通畅的作业流程就不可能有完善的仓库功能布局。现代仓库还要考虑信息系统。仓库管理系统（warehouse management system，WMS）是仓库运作的神经中枢，与良好的作业系统配合，才能完成仓库的各项功能。

5.2 仓库规划

5.2.1 仓库规划目标

仓库规划的目标是通过优化仓库的布局和运营效率，以提高存储容量、减少货物搬运时间和成本，确保货物的安全和准确。仓库规划需要考虑以下几个方面。

(1) 存储空间最大化 通过合理规划货架布局和使用高效的货架系统，充分利用仓库的高度和面积，以实现存储空间的最大化。

(2) 操作流程优化 根据仓库的业务需求和操作流程，设计合理的货物搬运路径，减少不必要的搬运距离和时间，提高作业效率。

(3) 货物安全 确保仓库内的货物在存储和搬运过程中不受损，同时保证人员的安全。通过有效的库存管理和货物标识系统，确保货物的准确性和完整性。

(4) 成本控制 通过优化仓库布局和操作流程，降低仓库建设和运营成本。

(5) 灵活性和可扩展性 随着业务的发展和变化，仓库规划应具备一定的灵活性和可扩展性，以便于未来的调整和升级。

5.2.2 仓库的存储方式

(1) 散放 散放是最原始的方式，空间利用率低，且散放活性系数为 0，极不便于搬运作业，是应当尽量避免的。

(2) 堆码 仓库存放的物品多种多样，包装材料及规格是多种多样的，散装物料形状更是各异，因此堆码有多种形式，如重叠式堆码、交错式堆码、悬臂式堆码、宝塔式堆码和散装物资的特殊堆码方式。堆码的空间利用率也不高，而且不能满足先进先出这一存储的基本目标。

(3) 托盘存储 托盘存储是指将货物放在托盘上进行存储的方式。托盘存储可以方便叉车等搬运设备的操作，提高仓库的作业效率。适用于整托盘进出的货物，如食品、饮料、化工产品等。

(4) 低层货架存储 低层货架存储是指货架高度较低的存储方式，通常货架高度在 2m 以下。这种存储方式适用于存储量较小、品种繁多的货物，如小件商品、零部件等。

(5) 中层货架存储 中层货架存储介于高层货架存储和低层货架存储之间，通常货架高度在 2~6m。这种存储方式适用于存储量适中、品种较多的货物，如箱装货物、散装货物等。

(6) 高层货架存储 高层货架存储是一种利用高度空间的存储方式，通常采用货架系统来实现。它可以提高仓库的存储密度，减少地面空间的占用。高层货架存储适用于存储量大、品种少的货物，如托盘货物、大型设备等。

（7）悬挂存储　悬挂存储是指将货物悬挂在货架或其他存储设备上的存储方式。这种存储方式适用于长条形货物、管材、线材等。

（8）自动化立体仓库　自动化立体仓库是一种采用自动化设备进行货物存取的仓库。它通过计算机系统控制，实现货物的自动存储、提取和搬运。自动化立体仓库具有存储密度高、作业速度快、人力成本低等优点，适用于存储量大、品种少的货物，如电商货物、医药、冷库存储产品等。

5.2.3　库容量的确定

（1）库容量　库容量是仓库的主要参数之一，是规划仓库需要首先确定的问题。仓库规模主要取决于拟存货物的平均库存量，货物平均库存量是一个动态指标，它随货物的收发经常发生变化。作为流通领域的经营性仓库，其库存量难以计算，但可以确定一个最大吞吐量指标。作为制造企业内仓库，可根据历史资料和生产的发展，大体估算出平均库存量，一般应考虑5～10年后预计达到的数量。一般库存量以实物形态的重量表示。在库存量大体确定后，还要根据拟存货物的规格品种、体积、单位重量、形状和包装等确定每一个货物单元的尺寸和重量，以此作为仓库的存储单元（stock keeping unit，SKU）。一般以托盘或货箱为载体，在仓库货架占住一个位置。每个货物单元的重量多为200～500kg，单元尺寸最好采用标准托盘尺寸。对托盘货架仓库以托盘为单位的库存量就是库容量，它可用来确定库房面积。

（2）蜂窝形空缺　同一种物品存放成一个或多个货堆，货堆之间留有供人员和设备出入的通道。假如在一列货堆上取走一层或几层，货堆上留下的空位就不能用其他货品补充，这样留下的空位有如蜂窝故称蜂窝形空缺。如图5-1所示，货物沿通道堆放，平行通道方向称为列，垂直通道方向称为排，也叫深度方向，蜂窝形空缺损失期望值如公式（5-1）所示。

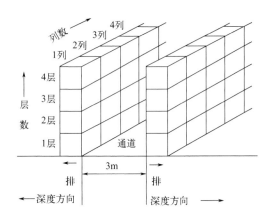

图 5-1　蜂窝形空缺

$$E(H) = \frac{1}{n} \sum_{i=0}^{n-1} \frac{i}{n} \tag{5-1}$$

式中，n 为一列货位堆码货物件数；i 为状态的可能性。

通道占据了有效的堆放面积，无论分类堆码，还是货架储存，都存在通道损失。不考虑通道深度方向的情况，通道损失可用下式计算：

$$L_a = W_a / (W_a + 2d) \tag{5-2}$$

式中，W_a 为通道宽度；d 为货堆深度。

蜂窝损失 G 和总损失 Z 如式（5-3）和式（5-4）所示：

$$G = E(H)(1 - L_a) \tag{5-3}$$

$$Z = G + L_a \tag{5-4}$$

式中，G 为蜂窝损失；Z 为总损失。

【例 5-1】 某种货物为木箱包装形式，尺寸长宽高分别为 1m、0.6m 和 0.7m，箱底部平行宽度方向有两根垫木，可用叉车搬运，在仓库中堆垛放置，最高可堆 4 层。该货物最大库存量为 600 件，请考虑通道损失（设叉车直角堆垛最小通道宽度为 3.6m）和蜂窝损失确定其需要的存储面积。（注：叉车货叉长达 900~1000mm，取出货物时一般是一件一件取。）

解： 根据题目已知货物堆垛 4 层，则实际占地面积为 $1.0 \times 0.6 \times 600/4 = 90 (\text{m}^2)$。一般叉车货叉长达 900~1000mm，因此堆码时一次可以叉两件货物。则通道分类堆垛方式为每通道两边至少各有两排货物。认为货物取出时一般是一件一件取，则蜂窝损失为一列 n 取 8 件计，根据式(5-1)~式(5-4) 计算得到：

蜂窝损失空缺系数：$E(H) = 7/16 = 0.4375$；通道损失：$L_a = W_a/(W_a + 2d) = 3.6/[3.6 + (0.6 \times 4)] = 0.6$；

蜂窝损失为：$G = 0.4375 \times (1 - 0.6) = 0.175$；合计损失为：$Z = 0.6 + 0.175 = 0.775$；

需要的存储面积为：$S = 90/(1 - 0.775) = 400 (\text{m}^2)$。

【例 5-2】 在上面例题的基础上，若货堆深度增加到 4 排，则需要多少存储面积？

解： 货物堆垛 4 层，实际占地面积为 $1.0 \times 0.6 \times 600/4 = 90 (\text{m}^2)$。

若货堆深度 4 排，则 $L_a = 3.6/[3.6 + 2 \times (0.6 \times 4)] = 0.429$；

蜂窝损失为一列 16 件计，蜂窝损失空缺系数 $E(H) = 15/32 = 0.46875$；

合计损失为 $0.429 + 0.46875 \times (1 - 0.429) = 0.697$；

需要的存储面积为 $90/(1 - 0.697) = 297 (\text{m}^2)$。

从表 5-1 可以看出，随着货物深度加深，通道损失减少，蜂窝型空缺损失增加，总损失减少，在实际应用中应根据实际情况确定货物深度大小。

表 5-1 各种货位深度的损失参考（每列 4 层）

货物深度	通道损失	蜂窝空缺损失	总损失
1	0.6	0.15	0.75
2	0.429	0.249	0.679
3	0.333	0.305	0.638
4	0.273	0.340	0.613
5	0.23	0.366	0.596

5.2.4 仓库存储区域面积的计算

库房面积包括有效面积和辅助面积，有效面积指货架、料垛实际占用面积。辅助面积指收发、分拣作业场地、通道、办公室和卫生间等需要的面积。

（1）荷重计算法 荷重计算法是一种经验算法，它根据库存量、储备期和单位面积的荷重能力来确定仓库面积，在我国计划经济时代应用较多，但因为现在储备期时间大为缩短和采用货架、托盘后货物的单位面积荷重能力数据大为改变，应用较少。

$$S = \frac{Q \times T}{T_0 \times q \times \alpha} \tag{5-5}$$

式中，S 为储存区域面积，m^2；Q 为全年物料入库量，t；T 为物料平均储备天数；α 为储存面积利用系数；q 为单位有效面积的平均承重能力，t/m^2；T_0 为年有效工作日数。

【例 5-3】 某工厂拟建一金属仓库，现已知工厂生产所需的金属材料平均储备天数为 90 天，年需求量为 1000t，工厂地面单位面积对金属材料平均承重能力为 $1.5t/m^2$，金属材料仓库面积利用率系数为 0.4，工厂有效工作日为 360 天，试计算金属材料仓库应建多大面积？

解： 依荷重计算公式(5-5) 计算得：

$$S = \frac{Q \times T}{T_0 \times q \times \alpha} = \frac{1000 \times 90}{360 \times 1.5 \times 0.4} = 417 (m^2)$$

（2）托盘尺寸计算法 若货物储存量较大，并以托盘为单位进行储存，则可先计算出存货实际占用面积，再考虑叉车存取作业所需通道面积，就可计算出储存区域的面积需求。

① 托盘平置堆码即托盘平放，不互相堆叠。

$$S = \frac{Q}{N}(P_1 \times P_2) \tag{5-6}$$

式中，S 为存货面积；Q 为平均存货量；N 为平均每托盘堆码货品量；P_1，P_2 为托盘尺寸。

② 托盘多层堆叠。

$$S = \frac{Q}{L \times N}(P_1 \times P_2) \tag{5-7}$$

式中，S 为存货面积；Q 为平均存货量；N 为平均每托盘堆码货品量；L 为托盘在仓库内可堆码的层数；P_1，P_2 为托盘尺寸。

③ 托盘货架储存。

$$S = \frac{Q}{L \times N}[(P_1 \times P')(P_2 \times P'')] \tag{5-8}$$

式中，S 为存货面积；Q 为平均存货量；N 为平均每托盘堆码货品量；L 为托盘在仓库内可堆码的层数；P_1，P_2 为托盘尺寸；P' 为每货格放入货物后的左右间隙尺寸；P'' 为前后间隙尺寸。

【例 5-4】 某仓库拟存 A、B 两类货物，包装尺寸（长×宽×高）为 500mm×280mm×180mm 和 400mm×300mm×205mm，采用 1200mm×1000mm×150mm 的标准托盘上堆垛，带托盘高度不超过 950mm。两类货物最高库存量分别是 119200 件和 7500 件，采用选取式货架堆垛，货架每一货格存放两个托盘货物。作业叉车为电动堆垛叉车，提升高度为 3524mm，直角堆垛最小通道宽度为 2235mm。采用货架存储的直接计算以托盘为单位，要确定货架货格尺寸，货架排列和层数，再确定货架区面积。

解：

（1）计算 A、B 两类货物所需的托盘存储单元数 对 A 类货物，1200×1000 托盘每层可放 8 件，可堆层数为 $(950-150)/180 = 4.44$，取整即 4 层，故一托盘可堆垛 32 件。库存量折合 SKU 为 $19200/32 = 600$ 托盘。同理对 B 类货物，每托盘可堆垛 27 件，共需 250 托盘。A、B 共需 850 托盘。

（2）确定货格尺寸 因每货格放 2 托盘，选择托盘的长度方向沿通道方向放置，根据图 5-2 所示，按托盘货架尺寸要求取 b 为 100mm，d 为 100mm，a 为 50mm，确定货格尺寸长为 2750mm，垂直通道方向与托盘宽度方向相等，确定货格深为 1000mm，根据货物高度不超过 950mm 的要求，f 取为 100mm，e 取 50mm，确定货格高度为 1100mm（图 5-3）。

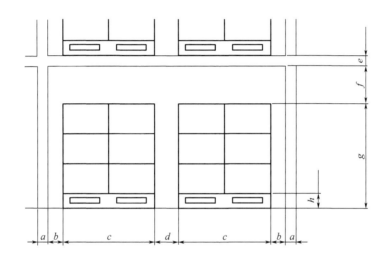

图 5-2 托盘货架的尺寸

图例说明：a 为货架柱片宽；b 为托盘与货架间隙，一般取 100mm；c 为托盘宽度；d 为托盘间间隙，一般取 100mm；e 为横梁高度；f 为托盘堆放与货架横梁间隙，一般取 $80 \sim 100$mm；g 为托盘堆放高度；h 为托盘高度

（3）确定货架层数 由叉车的提升高度 3524mm 确定货架层数为 4 层，含地上层。

（4）确定叉车货架作业单元 由于叉车两面作业，故可以确定叉车货架作业单元（图 5-3）。该单元共有 16 个托盘，长度为 2750mm，深度为两排货架深度加上背靠背间 100mm，再加上叉车直角堆垛最小通道宽度确定为 4335mm，取 4.4m，由于叉车两面作业，故可以确定一个叉车货架作业单元的面积记为 $S_0 = 2.75 \times 4.4 = 12.1$（$m^2$）。

（5）确定面积 由总 SKU 数除以叉车货架作业单元得到所需单元数，再乘单元面积即可得货架区面积（包含通道），即：单元数 $= 850/16 = 53.125$，取不

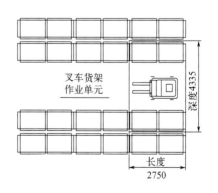

图 5-3 叉车货架作业单元

小于的整数得 54 个，故面积 $S = 54 \times S_0 = 54 \times 12.1 = 653.4 (\text{m}^2)$。

（6）确定货架排数和货架占地面积　货架总长和排数与具体的面积形状有关。对新建仓库则可以此作为确定仓库大体形状的基础。本例 54 个单元，按 6×9 得货架长 9 个单元，即长 $9 \times 2.75 = 24.75 (\text{m})$，共 6 个巷道，12 排货架，深 $6 \times 4.4 = 26.4 (\text{m})$。深度比长度大，不符合货架沿长方向布置的原则。可考虑用 4 巷道，取 $4 \times 14 = 56 (\text{m})$，此时长度为 38.5m，深度为 17.6m，如图 5-4 所示。设计时还要进一步放为整数，如 $39\text{m} \times 18\text{m}$。

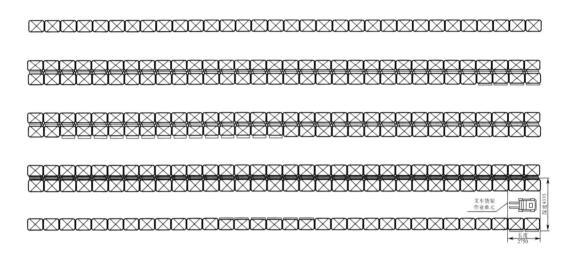

图 5-4　货架排列图

5.2.5　仓库通道宽度设计

仓库通道宽度设计主要考虑托盘尺寸、货物单元尺寸、搬运车辆型号及其转弯半径的大小等参数。物料周转量大，收发较频繁的仓库，其通道应按双向运行的原则来确定，其最小宽度可按公式(5-9) 计算。

$$B = 2b + C \qquad (5\text{-}9)$$

式中，C 为安全间隙，一般采用 0.9m；B 为通道宽度；b 为运输设备宽度。

使用小推车搬运时，通道宽度一般为 $2 \sim 2.5\text{m}$；小型叉车搬运时一般为 $2.4 \sim 3.0\text{m}$；汽车进入的单行通道一般为 $3.6 \sim 4.2\text{m}$；人工搬运一般为 $0.9 \sim 1.0\text{m}$，货堆之间过道一般为 1m。

5.2.6　库房设计

（1）库房的长度与宽度　仓库的长宽与柱距和跨度有关。GB/T 28581—2021《通用仓库及库区规划设计参数》中确定了仓库跨度和柱距应根据仓库功能、货架布局、作业流程等进行设计，考虑经济性和安全性的需要，跨度宜为 $20 \sim 30\text{m}$，柱距宜为 $9 \sim 12\text{m}$。长宽尺寸还要符合 GB/T 50002—2013《建筑模数协调标准》的规定，该标准规定了基本模数应为 100mm（1M＝100mm），整个建筑物和建筑物的一部分以及建筑部件的模数化尺寸，应是基本模数的倍数。导出模数应分为扩大模数和分模数，其基数应符合下列规定：扩大模数基数应为 2M、3M、6M、9M、12M 等，分模数基数应为 M/10、M/5、M/2。该标准适用于一般民用与工业建筑的新建、改建和扩建工程的设计、部件生产、施工安装的模数协调。仓库作为工业建筑的一部分，其长宽设计需要符合该标准的要求，以实现模数协调，确保建筑部件的尺寸协调和安装位置的准确性。

（2）仓库层数的确定 在土地十分充裕的条件下，从建筑费用、装卸效率、地面利用率等方面衡量，以建筑平房仓库为最好；若土地不十分充裕时，则可采用二层或多层仓库。

（3）仓库高度（层高、梁下高度）的确定 取决于库房的类型、储存货物的品种和作业方式等因素。决定层高或梁下高度应由层叠堆码高度、货架存储高度、叉车及运输设备等来研究决定。平房仓库高度一般应采用 3M（300mm）的倍数；当库内安装桥式起重机时，其地面至走行轨道顶面的高度应为 6M（600mm）的倍数。

由于货物储存方式、堆垛搬运设备的种类不同，对库房的有效高度的要求也不一样，所以在进行库房的有效高度设计时，应根据货物储存方式、堆垛搬运设备等因素，采取有区别的计算方式。采用地面层叠堆码时，梁下有效高度等于最大举升高度和梁下间隙尺寸之和。采用货架储存时梁下有效高度等于货架高度、货物高度、货叉的抬货高度、梁下间隙尺寸之和。

5.2.7 收发站台设计

收发站台（dock）的基本作用是提供车辆的停靠、货物的装卸暂放，利用站台就能方便将货物装进或卸出车厢。收发站台的设计主要是确定站台位置关系、站台的布置形式、站台的布置方向、站台的宽度尺寸、站台的深度和高度尺寸、门的类型、门的大小和数量等。出入库站台设计可根据作业性质、厂房形式以及厂房内物流的动线来决定。为使物料顺畅进出仓库，进货站台与出货站台的相对位置是很重要的。收发站台的位置关系决定了物流的方向，一般有四种布置形式（表 5-2）。

表 5-2　收发站台四种类型

类型	优点	缺点	适用场合
进出货共同站台	能提高空间和设备利用率	管理困难，在出入库频繁的情况下，容易造成拥挤、阻滞等相互影响的不良后果	多用于进出库时间错开，或进出库作业不频繁的仓库或车间
进出货分开使用的站台，两者相邻	进出作业分开，不会使进出货作业相互影响	空间利用率低	厂房空间较大，进出货容易相互影响的仓库

类型	优点	缺点	适用场合
进出货区分别使用站台,两者不相邻	出入库物流装卸作业更加顺畅迅速,空间分开而且设备独立	设备利用率低	进出库作业完全独立
多个进出货站台	进出货及时	占用面积大	适用于进出货频率高,且有足够空间的仓库

站台布置形式通常有四种形式：

① 直接式是最常见的形式，站台门开在外墙上，货车后面靠上门，即可装卸货。

② 驶入式可以使货车由门外倒进室内，完全不怕雨雪。

③ 穿过式主要用于铁路站台。

④ 伸出式适用于当车辆很多时，直接式站台宽度不够，可做成锯齿状的，或采用伸出式站台。伸出式一次可由很多辆车装卸作业，货车可停靠伸出站台的两边，可沿伸出方向布置输送机，加快货物进入库内的速度。为防雨雪伸出站台上要搭雨篷。

【例 5-5】 某仓库每年处理货物 600 万箱，其中 70% 的进货是由卡车运输的，而 90% 的出货是由卡车运输的。仓库每周工作 5 天，每天 2 班。对于进货卡车，卸货速度是 200 箱/人时，而出货上货的速度是 175 箱/人时。进出货卡车满载都是 500 箱。考虑进出货并不均匀，设计加上 25% 的安全系数，确定仓库收发货门数。

解：（1）确定进货需求

① 年卡车进货量为卡车进货百分比乘总进货量，即 $70\% \times 6000000 = 4200000$（箱）；

② 则年进货卡车次数（假定满载）为 $4200000/500 = 8400$（次）；

③ 每一卡车货卸货作业时间为 $500/200 = 2.5$（h）；

④ 则年总进货卡车次数所需作业时间为 $8400 \times 2.5 = 21000$（h）。

（2）确定出货需求

① 年卡车出货量为卡车出货百分比乘总出货量，即 $90\% \times 6000000 = 5400000$（箱）；

② 则年出货卡车次数（假定满载）为 $5400000/500 = 10800$（次）；

③ 每一卡车货上货作业时间为 $500/175 = 2.86$（h）；

④ 则年总出货卡车次数所需作业时间为 $10800 \times 2.86 = 30888$（h）。

（3）计算总共作业时间　进、出货合计作业时间为 $21000 + 30888 = 51888$（h），加上 25% 安全系数为 $51888 \times (1+25\%) = 64860$（h）。

（4）每年工作时数　52 周乘每周工作天数乘每天工作时数，即 $52 \times 5 \times 8 \times 2 = 4160$（h）。

（5）需要门数为总作业时间除年工作时数，即：

$$64860/4160 = 15.6 \approx 16$$

故仓库需要 16 个收发货门。

5.2.8 仓库典型布置

仓库的布置主要取决于仓库的运作流程。目前在世界上有 4 种普遍采用的较为典型的布置形式：U 形布置、直进穿越式布置、模块化干线布置和多层楼房仓库。

(1) U 形布置 (U-shape)　U 形布置物流移动路线合理，进出口码头相邻可以使码头资源充分利用，也便于越库作业，同时有利于向 3 个方向扩展。因此，U 形布置经常是仓库设计中的首选（图 5-5）。

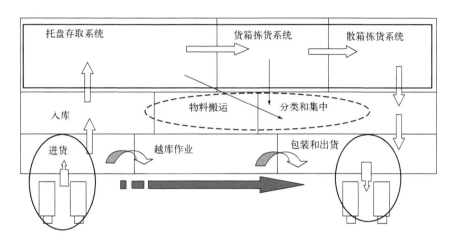

图 5-5　U 形布置

(2) 直进穿越式布置 (straight-thru)　非常适合纯粹的越库作业，便于解决高峰时刻同时进出货的问题。缺点是不能使用 ABC 分级的储备模式（图 5-6）。

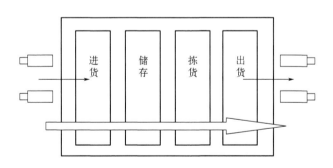

图 5-6　直进穿越式布置

(3) 模块化干线布置 (modular-spine)　适合于大型仓库和物流中心，也就是仓库中可以专门设计越库作业模块、连续补货模块、周转速度较慢的模块等（图 5-7）。

(4) 多层楼房仓库 (multistory)　一般情况下不用，只有在土地十分紧俏昂贵的国家和地区采用这种设计，如日本、西欧等国家。

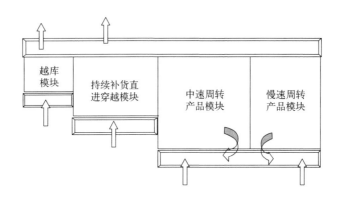

图 5-7　模块化干线布置

5.2.9　存储策略

在库存管理和物流领域中，存储策略是指企业或组织为了优化存储成本、提高库存周转率、确保货物安全以及满足客户需求而制定的一系列方法和规则。不同的企业或组织根据其业务特点、产品特性、市场需求等因素，采用不同的存储策略。以下介绍三种存储策略。

（1）随机存储　在随机存储策略下，货物被随机地放置在可用的储位上，且位置经常变动。这种策略适用于存储空间有限、货物种类多且体积较大的情况。随机存储的优点在于储位可共用，空间利用率高。然而，它可能导致出入库管理和盘点工作困难，以及周转率高的货物可能被存放在离出入口较远的位置，增加了搬运距离。

（2）指定存储　指定存储策略为每个货物或货物类别指定了固定的储位。这种策略的优点在于能够快速定位和检索货物，提高仓库的运作效率。同时，通过合理的储位规划，可以降低货物的损坏率和提高安全性。指定存储适用于对货物管理要求较高、需要快速响应客户需求的情况。例如，在电子产品零售商的仓库中，指定存储策略可以确保热销产品能够快速发货，提高客户满意度。

（3）基于级别存储　基于级别存储策略通过设置不同的存储级别或存储池来管理数据或货物。每个存储级别具有不同的存储介质、性能和成本特点。这种策略可以根据数据或货物的访问频率、重要性、价值等因素进行分类管理。例如，在云计算环境中，基于级别存储策略可以将频繁访问的数据存储在高性能的存储介质上，而将较少访问的数据存储在成本较低的存储介质上，以平衡存储成本和性能需求。

5.2.10　配送路径

物流配送时选择好的配送路径对于提高运输效率、降低成本以及保证货物及时到达起着至关重要的作用。确定最佳的运输路径可以显著减少运输距离和时间，这是提高运输效率的关键。通过合理规划，可以避免交通拥堵、烦琐的交叉路口和狭窄的道路，选择更短、更畅通的路线，从而提高货物的运输速度。合理的配送路径规划可以确保货物在更短的时间内到达目的地，减少在途时间，进而提升整体物流运作的效率。配送路径的优化可以在运输过程中节省燃料消耗和人力成本。通过选择较短的路线，减少行驶里程，从而降低燃料消耗和运输成本。避免不必要的绕行和低效运输方式可以节省人力资源和时间成本，这对于物流企业而言具有显著的经济效益。合理的配送路径规划可以确保货物按时送达目的地，提高客户满意度。通过避免交通拥堵、道路封闭等因素导致的延误，可以确保货物按时、完整地送达客户手中，提高客户信任度和忠诚度。及时送达是物流服务的核心要求之一，而确定合理的配送路径是实现这一要求的重要保障。通过配送路径的优化，可以更好地利用配送中心的车辆、人力等资源，提高资源利用效率。这有助于减少资源浪费，降低运营成本，提升物流企业的竞争力。确定合理的配送路径可以提高物流服务的可靠性和稳定性，减少因运输问题导致的客户投诉和退货现象。这有助于提升物流企业的服务质量和客户满意度，增强企业的市场竞争力。因此，在物流配送过程中，应该充分重视配送路径的规划工作，采用科学合理的方法来确定配送线路，以实现物流运作的最优化。以下介绍节约里程法应用于路径配送的过程。

节约里程法的基本思想是依次将运输问题中的两个回路合并为一个回路，对于任意两个客户点 i 和 j，如果它们分别由两辆车送货，则行驶的总距离为 $2(d_i+d_j)$，如果合并为一辆车送货，则行驶的总距离为 $d_i+d_j+d_{ij}$。节约的里程数为：$d=2(d_i+d_j)-(d_i+d_j+d_{ij})=d_i+d_j-d_{ij}$。这样做的目的是使合并后的总运输距离减小的幅度最大。通过不断合并回路，直至达到一辆车的装载限制，再进行下一辆车的优化。

节约里程法的基本步骤如下所述。

步骤 1：计算各点（如配送中心与用户、用户与用户）之间的距离，建立运输里程表。

步骤 2：使用节约里程公式计算合并回路的节约距离，即两点到中心的距离和减去两点间距离。

步骤 3：根据节约里程数的大小，结合载重量等约束条件，顺序连接各客户节点，形成最优的配送线路。

【例 5-6】 配送中心 Q 要向 10 个用户配送，配送距离和需用量已知（见图 5-8）。采用最大载重量 2t、4t 两种汽车，限定车辆一次运行距离 30km。用节约里程法选择最佳配送路线和车辆的调度。

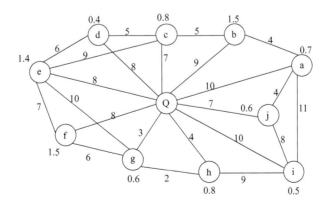

图 5-8　配送网络图

解：首先列出配送中心到用户及用户间的最短距离（表 5-3），然后计算节约里程（表 5-4），并按从大到小顺序排列（表 5-5）。

表5-3　任意两点最短距离

	Q	a	b	c	d	e	f	g	h	i	j
a	10	a									
b	9	4	b								
c	7	9	5	c							
d	8	14	10	5	d						
e	8	18	14	9	6	e					
f	8	18	17	15	13	7	f				
g	3	13	12	10	11	10	6	g			
h	4	14	13	11	12	12	8	2	h		
i	10	11	15	17	18	18	17	11	9	i	
j	7	4	8	13	15	15	15	10	11	8	j
		0.7	1.5	0.8	0.4	1.4	1.5	0.6	0.8	0.5	0.6

表5-4　节约里程表

	a	b	c	d	e	f	g	h	i	j
a	a									
b	15	b								
c	8	11	c							
d	4	7	10	d						
e	0	3	6	10	e					
f	0	0	0	3	9	f				
g	0	0	0	0	1	5	g			
h	0	0	0	0	0	4	5	h		
i	9	4	0	0	0	1	2	5	i	
j	13	8	1	0	0	0	0	0	9	j

表5-5　节约里程从大到小排序

用户连接	节约里程/km	用户连接	节约里程/km
a—b	15	f—g	5
a—i	13	g—h	5
b—c	11	h—i	5
c—d	10	a—d	4
d—e	10	b—i	4
a—i	9	f—h	4
e—f	9	b—e	3
i—j	9	d—f	3
a—c	8	g—i	2
b—j	8	c—j	1
b—d	7	e—g	1
c—e	6	f—i	1

根据约束与节约里程大小，顺序连接各客户节点，形成配送线路。从节约里程数最大的开始，检查是否满足载重量限制。如果满足，则合并这两个客户点；如果不满足，则选择下一个节约里程数。重复此过程，直到所有客户点都被分配到合适的路线中。首先选择节约里程数最大的 a 和 b 点，节约里程数为 15km 最大，a 点和 b 点的需求之和为 2.2t，可选择 4t 或 8t 的卡车，可以将它们合并到同一条配送路线上。接着，继续选择剩余节约里程数中最大的，同时确保不超过卡车的载重量和运输距离的限制。最终，能得到的配送路线是：Q—c—b—a—j—Q（载重 3.6t，距离 27km，选择 4t 汽车），Q—d—e—f—g—Q（载重 3.9t，距离 30km，选择 4t 汽车），Q—h—i—Q（载重 1.3t，距离 23km，选择 2t 汽车）。

通过应用节约里程法，成功地为配送中心制订了高效的配送路线，既满足了客户需求，又降低了运输成本。

5.3 存储模型

仓库存储模型是企业管理中用于优化库存管理的一系列策略和方法的总称。通过建立和运用库存模型，企业可以更有效地控制库存水平，减少资金占用，降低库存成本，同时确保生产和销售的连续性。以下是几种常见的存储模型介绍。

5.3.1 经济订购批量存储模型

经济订购批量存储模型有人也称为不允许缺货、生产时间很短存储模型，这是一种最基本的确定性的存储模型。在这种模型里，它的需求率即单位时间从存储中取走物资的数量是常量或近似于常量；当存储降为零时，可以立即得到补充并且所要补充的数量全部同时到位（包括生产时间很短的情况，我们可以把生产时间近似地看成零）。这种模型不允许缺货，并要求单位存储费（记为 c_1）、每次订购费（记为 c_3）、每次订货量（记为 Q）都是常量，分别为一些确定的、不变的数值，下面举例说明经济订购批量存储模型及其解法。

【例 5-7】 益民食品批发部是个中型的批发公司，它为附近 200 多家食品零售店提供货源，批发部的负责人为了减少存储的成本，他选择了某种品牌的方便面进行调查研究，制订正确的存储策略。首先他把过去 12 周的这种品牌方便面的需求数据进行了处理。

从表 5-6 可见，以往 12 周里每周的需求量并不是一个常量，即使以往 12 周里每周需求量是一个常量，那么在以后的时间里需求也会出现一些变动的，但是由于其方差相对来说很小，我们可以近似地把它看成一个常量，即需求量为每周 3000 箱，所以这样的处理是合理的和必要的。

表 5-6　益民食品批发部需求

周	需求/箱	周	需求/箱
1	3000	8	3000
2	3080	9	2980
3	2960	10	3030
4	2950	11	3000
5	2990	12	2990
6	3000	总计	36000
7	3020	平均每周	3000

接着批发部负责人计算这种方便面的存储费，显然存储费由每单位商品的存储费以及存储的数量（箱数）所决定。每箱的存储费用由两部分组成，第一部分是用于购买一箱方便面所占用资金的利息，如果资金是从银行贷款来的，则贷款利息就是第一部分的成本；如果资金是自有的，则由于存储方便面而不能把资金用于其他的投资，我们把此资金的利息称为机会成本，第一部分的成本也应该等于同期的银行贷款利息。批发部的负责人知道每箱方便面的进价为 30 元，而当时的银行贷款年利息为 12%，则每箱方便面储存一年要支付利息款为 3.6 元。每箱存储费中的第二部分是由储存仓库的费用、保险费用、损耗费用、管理费用等构成，经计算每箱方便面储存一年要支付费用 2.4 元，这个费用占方便面进价 30 元的 8%，把这两部分相加，可知每箱方便面存储一年的存储费为 6 元，即 $c_1 = 6$ 元/年·箱，占每箱方便面进价 30 元的 20%。

批发部负责人也分析计算了订货费，订货费是指订一次货所支付的手续费、电话费、交通费、采购人员的劳务费等，订货费与所订货的数量无关，批发部负责人算得采购人员每订一次货，批发部要支付其劳务费 12 元，要支付手续费、电话费、交通费等约 13 元，即合计每次订货费 c_3 为 25 元/次。

批发部负责人取得关于需求、订货费、储存费一些数据之后，开始考虑每次订货量 Q 应该等于多少时才能使得总的费用为最少呢？如果一次订货量 Q 太小，批发部里的方便面的储存量会减少，总的储存费也相应减少，但为了满足需要，就要增加订货次数必然增加订货费，相反如果一次订货量太大，则订货次数会减少，总的订货费会减少，但储存量会增加，总的存储费也就增加了，如何找到最合适的订货量 Q 呢？

假如每次的订货量为 Q，我们知道最大的存储量就为 Q，然后随着方便面不断地售出直到售完，这时的存储量最小等于零，再购进 Q 箱方便面，存储量又达到最大为 Q……又因为需求率是个常量，每周需求为 3000 箱或者一周按 7 个工作日计，每日需求为 429 箱，批发部里均匀地减少存储量，正如图 5-9 所示。

在图 5-9 中横轴表示时间，纵轴表示存储量，图中显示了在 $0 \sim T$ 的时间里存储量 Q 降至零的情况，其中 T_n 为第 n 次补充的时间。由于需求率（减少率）为常量。故图中的 $Q\text{-}T$ 呈直线状。这样很容易知道，在 $0 \sim T$ 的时间里，平均存储量为 $Q/2$，同样可知从 $0 \sim T_n$ 的时间里的平均存储量也为 $Q/2$，其中 n 为任意正整数。

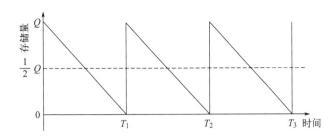

图 5-9　经济订购批量模型

知道了平均存储量和单位存储费用，就可以求出一段时间内例如每周、每月、每年的存储费，由于很多工商企业习惯用年作为计算的时间单位，得到如下公式：

$$年存储费 = \frac{Q}{2}c_1 \tag{5-10}$$

在本例中，要求出每年的订货费除了要知道每次的订货费 c_3 以外，还要求出每年的订货次数。设每年的总需求量为 D，则每年的订货次数即为 D/Q，这样得到一年的订货费用公式：

$$年订货费 = c_3 \times \frac{D}{Q} = \frac{D}{Q}c_3 \tag{5-11}$$

在本例中因为 $c_3 = 25$，$D = 3000 \times 52$，故有：

$$一年的订货费 = \frac{3000 \times 52}{Q} \times 25$$

一年总的费用（记为 TC）的公式如下表示：

$$TC = \frac{1}{2}Qc_1 + \frac{D}{Q}c_3 \tag{5-12}$$

在本例中一年的总费用

$$TC = \frac{1}{2}Qc_1 + 3000 \times \frac{52 \times 25}{Q} = 3Q + \frac{3900000}{Q}$$

找到了一年总的费用的公式之后，下一步的工作就是要找出使得一年总费用最小的订货量 Q。每单位商品每年的存储费 c_1，每次订货费 c_3 以及每年的总的需求 D 都是已知的常量，Q 是未知数，而 TC 是 Q 的函数，利用微积分的知识知道，当 $\mathrm{d}(TC)/\mathrm{d}(Q) = 0$ 时，TC 取最小值时为最优订货量，记为 Q^*。

$$\frac{\mathrm{d}(TC)}{\mathrm{d}(Q)} = \frac{1}{2}c_1 + (-1)\frac{D}{Q^2}c_3 = 0$$

$$Q^* = \sqrt{\frac{2Dc_3}{c_1}} \tag{5-13}$$

公式 (5-13) 就是求得一年总的费用最小的最优订货量 Q^* 的公式，称之为经济订货批量公式。将最优订货量 Q^* 代入公式 (5-12) 得到 TC 公式：

$$TC = \sqrt{2Dc_1c_3} \tag{5-14}$$

这也是最优订货量 Q^* 的一个特征。明确地说，在经济订货批量的模型中，能使得一年存储费与一年订货费相等的订货量 Q 也就是最优订货量 Q^*。用式(5-13) 经济订货批量公式，求得本例中的最优订货量

$$Q^* = \sqrt{\frac{2Dc_3}{c_1}} = \sqrt{\frac{2 \times (3000 \times 52) \times 25}{6}} \approx 1140.18(箱)$$

这时批发部一年的存储费与一年的订货量相等，都为

$$\sqrt{\frac{Dc_3c_1}{2}} = \sqrt{\frac{2 \times 3000 \times 52 \times 25}{2}} \approx 3420.53(箱)$$

批发部一年的存储费、一年的订货费、一年总的费用以及最优订货量 Q^* 之间的关系如图 5-10 所示。

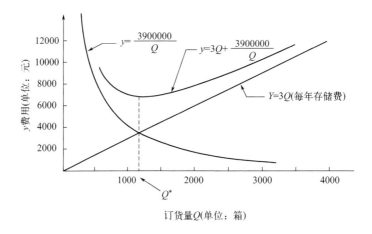

图 5-10　费用与订货量关系

批发部负责人知道了最优订货量 $Q^* = 1140.18$ 箱之后，很容易求出两次补充方便面所间隔的时间 T_0。

$$T_0 = \frac{365}{\dfrac{D}{Q^*}}(天) \qquad\qquad (5-15)$$

公式(5-15) 的分母表示要订货的次数。用一年的总工作日数 365 除以每年订货的次数，即求得两次订货间隔的时间。如果一年的总工作日为 250 天，则分子应改为 250。在本例中可求得：$T_0 = 365/[(3000 \times 52)/1140.8] = 2.67$(天)。即每 2.67 天订一次货，每次订货量为 1140.18 箱，这时一年总的费用为最少。一年总的费用：

$$TC = \frac{1}{2}Qc_1 + \frac{D}{Q}c_3 = 3Q + \frac{3900000}{Q} = 3 \times 1140.18 + \frac{3900000}{1140.18} = 6841.05(元)$$

批发部负责人在得到了最优存储策略之后，他开始考虑这样一个问题：这个最优存储策略是在每次订货费为 25 元，每年单位存储费 6 元，或占每箱方便面成本价格 30 元的20%（称之为存储率）的情况下求得的。一旦每次订货费或存储率预测有误差，那么最优

存储策略会有多大的变化呢？这就是灵敏度分析，计算当存储率和订货费发生一些变动时，最优订货量及其最小的一年总费用以及取订货量为1140.18箱时相应的一年的总费用，如表5-7所示。

表 5-7　灵敏度分析

可能的存储率	可能的每次订货费/元	最优订货量(Q)	一年总的费用/元	
			当订货量为 Q	当订货量 $Q=1140.18$
19%	23	1122.03	6395	6396.38
19%	27	1215.69	6929.2	6943.67
21%	23	1067.26	6723.75	6738.427
21%	27	1156.35	7285.00	7285.717

从表5-7中可以看到当存储率和每次订货费起了一些变化时，最优订货量在1067.26～1215.69箱之间变化，最少的一年总费用在6395～7285元之间变化。取订货量为1140.18是一个稳定的很好的存储策略。即使当存储率和每次订货费发生一些变化时，取订货量为1140.18的一年总费用与取最优订货量为Q^*的一年总费用也相差无几。在相差最大的情况中，存储率为21%，每次订货费为23元，最优订货量$Q=1067.26$箱；最少一年的总费用为6723.75元。而取订货量为1140.18箱的一年总费用为6738.427元，也仅比最少的一年总费用多支出 $6738.427-6723.75\approx15$(元)。

从以上的分析，可以得到经济订货批量模型的一个特性：一般来说，对于存储率和每次订货费的一些小的变化或者成本预测中的一些小错误，最优方案比较稳定。

益民批发部负责人在得到了经济订货批量模型的最优方案之后，根据批发部的具体情况进行了一些修改。在经济订货模型中，最优订货量为1140.18箱，两次补充方便面所间隔时间为2.67天，2.67天这显然不符合批发部的工作习惯，负责人决定把订货量扩大为1282箱，以满足方便面的3天需求：$3\times(3000\times52)/365=1282$(箱)，这样把两次补充方便面所间隔的时间改变为3天。经济订货批量模型是基于需求率为常量这个假设，而现实中需求率是有一些变化的。为了防止有时每周的需求超过3000箱的情况，批发部负责人决定每天多存储200箱方便面以防万一，这样批发部第一次订货量为$1282+200=1482$（箱），以后每隔3天补充1282箱。由于方便面厂要求批发部提前一天订货才能保证厂家按时把方便面送到批发部，也就是说当批发部只剩下一天的需求量427箱时（不包括以防万一的200箱）就应该向厂家订货以保证第二天能及时得到货物，把这427箱称为再订货点。如果需要提前两天订货，则再订货点为：$427\times2=854$(箱)。

这样益民批发部在这种方便面的一年总的费用为：

$$TC = \frac{1}{2}Qc_1 + \frac{D}{Q}c_3 + 200c_1 = 0.5\times1282\times6 + \frac{156000}{1282}\times25 + 200\times6$$

$$= 3846 + 3042.12 + 1200 = 8088.12(\text{元})$$

5.3.2　经济生产批量模型

经济生产批量模型也称为不允许缺货、生产需要一定时间模型。这也是一种确定型的存储模型。这种存储模型与经济订货批量模型一样，它的需求率 d，单位存储费 c_1，每次生产准备费 c_3，以及每次生产量 Q 都是常量，也不允许缺货，到存储量为零时，可以立即得到补充。所不同的是经济订货批量模型全部订货同时到位，而经济生产批量模型当存储量为零时开始生产，单位时间的产量即生产率 p 也是常量，生产的产品一部分满足当时的需求，剩余部分作为存储，存储量是以（$p-d$）的速度增加。当生产了 t 单位时间之后，存储量达到最大为（$p-d$）t 就停止生产以存储量来满足需求，当存储量降至零时再开始生产，又开始新的一个周期。经济生产批量库存模型如图 5-11 所示，另外在经济生产批量模型中，它的一年的总费用由一年的存储费与一年的生产准备费所构成。

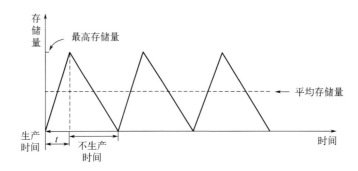

图 5-11　经济生产批量库存模型

从上述可知最高存储量为（$p-d$）t，另一方面，如果设在 t 时间内总共生产 Q 件产品，由于生产率是常量 p，就有 $pt=Q$，于是 t 表示为：

$$t = \frac{Q}{p} \tag{5-16}$$

把最高存储量表示为：

$$(p-d)t = (p-d)\frac{Q}{p} = \left(1-\frac{d}{p}\right)Q \tag{5-17}$$

同样平均存储量为最高存储量的一半，可以表示为：

$$\frac{1}{2}(p-d)t = \frac{1}{2}(p-d)\frac{Q}{p} = \frac{1}{2}\left(1-\frac{d}{p}\right)Q \tag{5-18}$$

一年的存储费为平均存储水平与一年的每单位产品的存储费的乘积，即为：

$$年平均存储费 = \frac{1}{2}(p-d)Qc_1 \tag{5-19}$$

同上节一样，设 D 为产品每年的需求量，则可知一年的生产准备费用为每年生产的次数与每次准备费的乘积，即为：

$$一年的生产准备费用 = \frac{D}{Q}c_3 \tag{5-20}$$

这样，可知全年的总费用 TC 为：

$$TC = \frac{1}{2}(p-d)Qc_1 + \frac{D}{Q}c_3 \qquad (5\text{-}21)$$

在上式中除了 Q 以外，c_1，c_3，D，d，p 都是常量，TC 是未知数 Q 的一元函数，当 $\mathrm{d}(TC)/\mathrm{d}Q = 0$ 时，TC 取最小值：

$$\frac{\mathrm{d}(TC)}{\mathrm{d}Q} = \frac{1}{2}\left(1 - \frac{d}{p}\right)c_1 - \frac{Dc_3}{Q^2} = 0$$

$$Q = \sqrt{\frac{2Dc_3}{\left(1 - \dfrac{d}{p}\right)c_1}} \qquad (5\text{-}22)$$

把生产量为 Q^* 时代入公式(5-21)得到总费用：

$$TC = \sqrt{2Dc_3\left(1 - \frac{d}{p}\right)c_1} \qquad (5\text{-}23)$$

这时每个周期（是指从开始生产到停止生产到存储量为零的整个时间）所需时间应为每年的工作日数除以每年生产次数所得的商。

【例 5-8】 有一个生产和销售图书馆设备的公司，经营一种图书馆专用书架，基于以往的销售记录和今后市场的预测，估计今年一年的需求量为 4900 个，由于占有资金的利息和存储库房以及其他人力、物力的费用，存储一个书架一年要花费 1000 元，这种书架是该公司自己生产的，每年的生产能力为 9800 个，而组织一次生产要花费设备调试等生产准备费 500 元，该公司为了把成本降到最低，应如何组织生产呢？要求求出最优每次的生产量 Q^*，相应的周期，最少的每年的总费用，每年的生产次数。

解：从题中可知 $D = 4900$ 个/年，每年的需求率 $d = D = 4900$ 个/年，每年的生产率 $p = 9800$ 个/年，$c_1 = 1000$ 元/（个·年），$c_3 = 500$ 元/次，即可求得最优每次生产量：

$$Q = \sqrt{\frac{2Dc_3}{\left(1 - \dfrac{d}{p}\right)c_1}} = \sqrt{\frac{2 \times 4900 \times 500}{\left(1 - \dfrac{4900}{9800}\right) \times 1000}} = \sqrt{\frac{4900}{\dfrac{1}{2}}} = \sqrt{9800} \approx 99(\text{个})$$

每年的生产次数为

$$\frac{D}{Q} = \frac{4900}{99} = 49.5 \approx 50$$

如果每年的工作日计 250 天，则相应的周期为

$$\frac{250}{50} = 5(\text{天})$$

一年最少的总费用：

$$TC = \frac{1}{2}\left(1 - \frac{d}{p}\right)Qc_1 + \frac{D}{Q}c_3 = \frac{1}{2} \times \left(1 - \frac{4900}{9800}\right) \times 99 \times 1000 + 50 \times 500 = 49750(\text{元})$$

5.3.3 允许缺货的经济订货批量模型

所谓允许缺货是指企业可以在存储降至零后，还可以再等一段时间然后补货，当顾客

遇到缺货时不受损失，或损失很小并假设顾客会耐心等待直到新补充到来。当新的补充一到，企业立即将货物交付给这些顾客，如果允许缺货，对企业来说除了支付少量的缺货费外也无其他的损失，这样企业可以利用"允许缺货"这个宽松条件，少付几次订货的固定费用，少付一些存储费，从经济观点出发这样的允许缺货现象是对企业有利的。

允许缺货的经济订货批量模型的假设条件除了允许缺货外，其余条件皆与经济订货批量模型相同，在本节中所出现的符号 c_1，c_3，D，d，Q 都与上文相同，设 c_2 为缺少一个单位的货物一年所支付的单位缺货费。

允许缺货的经济订货批量模型的存储量与时间的关系、最高存储量、最大缺货量 S 如图 5-12 所示。

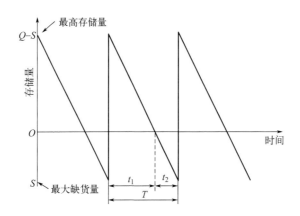

图 5-12　允许缺货的经济订货批量模型

在图 5-12 中，设总的周期时间（是指两次订货的间隔时间）为 T，其中 t_1 表示在 T 中不缺货的时间，t_2 表示在 T 中缺货的时间。设 S 为最大缺货量，这时可知最高存储量为每次订货量 Q 与最大缺货量 S 的差，即为 $Q-S$，因为每次得到订货量 Q 之后就立即支付给顾客最大缺货量 S。

从图 5-12 中可知，在不缺货时期内平均的存储量为 $(Q-S)/2$，而在缺货时期内存储量都为 0，这样我们可以计算出平均存储量，其值等于一个周期的平均存储量：

平均存储量＝周期总存储量/周期时间＝（周期内不缺货时总的存储量＋同期内缺货时总的存储量）/周期时间

$$平均存储量=\frac{\frac{1}{2}(Q-S)t_1+0\times t_2}{t_1+t_2}=\frac{\frac{1}{2}(Q-S)t_1}{T} \tag{5-24}$$

因为最大存储量为 $Q-S$，每一天的需求为 d，则可求出周期中不缺货的时间 t_1：

$$t_1=\frac{Q-S}{d} \tag{5-25}$$

又因为每次订货量为 Q，可满足 T 时间的需求即有：

$$T=\frac{Q}{d} \tag{5-26}$$

把式(5-25)、式(5-26) 代入式(5-24)，我们得到 Q、S 表示的平均存储量的公式：

$$平均存储量 = \frac{\frac{1}{2}(Q-S) \times \frac{(Q-S)}{d}}{\frac{Q}{d}} = \frac{(Q-S)^2}{2Q} \tag{5-27}$$

像计算平均存储量那样计算出平均缺货量，平均缺货量等于周期 T 内的平均缺货量，从图 5-12 可知在 t_1 时间内不缺货，平均缺货量为零，而在 t_2 时间内，平均缺货量为 $S/2$，即得：

$$平均缺货量 = \frac{0 \times t_1 + \frac{1}{2}S \times t_2}{T} = \frac{S \times t_2}{2T} \tag{5-28}$$

因为最大缺货量为 S，每天需求为 d，则可求出周期中缺货时间 t_2：

$$t_2 = \frac{S}{d} \tag{5-29}$$

把式(5-26) 和式(5-29) 代入式(5-28) 得到用 Q 和 S 表示的平均缺货量公式：

$$平均缺货量 = \frac{S \times \frac{S}{d}}{2\frac{Q}{D}} = \frac{S^2}{2Q} \tag{5-30}$$

在允许缺货的情况下，一年总的费用是由一年的存储费、一年的订货费以及一年因缺货而支付的缺货费三个部分组成，则一年总的费用为：

$$TC = \frac{(Q-S)^2}{2Q}c_1 + \frac{D}{Q}c_3 + \frac{S_2}{2Q}c_2 \tag{5-31}$$

在式(5-31) 中，已知 c_1，c_2，c_3，D 为常量，故 TC 是 Q 和 S 这两个未知数的二元函数，利用微积分的知识知道当 $\frac{\partial(TC)}{\partial Q} = 0$，$\frac{\partial(TC)}{\partial S} = 0$ 时，TC 取最小值，即有：

$$\frac{\partial(TC)}{\partial Q} = \frac{2(Q-S) \times 2Q - 2(Q-S)^2}{4Q^2}c_1 - \frac{D}{Q}c_3 - \frac{S^2}{2Q^2}c_2 = \frac{c_1 Q^2 - (c_1 + c_2)S^2 - 2Dc_3}{2Q^2} = 0 \tag{5-32}$$

$$\frac{\partial(TC)}{\partial S} = \frac{-2(Q-S)}{2Q}c_1 + \frac{2Sc_2}{2Q} = \frac{1}{Q}[c_2 S - c_1(Q-S)] = \frac{1}{Q}[(c_1 + c_2)S - c_1 Q] = 0 \tag{5-33}$$

从式(5-33) 得到

$$S = \frac{Qc_1}{c_1 + c_2} \tag{5-34}$$

把公式(5-34) 代入式(5-32) 得

$$Q = \sqrt{\frac{2Dc_3(c_1 + c_2)}{c_1 c_2}} \tag{5-35}$$

把式(5-35) 代入式(5-34) 得

$$S = \frac{c_1}{c_1 + c_2}\sqrt{\frac{2Dc_3(c_1 + c_2)}{c_1 c_2}} = \sqrt{\frac{2Dc_3 c_1}{(c_1 + c_1)c_2}} \qquad (5\text{-}36)$$

式(5-35) 和式(5-36) 就是求出使得一年总费用最少的最优订货量 Q 和相应最大缺货量 S 的公式。再由式(5-26)、式(5-25) 和式(5-29) 可求出相应的周期 T，以及 T 中的不缺货的时间 t_1 和缺货时间 t_2。

【例 5-9】 假如在【例 5-8】中的图书馆设备公司只销售书架而不生产书架，其所销售的书架是靠订货来提供的，所订的书架厂家能及时提供。该公司的一年的需求量仍为 4900 个，存储一个书架一年的花费为 1000 元，每次的订货费是 500 元，每年工作日为 250 天。

(1) 当不允许缺货时，求出使一年总费用最低的最优订货量 Q_1 及其相应的周期，每年的订购次数和一年总费用。

(2) 当允许缺货时，设一个书架缺货一年的缺货费为 2000 元，求出使一年总费用最低的最优订货量 Q_2，相应的最大缺货量 S 及其相应的周期 T，周期中不缺货的时间 t_1，缺货的时间 t_2，每年订购次数和一年的总费用。

解：(1) 不允许缺货经济订货批量模型求解此题，已知 $D = 4900$ 个/年，$c_2 = 1000$ 元/(个·年)，$c_3 = 500$ 元/次，求得最优订货量：

$$Q_1 = \sqrt{\frac{2Dc_3}{c_1}} = \sqrt{\frac{2 \times 4900 \times 500}{1000}} = 70(\text{个})$$

求得周期所需时间 T：

$$T = \frac{250}{D/Q_1} = \frac{2250}{4900/70} = \frac{250}{70} = 3.57(\text{天})$$

同样求得每年订货次数为：

$$\frac{D}{Q_1} = \frac{4900}{70} = 70(\text{次})$$

一年总的费用：

$$TC = \frac{1}{2}Q_1 c_1 + \frac{D}{Q_1}c_3 = \frac{1}{2} \times 70 \times 1000 + \frac{4900}{70} \times 500 = 70000(\text{元})$$

(2) 用允许缺货的经济订货批量模型来求解。同样有 $D = 4900$ 个/年，$c_1 = 1000$ 元/(个·年)，$c_3 = 500$ 元/次，$c_2 = 2000$ 元/(个·年)，用公式(5-35) 求得最优订货批量：

$$Q_2 = \sqrt{\frac{2Dc_3(c_1 + c_2)}{c_1 c_2}} = \sqrt{\frac{2 \times 4900 \times 500 \times (1000 + 2000)}{1000 \times 2000}} = 85(\text{个})$$

用公式(5-36) 求得相应的最大缺货量：

$$S = \frac{c_1}{c_1 + c_2}Q_2 = \frac{1000}{3000} \times 85 \approx 28(\text{个})$$

用公式(5-26)，可求得周期所需时间 T：

$$T = \frac{Q_2}{d} = \frac{85}{4900/250} \approx 4.34(\text{天})$$

用公式(5-29) 可求得周期中缺货时间 t_2：

$$t_2 = \frac{S}{d} = \frac{28}{19.6} = 1.43(\text{天})$$

在周期中不缺货的时间为：

$$t_1 = T - t_2 = 4.34 - 1.43 = 2.91(\text{天})$$

每年订购次数为：

$$\frac{4900}{85} \approx 57.6(\text{次})$$

用公式（5-31）求出最少的一年的总费用 TC：

$$TC = \frac{(Q_2 - S)^2}{2Q_2}c_1 + \frac{D}{Q_2}c_3 + \frac{S^2}{2Q_2}c_2 = \frac{(85-28)^2}{2 \times 85} \times 1000 + \frac{4900}{85} \times 500 + \frac{28^2}{2 \times 85} \times 2000$$

$$= 57158.82(\text{元})$$

从（1）和（2）两种情况比较可以看出允许缺货一般比不允许缺货有更大的选择余地，一年的总费用也可以有所降低。但如果缺货费太大，尽管允许缺货，管理者也会避免出现缺货的情况，这时允许缺货也就变成了不允许缺货的情况了。

5.3.4 允许缺货的经济生产批量模型

此模型与经济生产批量模型相比，放宽了假设条件；与允许缺货的经济订货批量模型相比，相差的只是补充是靠生产而不是订货。开始生产时，一部分产品满足当时需要，剩余产品作为存储，生产停止时，靠存储量来满足需求。

允许缺货的经济生产批量模型的存储量与时间的关系，最大存储量，最大缺货量 S 如图 5-13 所示。

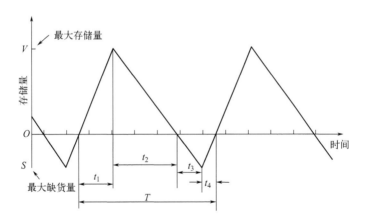

图 5-13　允许缺货的经济生产批量模型

在图 5-13 中，t_1 为在周期 T 中存储量增加的时期，t_2 为在周期 T 中存储量减少的时期，t_3 为在周期 T 中缺货量增加的时期，t_4 为在周期 T 中缺货量减少的时期，显然有周期 $T = t_1 + t_2 + t_3 + t_4$，其中 $t_1 + t_2$ 为不缺货时期，$t_3 + t_4$ 为缺货期。图 5-13 中的 V 表示最大存储量，S 表示最大缺货量。

由于在 t_1 期间每天的存储量为 $p-d$，这里 p 为每天的生产量（生产率），d 为每天的需要量（需求率），可知最大存储量 $V = (p-d)t_1$，即得到：

$$t_1 = \frac{V}{p-d} \tag{5-37}$$

同样在 t_2 期间每天的需要量仍为 d，开始时有库存量 V，这时不生产，则有：

$$t_2 = \frac{V}{d} \tag{5-38}$$

在 t_3 期间，开始时没有库存量，每天需求量仍为 d，直到缺货量为 S，则有：

$$t_3 = \frac{S}{d} \tag{5-39}$$

在 t_4 期间，每天除了满足当天的需求外，还有 $p-d$ 的产品可用于减少缺货，则有：

$$t_4 = \frac{s}{p-d} \tag{5-40}$$

从图 5-13 中可知，在 t_4 和 t_1 中边生产边销售，设在同期 T 中总生产量为 Q，其中总生产量 Q 的 d/p 满足了当时的需求，而剩下的部分 Q 的 $(1-d/p)$ 用于偿还缺货 S 和存储 V，即有：

$$V + S = Q\left(1 - \frac{p}{d}\right) \tag{5-41}$$

即得最高存储量的表达式：

$$V = Q\left(1 - \frac{p}{d}\right) - S \tag{5-42}$$

从图 5-13 中可知，在不缺货期间即在 t_1 和 t_2 期间内的平均存储量为：

$$平均存储量 = \frac{1}{2}V = \frac{1}{2}\left[Q\left(1 - \frac{p}{d}\right) - S\right] \tag{5-43}$$

而在缺货期内存储量都为零，这样可以计算出平均存储量，其值等于一个周期的平均存储量，即周期内不缺货时的总存储量与周期内缺货时的总存储量之和除以周期时间：

$$平均存储量 = \frac{\frac{1}{2}\left[Q\left(1 - \frac{p}{d}\right) - S\right](t_1+t_2) + 0 \times (t_3+t_4)}{t_1+t_2+t_3+t_4} = \frac{\frac{1}{2}\left[Q\left(1 - \frac{p}{d}\right) - S\right](t_1+t_2)}{t_1+t_2+t_3+t_4} \tag{5-44}$$

把式（5-37）～式（5-40）代入式（5-44），整理得：

$$平均存储量 = \frac{\left[Q\left(1 - \frac{p}{d}\right) - S\right]^2}{2Q\left(1 - \frac{p}{d}\right)} \tag{5-45}$$

同样，在 t_3 和 t_4 期间平均缺货量为 $0.5S$，在 t_1 和 t_2 期间缺货量都为零，可求得：

$$平均缺货量 = \frac{0 \times (t_1+t_2) + \frac{1}{2}S(t_3+t_4)}{t_1+t_2+t_3+t_4} \tag{5-46}$$

把式（5-37）～式（5-40）代入式（5-46），整理得：

$$平均缺货量 = \frac{S^2}{2Q\left(1 - \frac{p}{d}\right)} \tag{5-47}$$

将式(5-45) 和式(5-47) 代入年总费用 TC，$TC =$（平均存储量）$\times c_1 +$（一年的生产次数）$\times c_3 +$（平均缺货量）$\times c_2$，式中的 c_1、c_2、c_3 分别表示每单位商品存储一年的费用、每单位商品缺货一年所支付的缺货费和订货一次所支付的订货费。一年的生产次数为每年的需求量 D 与每次生产量 Q 的比值，得到公式(5-48)。

$$TC = \frac{\left[Q\left(1 - \frac{p}{d}\right) - S\right]^2 c_1}{2Q\left(1 - \frac{d}{p}\right)} + \frac{Dc_3}{Q} + \frac{S^2 c_2}{2Q\left(1 - \frac{d}{p}\right)} \tag{5-48}$$

在式(5-48) 中，c_1，c_2，c_3，d，p 都为常量，TC 是 Q 和 S 的函数，当 $\frac{\partial(TC)}{\partial S} = 0$，$\frac{\partial(TC)}{\partial Q} = 0$ 时，一年总费用 TC 的值最小。这样就可求得使一年总费用 TC 最小的最优生产量 Q 和最优缺货量 S：

$$Q = \sqrt{\frac{2Dc_3(c_1 + c_2)}{c_1 c_2 \left(1 - \frac{d}{p}\right)}} \tag{5-49}$$

$$S = \sqrt{\frac{2Dc_1 c_3 \left(1 - \frac{d}{p}\right)}{c_2(c_1 + c_2)}} \tag{5-50}$$

$$TC = \sqrt{\frac{2Dc_1 c_3 c_2 \left(1 - \frac{d}{p}\right)}{(c_1 + c_2)}} \tag{5-51}$$

【例 5-10】 假如【例 5-8】中的生产与销售图书馆专用书架的图书馆设备公司在允许缺货的情况下，其总费用最少的最优经济生产批量 Q 和最优缺货量 S 应为何值，这时一年的最少总费用应该是多少？在本例中，每年的书架需求量 D 仍为 4900 个，每年生产能力 p 仍为 9800 个，每次生产准备费 c_3 为 500 元，书架存储一年的费用 $c_1 = 1000$ 元，一个书架缺货一年的缺货费为 2000 元。

解： 已知 $D = 4900$ 个/年，每年需求率 $d = D = 4900$ 个/年，每年生产率 $p = 9800$ 个/年，$c_1 = 1000$ 元/（个·年），$c_2 = 2000$ 元/（个·年），$c_3 = 500$ 元/次，从公式(5-49)得最优每次生产批量 Q：

$$Q = \sqrt{\frac{2Dc_3(c_1 + c_2)}{c_1 c_2 \left(1 - \frac{d}{p}\right)}} = \sqrt{\frac{2 \times 4900 \times 500 \times (1000 + 2000)}{1000 \times 2000 \times \left(1 - \frac{4900}{9800}\right)}} \approx 121（个）$$

最优缺货量：

$$S = \frac{c_1 \left(1 - \frac{d}{p}\right)}{c_1 + c_2} Q = \frac{1000 \times \left(1 - \frac{4900}{9800}\right)}{1000 + 2000} \times 121.24 \approx 20（个）$$

这时一年的最少的总费用：

$$TC = \sqrt{\frac{2Dc_1 c_3 c_2 \left(1 - \dfrac{d}{p}\right)}{c_1 + c_2}} = \sqrt{\frac{2 \times 4900 \times 1000 \times 500 \times 2000 \times \left(1 - \dfrac{4900}{9800}\right)}{1000 + 2000}} = 40414.52 (\text{元})$$

其中一年的生产准备费为：

$$\frac{Dc_3}{Q} = \frac{4900 \times 500}{121} = 20247.93 (\text{元})$$

其中一年的存储费为：

$$\frac{\left[Q^* \left(1 - \dfrac{d}{p}\right) - S^*\right]^2 c_1}{2Q^* \left(1 - \dfrac{d}{p}\right)} = \frac{\left[121 \times \left(1 - \dfrac{4900}{9800}\right) - 20\right]^2 \times 1000}{2 \times 121 \times \left(1 - \dfrac{4900}{9800}\right)} = 13555.78 (\text{元})$$

一年的缺货费为：

$$\frac{S^2 c_2}{2Q\left(1 - \dfrac{d}{p}\right)} = \frac{20^2 \times 2000}{2 \times 121 \times \dfrac{1}{2}} = 6611.57 (\text{元})$$

同样也可知道周期，在这里我们假设一年的工作日数为 365 天：

$$T = \frac{-\text{年工作数}}{D/Q} = \frac{365}{4900/121} = \frac{365}{40.50} \approx 9 (\text{天})$$

我们把【例 5-10】与【例 5-8】加以比较，可知同样的一个经济生产批量的问题，允许缺货一般比不允许缺货在一年的总的费用上可以少花一些。

5.3.5　经济订货批量折扣模型

所谓的经济订货批量折扣模型是经济订货批量模型的一种发展，在经济订货批量模型中商品的价格是固定的，而在这一节的经济订货批量折扣模型中商品的价格是随订货的数量的变化而变化的。一般情况下购买的数量越多，商品单价就越低，人们经常看到的所谓的零售价、批发价和出厂价，就是根据商品的不同数量而定的不同的商品单价。由于不同的订货量，商品的单价不同，所以在决定最优订货批量时，不仅要考虑到一年的存储费和一年的订货费，而且还要考虑一年的订购商品的货款，要使得它们的总金额最少。为此在这一节里定义一年的总费用是由以上三项所构成，即有

$$TC = \frac{1}{2}Qc_1 + \frac{D}{Q}c_3 + Dc \tag{5-52}$$

式中，c 为当订货量为 Q 时商品单价。

【例 5-11】　图书馆设备公司准备从生产厂家购进阅览桌用于销售，每个阅览桌的价格为 500 元，每个阅览桌的存储一年的费用为阅览桌价格的 20%，每次的订货费为 200 元，该公司预测这种阅览桌的每年的需求为 300 个。生产厂商为了促进销售规定：如果一次订购量达到或超过 50 个，每个阅览桌将打九六折，每个售价为 480 元；如果一次订购量达到或超过 100 个，每个阅览桌将打九五折，每个售价为 475 元。请决定为使其一年总费用

最少的最优订货批量 Q，并求出这时一年的总费用为多少？

解：已知 $D=300$ 个/年，$c_3=200$ 元/次，当一次订货量小于 50 个时，每个阅览桌价格 $c'=500$ 元，这时存储费 $c_1=500\times20\%=100$ ［元/(个·年)］；当一次订货量大于等于 50 个，且小于 100 个时，每个阅览桌价格 $c''=480$ 元，这时存储费 $c_1=480\times20\%=96$ ［元/(个·年)］；当一次订货量大于等于 100 个时，每个阅览桌价格 $c'''=475$ 元，这时存储费 $c_1=475\times20\%=95$ ［元/(个·年)］。可以求得这三种情况的最优订货量如下：

当订货量小于 50 个时，有

$$Q_1=\sqrt{\frac{2Dc_3}{c_1}}=\sqrt{\frac{2\times300\times200}{100}}=34.65\approx35(\text{个})$$

当订货量大于等于 50 小于 100 时，有

$$Q_2=\sqrt{\frac{2Dc_3}{c_1}}=\sqrt{\frac{2\times300\times200}{96}}=35.35\approx35(\text{个})$$

当订货量大于等于 100 时，有

$$Q_3=\sqrt{\frac{2Dc_3}{c_1}}=\sqrt{\frac{2\times300\times200}{95}}=35.54\approx36(\text{个})$$

在以上第二种情况里，我们用订货量大于等于 50 且小于 100 时的阅览桌价格 480 元/个，计算出的最优订货批量 Q_2 却小于 50，仅为 35，为了得到阅览桌的 480 元/个的折扣价格，又使得实际订货批量最接近计算所得的最优订货批量，调整其最优订货批量的值，得：

$$Q_2=50(\text{个})$$

同样，调整第三种情况最优订货批量 Q_3 的值，得：

$$Q_3=100(\text{个})$$

用公式（5-13）可求得当 $Q_1=35$，$Q_2=50$，$Q_3=100$ 时的每年的总费用如表 5-8 所示。

表 5-8　经济订购批量折扣表

折扣等级	阅览桌单价	最优订货批量 Q	每年费用/元			
			存储费	订货费	购货费	总费用
1	500	35	$\frac{1}{2}\times35\times100=1750$	$\frac{300}{35}\times200=1741$	$300\times500=150000$	153464
2	480	50	$\frac{1}{2}\times50\times96=2400$	$\frac{300}{50}\times200=1200$	$300\times480=144000$	147600
3	475	100	$\frac{1}{2}\times95\times100=4750$	$\frac{300}{100}\times200=600$	$300\times475=142500$	1147860

从表 5-8 中可得当 $Q=50$ 时，一年的总费用最少为 147600 元，$Q=50$ 即为最优订货量。

5.3.6　需求为随机变量的单一周期的存储模型

在前面的一些存储模型中把需求率看成常量，把每年、每月、每周，甚至每天的需求

都看成固定不变的已知常量，但在现实的世界中，更多的情况需求却是一个随机变量。

所谓需求为随机变量的单一周期的存储模型，就是解决需求为随机变量的一种存储模型，在这种模型中的需求是服从某种概率分布的。在本节中将介绍需求服从均匀分布和正态分布这两种情况。模型中单一周期的存储是指在产品订货、生产、存储、销售这一周期的最后阶段或者把产品按正常价格全部销售完毕，或者把按正常价格未能销售出去的产品降价销售出去甚至扔掉。总之要在这一周期内把产品全部处理完毕，而不能把产品放在下一周期里存储和销售。季节性和易变质的产品例如季节性的服装、挂历、麦当劳店里的汉堡包都是按单一周期的方法处理的。而报摊销售报纸是需要每天订货的，今天的报纸今天必须处理完。可以把一个时期报童问题看成一系列的单一周期的存储问题，每天就是一个单一的周期，任何两天（两个周期）都是相互独立的、没有联系的，每天都要做出每天的存储决策。

报童问题：报童每天销售报纸数量是一个随机变量，每日售出 d 份报纸的概率 $P(d)$，根据以往的经验是已知的。报童每售出一份报纸赚 k 元，如报纸未能售出，每份赔 h 元，问报童每日最好准备多少报纸？

这就是一个需求量为随机变量的单一周期的存储问题。在这个模型里就是要解决最优订货量 Q 的问题。如果订货量 Q 选得过大，那么报童就要因不能售出报纸造成损失。如果订货时 Q 选得过小，那么报童因缺货失去了销售机会造成了机会损失。如何适当地选择 Q 值，才能使这两种损失的期望值之和最小呢？

已知售出 d 份报纸的概率为 $P(d)$，从概率知识可知 $\sum_{d=0}^{m} P(d) = 1$。

（1）当供大于求时（$Q \geqslant d$），这时因不能售出报纸而承担损失，每份损失 h 元，其数学期望值为：

$$\sum_{d=0}^{Q} h(Q-d)P(d)$$

（2）当供不应求时（$Q < d$），这时因缺货而少赚钱造成的机会损失，每份损失为 k 元，其期望值为：

$$\sum_{d=Q+0}^{\infty} k(d-Q)P(d)$$

综合（1）、（2）两种情况，当订货量为 Q 时，其损失的期望值 EL 为：

$$EL(Q) = h\sum_{d=0}^{Q}(Q-d)P(d) + k\sum_{d=Q+1}^{\infty}(d-Q)P(d)$$

下面要求出使 $EL(Q)$ 最小的 Q 的值。设报童订购报纸最优量为 Q^*，这时其损失的期望值为最小，当然就有：

① $EL(Q^*) \leqslant EL(Q^* + 1)$

② $EL(Q^*) \leqslant EL(Q^* - 1)$

上式①②表示了订购 Q^* 份报纸的损失期望值要不大于订购（$Q^* + 1$）份或（$Q^* - 1$）份报纸的损失期望值。

从①出发进行推导有：

$$h \sum_{d=0}^{Q^*} (Q^* - d)P(d) + k \sum_{d=Q^*+1}^{\infty} (d - Q^*)P(d) \leqslant$$

$$h \sum_{d=0}^{Q^*+1} (Q^* + 1 - d)P(d) + k \sum_{d=Q^*+2}^{\infty} (d - Q^* - 1)P(d)$$

经简化后得：

$$(h + k)\Big[\sum_{d=0}^{Q^*} P(d)\Big] - k \geqslant 0$$

即：

$$\sum_{d=0}^{Q^*} P(d) \geqslant \frac{k}{k+h}$$

从②出发进行推导有：

$$h \sum_{d=0}^{Q^*} (Q^* - d)P(d) + k \sum_{d=Q^*+1}^{\infty} (d - Q^*)P(d) \leqslant$$

$$h \sum_{d=0}^{Q^*+1} (Q^* + 1 - d)P(d) + k \sum_{d=Q^*+2}^{\infty} (d - Q^* - 1)P(d)$$

经简化后得：

$$(h + k)\Big[\sum_{d=0}^{Q^*} P(d)\Big] - k \leqslant 0$$

即：

$$\sum_{d=0}^{Q^*-1} P(d) \leqslant \frac{k}{k+h}$$

这样可知报童所订购报纸的最优数量 Q^* 份应按下列的不等式确定：

$$\sum_{d=0}^{Q^*-1} P(d) < \frac{k}{k+h} \leqslant \sum_{d=0}^{Q^*} P(d) \tag{5-53}$$

【例 5-12】 某报亭出售某种报纸，每售出一百张可获利 15 元，如果当天不能售出，每一百张赔 20 元。每日售出该报纸份数的概率 $P(d)$，根据以往经验如表 5-9 所示。试问报亭每日订购多少张该种报纸能使其赚钱的期望值最大。

表 5-9　销售量及概率表

销售量/百张	5	6	7	8	9	10	11
概率 $P(d)$	0.05	0.10	0.20	0.20	0.25	0.15	0.05

解：要使其赚钱的期望值最大，也就是使其因售不出报纸的损失和因缺货失去销售机会的损失的期望值之和为最小，利用公式(5-53)确定 Q^* 值，已知 $k = 15$，$h = 20$，有：

$$\frac{k}{k+h} = \frac{15}{15+20} = 0.4286$$

当 $Q = 8$ 时，有：

$$\sum_{d=0}^{7} P(d) = p(5) + p(6) + p(7) = 0.05 + 0.10 + 0.20 = 0.35$$

$$\sum_{d=0}^{8} P(d) = p(5) + p(6) + p(7) + p(8) = 0.05 + 0.10 + 0.20 + 0.20 = 0.55$$

满足:

$$\sum_{d=0}^{7} P(d) < \frac{k}{k+h} \leqslant \sum_{d=0}^{8} P(d)$$

故最优的订购量为 800 张报纸,此时其赚钱的期望值最大。

【例 5-13】 某书店拟在年前出售一批新年挂历,每售出一本可盈利 20 元,如果在年前不能售出,必须降价处理。由于降价一定可以售完,此时每本挂历要赔 16 元,根据以往的经验,市场的需求近似服从均匀分布,最低需求为 550 本,最高需求为 1100 本,该书店应订购多少本新年挂历,使其损失期望值为最小?

解: 因为 $\sum_{d=0}^{Q^*} P(d)$ 表示需求量从 0 到 Q^* 的概率的和,也可以理解为需求量小于等于 Q^* 的概率,即可改写为 $P(d \leqslant Q^*)$,同样 $\sum_{d=0}^{Q^*-1} P(d)$ 也可以改写 $P(d < Q^*)$,这样公式 (5-53) 可改写为

$$P(d < Q^*) < \frac{k}{k+h} < P(d \leqslant Q^*) \tag{5-54}$$

这样就把只适用于离散型随机变量的公式(5-53)改写为对离散型和连续型随机变量都适用的公式(5-54),这正如微积分细分的思想一样,在一定条件下离散型和连续型是可以互相转化的。当仅对连续型随机变量来说,可以把公式(5-54)改写为:

$$P(d < Q^*) < \frac{k}{k+h} \tag{5-55}$$

已知 $k=20$,$h=16$,即有:

$$P(d < Q^*) = \frac{20}{20+16} = \frac{20}{36} = \frac{5}{9}$$

而对在 [550,1100] 区间上的均匀分布的需求小于等于 Q^* 的概率:

$$P(d < Q^*) = \frac{Q^* - 550}{1100 - 550} = \frac{Q^* - 550}{550}$$

则从公式(5-48)得:

$$\frac{Q^* - 550}{550} = \frac{5}{9}$$

求得 $Q^* = 856$(本),并从 $P(d \leqslant Q^*) = 5/9$ 可知这时有 5/9 的概率挂历有剩余,有 4/9 的概率挂历脱销。

【例 5-14】 某化工公司与一客户签订了一项供应一种独特的液体化工产品的合同,客户每隔六个月来购买一次,每次购买的数量是一个随机变量,通过对客户以往需求的统计分析,知道这个随机变量服从以均值为 1000(kg),标准差为 100(kg) 的正态分布,化工公司生产 1kg 此种产品的成本为 15 元,根据合同规定售价为 20 元,合同要求化工公司必

须按时提供客户的需求。一旦化工公司由于低估了需求产量不能满足需要，那么化工公司就到别的公司以每千克 19 元的价格购买更高质量的替代品来满足客户的需要。一旦化工公司由于高估了需求，供大于求，由于这种产品在两个月内要老化，不能存储至六个月后再供应给客户，只能以每千克 5 元的价格处理掉。化工公司应该每次生产多少千克的产品才使该公司获利的期望值最大呢？

解： 这是一个需求为随机变量的单一周期的问题，如果低估了需求，供小于求，缺少的部分那么公司从每千克赚 5 元变为仅赚 1 元，也即损失了 4 元利润，即 $k=4$，反之如果高估了需求供大于求，则多余的部分每千克要赔 $15-5=10$（元），即 $h=10$，利用公式（5-55），即得：

$$P(d < Q^*) = \frac{k}{k+h} = \frac{4}{10+4} = 0.29$$

从概率统计知识可知，由于需求量服从均值 μ 为 1000（kg），标准差 σ 为 100（kg）的正态分布，上式即为：

$$\Phi\left(\frac{Q^* - \mu}{\sigma}\right) = 0.29$$

通过查阅标准正态表，即得：

$$\frac{Q^* - \mu}{\sigma} = -0.55$$

得：

$$Q^* = -0.55\sigma + \mu$$

把 $\mu=1000$，$\sigma=100$ 代入，得 $Q^* = -0.55 \times 100 + 1000 = 945$（kg）。

并从 $P(d \leqslant Q^*) = 0.29$，可知当产量为 945kg 时，有 0.29 的概率产品有剩余，有 0.71 的概率产品将不满足需求。图 5-14 显示了这个结果。

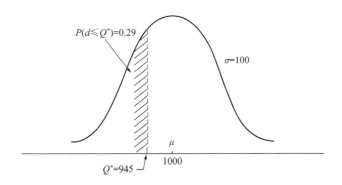

图 5-14 正态分布概率

5.3.7 需求为随机变量的订货批量、再订货点模型

在上一节讲了需求为随机变量的单一周期的存储模型，在这一节里讲一种需求为随机

变量的多周期的模型。在这种模型里，由于需求为随机变量无法求得周期（即两次订货时间间隔）的确切时间，也无法求得再订货点的时间。但在这种多周期的模型里，在上一周期里卖不出去的产品可以放到下一个周期里出售，故不存在像单一周期模型里一个周期里出售不出去的产品就要赔偿的情况，故在这种模型里像经济订货批量模型那样，主要的费用为订货费和存储费。下面给出求订货量和再订货量的最优解的近似方法，而精确的数学公式太复杂不作介绍。根据平均需求像经济订货批量模型那样求出使得全年的订货费和存储费总和最少的最优订货量 Q^*，但在对再订货点的处理上是与经济订货批量模型不同。在经济订货批量模型中，由于需求率是个常量 $d/$天，对于一个需要 m 天前订货的情况，可以把再订货点定为 dm，即当仓库里还存有 dm 单位的产品时，就再订货 Q^* 单位的产品，这样当 m 天后 Q^* 单位的产品补充来时，仓库里刚好把剩余的 dm 单位的产品处理完，仓库及时得到补充。而对需求为随机变量的情况，这种处理显然是不恰当的，如图 5-15 所示，有时在这 m 天里需求大于 dm，这样在 m 天里就出现了缺货，而有时需求小于 dm，这样 m 天后当新的 Q^* 单位的产品补充来时，仓库里还有剩货。

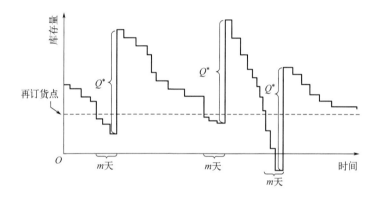

图 5-15　需求为随机的库存图

在这种模型里要对再订货点进行讨论，而不是简单地定为 dm。不妨设再订货点为 r，即随时对仓库的产品库存进行检查，当仓库里产品库存为 r 时就订货，m 天后送来 Q^* 单位的产品，虽然在 m 天里的需求量是随机的，但一般来说当 r 值较大时，在 m 天里出现缺货的概率就小，反之当 r 值较小时，在 m 天里出现缺货的概率就大。这样就需要根据具体情况制订出服务水平，即制定在 m 天里出现缺货的概率 a，也即不出现缺货的概率为 $1-a$，即 $P(m$ 天里需求量$\leqslant r)=1-a$。

由于每次的订货量 Q^* 可以按经济订货批量模型求得，每年的产品平均需求量可以求得，这样就可以求出平均每年的订货次数，也可以依据事先制订的服务水平和 m 天里需求量的概率分布来定出相应的 r 值，并把 r 值中超过 $\overline{dm}$ 的部分叫作安全存储。

【例 5-15】　某装修材料公司经营某种品牌的地砖，公司直接从厂家购进这种产品，由于公司与厂家距离较远，双方合同规定在公司填写订货单后一个星期厂家把地砖运到公司，公司根据以往的数据统计分析知道，在一个星期里此种地砖的需求量服从以均值 $\mu=$ 850 箱，标准差 $\sigma=120$ 箱的正态分布，又知道每次订货费为 250 元，每箱地砖的成本为

48元，存储一年的存储费用为成本的 20%，即每箱地砖一年的存储费为 $48 \times 20\% = 9.6$(元)，公司规定的服务水平为允许由于存储量不够造成的缺货情况为 5%。公司应如何制订存储策略，使得一年的订货费和存储费的总和为最少？

解：首先按经济订货批量模型求出最优订货批量 Q^*，已知每年的平均需求量 $D = 850 \times 52 = 44200$(箱/年)，$c_1 = 9.6$ 元/(箱·年)，$c_3 = 250$ 元，得：

$$Q^* = \sqrt{\frac{2Dc_3}{c_1}} = \sqrt{\frac{2 \times 44200 \times 250}{9.6}} \approx 1517(\text{箱})$$

由于每年平均需求为 44200 箱，可知平均每年约订货 44200/1517＝29（次），根据服务水平的要求：

$$P(\text{一个星期的需求量} \leqslant r) = 1 - a = 1 - 0.05 = 0.95$$

因为一个星期的需求量服从以均值 $\mu = 850$ 箱，标准差 $\sigma = 120$ 箱的正态分布，故有：

$$\Phi\left(\frac{r - \mu}{\sigma}\right) = 0.95$$

通过查阅标准正态表，即得：

$$\frac{r - \mu}{\sigma} = 1.645$$

得：

$$\frac{r - 850}{120} = 1.645$$

求得：

$$r = 850 + 1.645 \times 120 = 850 + 197 = 1047$$

这就是说当仓库里库存剩下 $r = 1047$ 箱时，就应该向厂家订货，每次的订货量为 1517 箱，这里的 $r = 1047$ 就是再订货点，$Q^* = 1517$ 就是最优订货量，而再订货点的量减去均值就是安全存储量，本例中安全库存为 197 箱。在这样的存储策略下，能有 95% 的概率在订了货而货物还没运到公司的订货期里不会出现缺货。因为一年平均大约订货 29 次，其中平均 $29 \times 95\% = 27.55$(次) 订货期里不会出现缺货，也只有平均 1.45 次的订货期里会出现缺货。图 5-16 显示了这个结果。

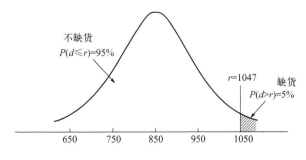

图 5-16　需求为随机的正态分布概率图

当订货期为零时也就是说一订货就可马上拿到产品，这时显然不需要安全存储，每次订货量为 850 箱即可。

5.3.8 需求为随机变量的定期检查存储量模型

需求为随机变量的定期检查存储量模型是另一种处理多周期的存储问题的模型。在这个模型里管理者要定期（例如每隔一周、一个月等）检查产品的库存量，根据现有的库存量来确定订货量，在此模型中管理者所要做的决策是：依照规定的服务水平制订出产品的存储补充水平 M。一旦确定了 M，管理者就很容易确定订货量 Q，如下所示：

$$Q = M - H \tag{5-56}$$

式中，H 为在检查中的库存量。

这个模型很适合于经营多种产品并进行定期清盘的企业，公司只要制订了各种产品的存储补充水平，根据清盘的各种产品的库存量，马上可以确定各产品的订货量，同时进行各种产品的订货。

需求为随机变量的定期检查库存量的存储模型处理存储问题的典型方式如图 5-17 所示。

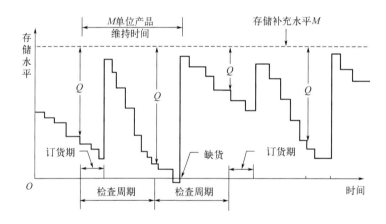

图 5-17　需求为随机变量的定期检查库存量的存储模型

从图 5-17 中看到，在检查了存储水平 H 之后，立即订货 $Q = M - H$，这时库房里的实际库存量加上订货量正好为存储补充水平 M（订的 Q 单位产品在过了订货期才能到达）。从图上可知这 M 单位的产品要维持一个检查周期再加上一个订货期的消耗，所以可以从一个检查周期加上一个订货期的需求的概率分布情况结合规定的服务水平来制订存储水平 M，以下举例说明。

【例 5-16】　某百货商店经营几百种商品，该商店每隔两周清盘一次，根据清盘情况同时对几百种商品进行订货，这样便于管理。又因为其中很多商品可以从同一个厂家或批发公司进货，这样也节约了订货费用。商店管理者要求对这几百种商品根据各自的需求情况和服务水平制订出各自的存储补充水平，现要求对其中两种商品制订出各自的存储补充水平。

商品 A 是一种名牌香烟，一旦商店缺货，顾客不会在商店里购买另一种品牌的烟，而去另外的商店购买，故商店规定其缺货的概率为 2.5%。商品 B 是一种普通品牌的儿童饼干，一旦商店缺货，一般情况下，顾客会在商店里购买其他品牌的饼干或其他儿童食品，故商店规定其缺货的概率为 15%。根据以往的数据，通过统计分析，商品 A 每 14 天的需求服从均值 $\mu_A = 550$ 条，标准差 $\sigma_A = 85$ 条的正态分布，商品 B 每 14 天的需求服从均值 $\mu_B = 5300$ 包，均方差 $\sigma_B = 780$ 包的正态分布。

解： 设商品 A 的存储补充水平为 M_A，商品 B 的存储补充水平为 M_B，从统计知识可知：

$$\Phi\left(\frac{M_A - \mu_A}{\sigma_A}\right) = 97.5\%$$

通过查阅标准正态表，即得：

$$\frac{M_A - \mu_A}{\sigma_A} = 1.69$$

$$M_A = \mu_A + 1.96\sigma_A = 550 + 1.96 \times 85 \approx 717（条）$$

$$\Phi\left(\frac{M_B - \mu_B}{\sigma_B}\right) = 85\%$$

通过查阅标准正态表，即得：

$$\frac{M_B - \mu_B}{\sigma_B} = 1.034$$

$$M_B = \mu_B + 1.034\sigma_B = 5300 + 1.034 \times 780 \approx 6107（条）$$

也就是说，商店在每隔两周的清货盘点时，发现 A 商品还剩 H_A，B 商品还剩 H_B 时，马上向厂家订货：A 商品为（717 － H_A）条，B 商品为（6107 － H_B）包，使得当时 A 商品的库存量加上订货量正好达到存储补充水平 717 条，B 商品的库存量加上订货量正好达到存储补充水平 6107 包。图 5-18（a）显示了缺货概率为 2.5% 时的存储补充水平 M_A，图 5-18（b）显示了缺货概率为 15% 时存储补充水平 M_B。

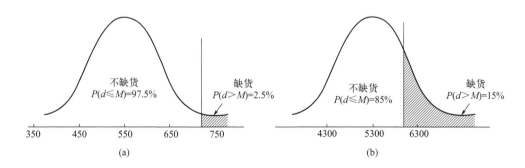

图 5-18　存储补充水平 M_A 和 M_B

在上述的模型里只考虑了保证一定服务水平的存储补充水平 M 的问题，并没考虑到订货费与存储费之和最小化的问题，要解决这类问题，还必须把再订货点 r 作为另一个决策变量，把这称之为（t，r，M）混合存储模型，每隔 t 时间检查库存量 H，当 $H > r$ 时不补充，当 $H \leqslant r$ 时补充存储量使之达到 M。这种存储模型需要更多的数学知识，在本书中不作介绍。

5.4　自动化仓储系统

5.4.1　概述

自动化仓储系统（automated storage and retrieval system，AS/RS）是指不用人工直接处理，能自动存储和取出物料的系统。自动化仓库技术是现代物流技术的核心，它集高架仓库及规划、管理、机械、电气于一体，是一门学科交叉的综合性技术。

（1）功能　自动化仓库的功能一般包括收货、存货、取货和发货等。

① 收货。这是指仓库从原材料供应方或生产车间接收各种材料或半成品，供工厂生产或加工装配之用。收货时需要站台或场地供运输车辆停靠，需要升降平台作为站台和载货车辆之间的过桥，需要装卸机械完成装卸作业。卸货后需要检查货物的品名和数量以及货物的完好状态。确认货物完好后方能入库存放。

② 存货。这是将卸下的货物存放到自动化系统规定的位置，一般是存放到高层货架上。存货之前首先要确认存货的位置。某些情况下可以采取分区固定存放的原则，即按货物的种类、大小和包装形式等实行分区分位存放。随着移动货架和自动识别技术的发展，已经可以做到随意存放，这样既能提高仓库的利用率，又可以节约存取时间。存货作业一般通过各种装卸机械完成。系统对保存的货物还可以定期盘查，控制保管环境，减少货物受到的损伤。

③ 取货。这是指根据需求情况从库房取出所需的货物。可以有不同的取货原则，通常采用的是先入先出方式，即在出库时，先存入的货物先被取出。对某些自动化仓库来说，必须能够随时存取任意货位的货物，这种存取方式要求搬运设备和地点能频繁更换。这就需要有一套科学和规范的作业方式。

④ 发货。这是指将取出的货物按照严格的要求发往用户。根据服务对象不同，有的仓库只向单一用户发货，有的则需要向多个用户发货。发货时需要配货，即根据使用要求对货物进行配套供应。因此，发货功能的发挥不仅要靠运输机械，还要靠包装机械的配合。当然，各种检验装置也是不可缺少的。

⑤ 信息查询。这是指能随时查询仓库的有关信息。信息查询包括查询库存信息、作业信息以及其他相关信息。这种查询可以在仓库范围内进行，有的可以在其他部门或分厂进行。

（2）自动化仓库的发展趋势

① 自动化程度不断提高。近年来，采用可编程序控制器（PLC）与微机控制搬运设备的仓库和采用计算机管理与 PLC 联网控制的全自动化仓库在全部高架仓库中的比重不断增加。日本 1991 年投产的 1628 座自动化仓库中，64% 是计算机管理和控制的全自动化仓

库。在生产企业，自动化仓库作为全厂计算机集成制造系统（CIMS）的一部分与全厂计算机系统联网的应用也日渐增多，成为今后的趋势。

② 与工艺流程结合更为紧密。AS/RS 高架仓库与生产企业的工艺流程密切结合，成为生产物流的一个组成部分，例如，柔性加工系统中的自动化仓库就是一个典型例子。在配送中心，自动化仓库与物品的拣选、配送相结合，成为配送中心的一个组成部分。

③ 储存货物品种多样化。大到储存长 6m 以上、重 4～10t 的钢板与钢管等长大件，小到储存电子元器件的高架仓库，还有专门用作汽车储存的高架仓库等均已出现。

④ 提高仓库出入库周转率。除管理因素外，技术上主要是提高物料搬运设备的工作速度。巷道式堆垛起重机的起升速度已达 90m/min、运行速度达 240m/min、货叉伸缩速度达 30m/min。在有的高度较大的高架仓库中，采用上下两层分别用巷道式堆垛起重机进行搬运作业的方法以提高出入库能力。

⑤ 提高仓库运转的可靠性与安全性及降低噪声。在自动控制与信息传输中采用高可靠性的硬、软件，增强抗干扰能力；采用自动消防系统，货架涂刷耐火涂层；开发新的更可靠的检测与认证器件；采用低噪声车轮和传动元件等。

⑥ 开发可供使用的拣选自动化设备和系统。在拣选作业自动化方面正加紧研究开发，但尚未真正达到实用阶段。目前，提高拣选作业自动化程度的途径主要仍限于计算机指导拣选，包括优选作业路线、自动认址、提示拣选品种和数量等。

如何合理规划和设计自动化立体仓库，如何实现仓库与生产系统或配送系统的高效连接，已经成为 21 世纪工业工程的重要研究课题。

（3）系统组成

① 货架。货架一般由钢铁结构构成储存商品的单元格，一般单元格内存放托盘，用于装货物。一个货位的地址由其所在的货架的排数、列数及层数来唯一确定，自动出入库系统据此对所有货位进行管理。

② 巷道机。在自动存取系统林立的二排高层货架之间一般留有 1～1.5m 宽的巷道，巷道机在巷道内来回运动，巷道机上的升降平台可上下运动，升降平台上的存取货装置可对巷道机和升降机确定的某一个货位进行货物存取作业。

③ 周边搬运系统。周边搬运系统所用的机械常为输送机，用于配合巷道机完成货物的输送、转移。在高架仓库内，当主要搬运系统因故障停止工作时周边搬运系统启用，使自动存取系统继续工作。

④ 控制系统。自动存取系统的计算机中心或中央控制室接收到出库或入库信息后，由管理人员通过计算机发出出库或入库指令，巷道机、自动分拣机及其他周边搬运设备按指令启动，共同完成出库或入库作业；管理人员对此过程进行全程监控和管理，保证存取作业按最优方案进行。

（4）优点及作用　自动化仓储系统出现以后，获得了迅速的发展。这主要是因为这种仓库具有一系列突出的优点，它在整个企业的物流系统中具有重要的作用。

① 能大幅度地增加仓库高度，减少占地面积。用人工存取货物的仓库，货架高 2m 左右，用叉车的仓库可达 3～4m，但所需通道要 3 米多宽。用这种仓库储存机电零件，单位

面积储存量一般为 $0.3\sim0.5t/m^2$；而高层货架仓库目前最高的已经达到 40 多米，它的单位面积储存量比普通的仓库高得多。一座货架 15m 高的高架仓库，储存机电零件和外协件，其单位面积储存量可达 $2\sim15t/m^2$。对于一座拥有 6000 个货位的仓库，如果托盘尺寸为 800mm×1200mm，则普通的货架仓库高 5.5m，需占地 $3609m^2$；而 30m 高的高架仓库，占地面积仅 $399m^2$。

② 提高仓库出入库频率。自动化仓库采用机械化、自动化作业，出入库频率高，并能方便地被纳入整个企业的物流系统，成为它的一环，使企业物流更为合理。

③ 提高仓库管理水平。借助计算机管理能有效地利用仓库储存能力，便于清点盘库，合理减少库存，节约流动资金。用于生产流程中的半成品仓库，还能对半成品进行跟踪，成为企业物流的一个组成部分。

④ 由于采用了货架储存，并结合计算机管理，可以很容易地实现先入先出，防止货物自然老化、变质、生锈高架仓库也便于防止货物的丢失，减少货损。

⑤ 采用自动化技术后，能较好地适应黑暗、有毒、低温等特殊场合的需要。例如，胶片厂储存胶片卷轴的自动化仓库，在完全黑暗的条件下，通过计算机控制自动实现胶片卷轴的入库和出库。

总之，由于自动化仓储系统这一新技术的出现，使有关仓储的传统观念发生了根本性的改变。原来那种固定货位、人工搬运和码放、人工管理、以储存为主的仓储作业已改变为优化选择货位，按需要实现先入先出的机械化、自动化仓库作业。在这种仓库里，在储存的同时可以对货物进行跟踪以及必要的拣选和组配，并根据整个企业生产的需要，有计划地将库存货物按指定的数量和时间要求送到恰当地点，以满足均衡生产的需求。从整个企业物流的宏观角度看，货物在仓库中短时间的逗留只是物流中的一个环节，在完成拣选、组配以后，将继续流动。高架仓库本身是整个企业物流的一部分，是它的一个子系统，用形象化一些的比喻说法可以说，它使"静态仓库"变成了"动态仓库"。

5.4.2 货架

自动化立体仓库货架在仓储物流领域扮演着至关重要的角色，通过采用货架和货箱存储货物，自动化立体仓库货架能够大幅度提高存储空间的利用率。同时，结合自动化搬运设备，可以快速、准确地完成货物的存取操作，显著提升仓储效率。自动化立体仓库货架采用自动化技术，能够大幅度减少人力搬运和操作的工作量，降低人力成本，同时也降低了人为因素导致的货物损坏或丢失的风险。通过控制系统进行货物的存取和管理，自动化立体仓库货架能够实现货物的实时监控和信息共享，提高仓储管理的信息化水平，优化仓储管理流程。自动化立体仓库货架具有高度的安全性和可靠性，可以防止货物的滑落、掉落等意外情况，确保货物的安全存储。

自动化立体仓库货架的主要分类方式有以下几种。按货架结构形式分类可分为单层自动化立体仓库货架、多层自动化立体仓库货架和垂直自动化立体仓库货架；按搬运设备分类可分为堆垛机立体仓库货架、叉车立体仓库货架和 AGV 立体仓库货架（AGV 即自动导引车）；按控制方式分类可分为手动控制立体仓库货架、半自动控制立体仓库货架和全自动控制立体仓库货架；按货物存储单位分类可分为托盘立体仓库货架、货箱立体仓库货架和散件立体仓库货架；按建筑形式和高度分类可分为低层立体仓库货架（建筑高度小于5m）、中层立体仓库货架（建筑高度在5～15m）和高层立体仓库货架（建筑高度可达15m以上）；按货架类型分类可分为重型货架（适用于存储体积较大的物品，如机器零件、工艺品、化学品等）、轻型货架（适用于存放体积相对较小、轻质的物品，如服装、鞋帽、书籍、音像制品等）、流利架（一种倾斜式货架，可控制货物顺利滑行到货架末端，适用于大量同类物品的存储）和气垫式货架（可平稳升降货物盘面，适用于薄型和灵敏产品的安全储存和运输）。这些分类方式有助于根据具体的业务需求选择合适的自动化立体仓库货架，以实现最佳的仓储效果和经济效益。以下介绍一些经常使用的货架。托盘货架是存放装有货物托盘的货架，托盘货架多为钢材结构，也可用钢筋混凝土结构；可做单排型连接，也可做双排型连接。其尺寸大小根据仓库的大小及托盘尺寸的大小而定。采用托盘货架，每一个托盘占一个货位。较高的托盘货架使用堆垛起重机存取货物，较低的托盘货架可用叉车存取货物。托盘货架可实现机械化装卸作业，便于单元化存取，库容利用率高，可提高劳动生产率，实现高效率地存取作业，便于实现计算机的管理和控制。

（1）悬臂式长形货架 悬臂式长形货架又称悬臂架。它由3～4个塔形悬臂和纵梁相连而成，如图5-19所示。这种货架分单面和双面两种。悬臂架用金属材料制造，为防止材料碰伤或产生刻痕，可以在金属悬臂上垫上木质衬垫，也可用橡胶带保护。悬臂架的尺寸不定，一般根据所放长形材料的尺寸大小而定。悬臂架为边开式货架的一种，其特点是可在架子两边存放货物；但不太便于机械化作业，存取货物作业强度大，一般适于轻质的长条形材料存放，可用人力存取操作，重型悬臂架用于存放长条形金属。

（2）驶入式货架 驶入式货架结构如图5-20所示。这种货架采用钢质结构，钢柱上一定位置有向外伸出的水平突出构件。当托盘送入时，突出的构件将托盘底部的两个边托住，使托盘本身起架子横梁作用。当架上没有放托盘货物时，货架正面便成了无横梁状态，这时就形成了若干通道，可方便叉车出入等车辆作业。

图5-19 悬臂式长形货架　　　　　　　图5-20 驶入式货架

这种货架的特点是叉车直接驶入货架进行作业，叉车与架子的正面成垂直方向驶入，在最内部设有托盘的位置卸放托盘货载直至装满，取货时再从外向内顺序取货。一方面，驶入式货架能起到保管场所及叉车通道的双重作用，但叉车只能从架子的正面驶入，这样可提高库容利用率及空间利用率；但从另一方面看，很难实现先进先出。因此，每一巷道只宜保管同一品种货物，此种货架只适用于保管少品种、大批量以及不受保管时间限制的货物。驶入式货架是高密度存放货物的重要货架，库容利用率可达90%以上。

（3）重力式货架 重力式货架有两类，一类是储存整批纸箱包装商品；另一类是储存托盘商品。储存纸箱包装商品的重力式货架比较简单，由多层并列的辊道传送带所组成，商品上架及取出使用人力。储存托盘商品的重力式货架一般为2～4层，每格货架内设置重力滚道两条。滚道由左右两组辊轮、导轨和缓冲装置组成。其坡度一般为1.5%～3.5%；滚道长度一般可存放5～12只托盘，每个托盘载重量为500～1500kg。商品进库存放时，用叉车从货架后面将托盘送入货格，托盘依靠本身重力沿滚道向前滑行，也可采用电磁阀控制托盘定位。取货时，则用叉车从货架前面将托盘取出。重力式货架的优点是能保证货物的先进先出。它是一种高密集型的货架储存系统，空间利用率极高，比普通通道托盘货架的通道面积大大节省，能使货架的货位"空缺"减至最少（图5-21）。

图5-21 重力式货架

（4）旋转式货架 旋转式货架设有电力驱动装置（驱动部分可设于货架上部，也可设于货架底座内）。货架沿着由两个直线段和两个曲线段组成的环形轨道运行，由开关或用小型电子计算机操纵。存取货物时，货物所在货格编号由控制盘按钮输入，该货格则以最近的距离自动旋转至拣货点停止。拣货路线短，拣货效率则可以提高。旋转式货架的货格样式很多，一般有提篮状、盆状、盘状等，可根据所存货物的种类、形态、大小、规格等不同要求选择。货格可以由硬纸板、塑料板制成，也可以是金属架子。透明塑料密封盒则适于储存电子元件等有防尘要求的货物。

旋转式货架适于小物品的存取，尤其对于多品种的货物更为方便，它储存密度大、货架间不设通道、易管理、投资少，由于操作人员位置固定，故可采用局部通风和照明来改善工作条件，并且节约了大量能源。如果仓库的空间利用不作为主要问题，而从便于拣货和库存管理的目的出发，那么就显出旋转式货架的优越性了。

旋转式货架分为整体旋转式（整个货架是一个旋转整体）和分层旋转式（各层分设驱动装置，形成各自独立的旋转体系）。其中整体旋转式又分为水平旋转式（如图5-22所示，货架的旋转轨迹平行于地面，即旋转轴垂直于地面）和垂直旋转式（如图5-23所示，货架的旋转轨迹垂直于地面，即其旋转轴与地面平行），可根据具体要求进行选择。

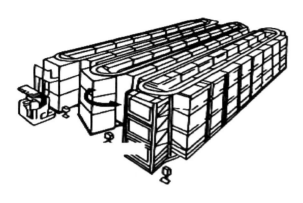

图 5-22　分层旋转式货架　　　　　　图 5-23　垂直旋转式货架

5.4.3　托盘

托盘是一种广泛应用的物流辅助工具，主要用于集装、堆放、搬运和运输货物，其设计使静态货物转变为动态货物，提高了物流效率。托盘是一种水平平台装置，用于放置作为单元负荷的货物和制品。托盘主要特点是自身重量较轻，有助于减少装卸和运输过程中的劳动消耗，降低无效运输和装卸成本。造价相对较低，易于互相代用，无须固定归属者，返空时占用运力少，比集装箱更容易处理。装盘后可采用捆扎、紧包等技术处理，使用简便。托盘虽装载量较集装箱小，但也能集中一定数量的货物，比一般包装的组合量大得多。托盘是运输和储存各种货物的理想选择，尤其在生产企业中，托盘可将成品从生产线上转移到仓库，方便储存和管理。托盘特别适用于装卸重型货物或需要机械装卸的货物，配备起重设备如叉车或皮带机，可轻松实现货物的移动。托盘可提供一定程度的保护，防止货物受潮、损坏或变形，确保货物在运输和储存过程中的安全。托盘的结构稳定且平整，可利用储存设备进行垂直化储存，提高空间利用效率。托盘通常具有独特的标识码，方便追踪货物的流向和状态，有助于物流管理、库存管理和运输计划等。托盘在环保和可持续发展方面也发挥重要作用，通常采用可循环利用的材料制造，如木材、塑料或金属，减少资源消耗。在跨境贸易中，托盘起到重要作用，标准化的托盘设计符合国际运输规范，确保货物在运输过程中的安全和稳定。

从货箱与货架的几何关系中可知，货箱尺寸是货架设计的基础数据。货物（载荷）引起货箱的挠度应小于一定的尺度，否则会影响货叉叉取货物。各种托盘的示意参见图 5-24。

5.4.4　巷道式堆垛起重机

巷道堆垛机的主要用途是在高层货架的巷道内来回穿梭运行，将位于巷道口的货物存入货格；或者取出货格内的货物运送到巷道口。巷道式堆垛起重机通常按其金属结构形式、起重机运行支承方式和取货作业方式进行分类，如表 5-10 所示。

| (a) 双面四向进叉托盘 | (b) 单面四向进叉托盘 | (c) 单面双向进叉托盘 |

图 5-24 托盘的结构形式

表 5-10 巷道式堆垛起重机分类与用途

分类		特点	用途
按金属结构形式分类	单立柱型	1. 金属结构由一根立柱和上、下横梁组成（或仅有下横梁） 2. 自重较轻,但刚性较差	一般用于起重量 2t 以下、起升高度不大于 16m 的仓库
	双立柱型	1. 金属结构由两根立柱和上、下横梁组成一个刚性框架 2. 刚性好,自重较单立柱大	1. 适用于各种起升高度的仓库 2. 起重量可达 5t 或更大 3. 适用于高速运行、快速起制动
按支承方式分类	地面支承型	1. 支承在地面轨道上,用下部车轮支承和驱动 2. 上部设水平导向轮 3. 运行机构布置在下部	1. 适用于各种起重量和起升高度的仓库 2. 用途最广
	悬挂型	1. 仓库屋架下装设轨道,起重机悬挂于轨道下翼缘上运行 2. 仓库货架下部设导轨,起重机下部设水平导向轮靠在导轨上,防止摆动过大 3. 运行机构设在上部	1. 适用于起重量较小、起升高度较低(不大于 15m)的仓库 2. 便于转移巷道 3. 使用较少
	货架支承型	1. 巷道两侧货格顶部敷设轨道,起重机支承在两侧轨道上运行 2. 仓库货架下部设导轨,起重机下部设水平导向轮靠在导轨上,防止摆动过大 3. 运行机构设在起重机上部	1. 适用于起重量和起升高度均较小的仓库 2. 使用很少
按取货作业方式分类	单元型	1. 以整个货物单元出、入库 2. 起重机载货台须备有叉取货物的装置 3. 自动控制时,机上无驾驶员	1. 适用于整个货物单元出入库的作业,或者"货到人"的拣选作业 2. 使用最广泛
	拣选型	1. 堆垛起重机上设驾驶员室,由驾驶员从货物单元中拣选一部分货物出库 2. 载货台上可以不设叉取装置,直接由驾驶员手工操作取货 3. 全自动拣选式堆垛起重机用自动取货装置拣选	1. 适用于"人到货"的拣选作业 2. 大多为手动与半自动控制 3. 全自动拣选机使用极少

巷道堆垛机结构一般为单、双立柱型巷道式堆垛起重机,如图 5-25 所示。

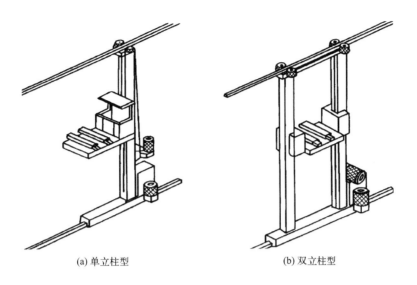

(a) 单立柱型   (b) 双立柱型

图 5-25 单、双立柱型巷道式堆垛起重机

（1）运行机构 在堆垛起重机的下横梁上装有运行驱动机构和在轨道地轨上运行的车轮。按运行机构所在的位置不同，可以分为地面驱动式、顶部驱动式和中部驱动式等几种。其中，地面驱动式使用最广泛。这种方式一般用两个或四个承重轮，沿敷设在地面上的轨道运行。在堆垛起重机顶部有两组水平轮沿天轨（在堆垛起重机上方辅助其运行的轨道）导向。如果堆垛起重机车轮与金属结构通过垂直小轴铰接，堆垛起重机就可以走弯道，从一个巷道转移到另一个巷道去工作。顶部驱动式堆垛起重机又可分为支承式和悬挂式两种，前者支承在天轨上运行，堆垛起重机底部有两组水平导向轮。悬挂式堆垛起重机则悬挂在位于巷道上方的支撑梁上运行。

（2）载货台及取货机构 载货台是货物单元承接装置，通过钢丝绳或链条与起升机构连接。载货台可沿立柱导轨上下升降。取货装置安装在载货台上。有司机室的堆垛起重机，其司机室也一般装在载货台上，随载货台一起升降。对只需要拣选一部分货物的拣选式堆垛起重机，载货台上不设取货装置，只有平台供放置盛货容器之用。

（3）取货装置 取货装置一般是货叉伸缩机构。货叉可以横向伸缩，以便向两侧货格送入（取出）货物。货叉结构常用三节伸缩式，由前叉、中间叉、固定叉以及导向滚轮等组成。货叉的传动方式主要有齿轮—齿条和齿轮—链条两种。货叉伸缩速度一般为 15m/min 以下，高的可达 30m/min；在超过 10m/min 时需配备慢速挡，在起动和制动时用。

（4）起升机构 堆垛起重机的起升机构由电动机、制动器、减速机、卷筒或链轮以及柔性件组成。常用的柔性件有钢丝绳和起重链等。卷扬机通过钢丝绳牵引载荷台做升降运动。除了一般的齿轮减速机外，由于需要较大的减速比，因而也经常见到使用蜗轮蜗杆减速机和行星齿轮减速机。在堆垛起重机上，为了尽量使起升机构尺寸紧凑，常使用带制动器的电动机。起升机构的工作速度一般在 12.30m/min，最高可达 48m/min。不管选用多大的工作速度，都备有低速挡，主要用于平稳停车和取存货物时的"微升降"作业。在堆垛起重机的起重、行走和伸叉（叉取货物）三种驱动中，起重的功率最大。

(5) 机架 机架由立柱和上、下横梁连接而成，是堆垛起重机的承载构件。机架有单立柱和双立柱两大类。单立柱结构质量比较轻，制造工时和消耗材料少；机器运行时，司机的视野比双立柱好得多，但刚度较差，一般适应于高度不到10m、轻载荷的堆垛起重机。双立柱的机架由两根立柱和上、下横梁组成一个长方形框架。这种结构强度和刚性都比较好，适用于起重量较大或起升高度较高的堆垛起重机。

(6) 电气设备 电气设备主要包括电力拖动、控制、检测和安全保护装置。在电力拖动方面，目前国内多用的是交流变频调速、交流变极调速和可控硅直流调速，涡流调速已很少应用。

对堆垛起重机的控制一般采用PLC、单片机、单板机和计算机等。堆垛起重机必须具有自动认址、货位虚实等检测以及其他检测。电力拖动系统要同时满足快速、平稳和准确三个方面的要求。堆垛起重机的结构设计除需满足强度要求外，还需具有足够的刚性，并且要满足精度要求。

5.4.5 AS/RS 的自动化技术

AS/RS 的电气与电子设备主要包括以下几个方面。

(1) 检测装置 为了实现对 AS/RS 仓库中各种作业设备的控制，并保证系统安全可靠地运行，系统必须具有多种检测手段，能检测各种物理参数和相应的化学参数。对货物的外观检测及称重、机械设备及货物运行位置和方向检测、对运行设备状态的检测、对系统参数的检测和对设备故障情况的检测都是极为重要的。通过对这些检测数据的判断、处理，为系统决策提供最佳依据，使系统处于理想的工作状态。目前所使用的检测器种类很多。

(2) 信息识别装置 信息识别设备是 AS/RS 仓库中必不可少的，它完成对货物品名、类别、货号、数量、等级、目的地、生产厂乃至货位地址的识别。在自动化仓库中，为了完成物流信息的采集，通常采用条码、磁条、光学字符和射频等识别技术。条码识别技术在 AS/RS 仓库中应用最普遍。

(3) 控制装置 控制系统是 AS/RS 仓库运行成功的关键。没有好的控制，系统运行的成本就会很高，而效率很低。为了实现自动运转，AS/RS 仓库内所用的各种存取设备和输送设备本身必须配备各种控制装置。这些控制装置种类较多，从普通开关和继电器，到微处理器、单片机和PLC，根据各自的设定功能，它们都能完成一定的控制任务。例如，巷道式堆垛起重机的控制要求就包括了位置控制、速度控制、货叉控制以及方向控制等。这些控制都必须通过各种控制装置去实现。

(4) 监控及调度系统 监控及调度系统是 AS/RS 仓库的信息枢纽，它在整个系统中起着举足轻重的作用，它负责协调系统中各个部分的运行。AS/RS 仓库系统使用了很多运行设备，各设备的运行任务、运行路径、运行方向都需要由监控及调度系统来统一调度，按照指挥系统的命令进行货物搬运活动。通过监控及调度系统的监视画面可以直观地看到各设备的运行情况。

(5) 计算机管理系统 计算机管理系统（主机系统）是 AS/RS 仓库的指挥中心，相当于人的大脑，它指挥着仓库中各设备的运行。它主要完成整个仓库的账目管理和作业管理，并且负担与上级系统的通信和企业信息管理系统的部分任务。一般的 AS/RS 仓库管理系统多采用微型计算机为主的系统，比较大的仓库管理系统也可采用小型计算机。随着计算机的高速发展，微型计算机的功能越来越强，运算速度越来越高，微型机在这一领域中将日益发挥重要的作用。

(6) 数据通信系统 AS/RS 仓库是一个复杂的自动化系统，它是由众多子系统组成的。在 AS/RS 仓库中，为了完成规定的任务，各系统之间、各设备之间要进行大量的信息交换。例如，AS/RS 仓库中的主机与监控系统、监控系统与控制系统之间的通信以及仓库管理员通过厂级计算机网络与其他信息系统的通信。信息传递的媒介有电缆、滑触线、远红外光、光纤和电磁波等。

(7) 大屏幕显示系统 AS/RS 仓库中的各种显示设备是为了使人们操作方便、易于观察设备情况而设置的。在操作现场，操作人员可以通过显示设备的指示进行各种搬运、拣选；在中控室或机房，人们可以通过屏幕或模拟屏显示，观察现场的操作及设备情况。

(8) 图像监视设备 工业电视监视系统是通过高分辨率、低照度变焦摄像装置对 AS/RS 仓库中人身及设备安全进行观察，对主要操作点进行集中监视的现代化装置，是提高企业管理水平、创造无人化作业环境的重要手段。

此外，还有一些特殊要求的 AS/RS 仓库。比如，储存冷冻食品的立体仓库，需要对仓库中的环境温度进行检测和控制；储存感光材料的立体仓库，需要使整个仓库内部完全黑暗，以免感光材料失效而造成产品报废；储存某些药品的立体仓库，对仓库的温度、气压等均有一定要求，因此需要特殊处理。

5.4.6 AS/RS 的设计规程

(1) 首先进行工况分析和方案选择

① 需求分析。在需求分析阶段要提出问题，确定设计目标，并确定设计标准。通过调研搜集设计依据和数据，找出各种限制条件，并进行分析。另外，设计者还应认真研究工作的可行性、时间进度、组织措施以及影响设计过程的其他因素。

② 确定货物单元形式及规格。根据调查和统计结果列出所有可能的货物单元形式和规格，并进行合理地选择。这一阶段不一定花费很多时间，但它的结果将对自动化仓库的成功起着至关重要的作用。

③ 作业方式及机械设备选择。在上述工作的基础上确定仓库形式，一般多采用单元货格式仓库。对于品种不多而批量较大的仓库，也可以采用重力式货架仓库或者其他形式的贯通式仓库。根据出入库的工艺要求（整单元或零散货出入库）决定是否需要拣选作业。如果需要拣选作业，则需确定拣选作业方式。自动化仓库的起重设备有很多种，它们各有特点。在设计时，要根据仓库的规模、货物形式、单元载荷和吞吐量等选择合适的设备，并确定它们的参数。对于起重设备，根据货物单元的质量选定起重量，根据出入库频率确定各机构的工作速度；对于输送设备，则根据货物单元的尺寸选择输送机的宽度，并恰当地确定输送速度。

（2）**模型建立及总体布置** 所谓建立模型，主要是指根据单元货物规格确定货架整体尺寸和仓库内部布置。仓库的货架由标准的部件构成，在正确安装完成之后，它将满足所有负载、允许的偏差和其他工程要求。在仓库设计中，恰当地确定货位尺寸是一项极其重要的内容，它直接关系到仓库面积和空间利用率，也关系到仓库能否顺利地存取货物。货位尺寸取决于在货物单元四周需留出的净空尺寸和货架构件的有关尺寸。对仓库来说，这些净空尺寸的确定应考虑货架、起重设备运行轨道以及仓库地坪的制造、安装和施工精度，还和起重搬运设备的停车精度有关。

确定仓库的整体布置。货位数取决于有效空间和系统需要。例如香港启德机场，由德国制造的货架高度达到 44.5m，但是随着货架高度的增加，建设费用也将增加。因此，还要从技术上比较容易实现和经济上比较合理的角度确定货架高度。

一般情况下，每两排货架为一个巷道，根据场地条件可以确定巷道数。根据每排货架的列数及货格横向尺寸可确定货架总长度，根据作业频率的要求确定堆垛起重机的数量及工作形式。多数情况下每巷道配备一台堆垛起重机，还要确定高层货架区和作业区的衔接方式，可以选择采用叉车、运输小车或者输送机等运输设备，按照仓库作业的特点选择出入口的位置。图 5-26 是一个自动化立体仓库图，一般情况下 AS/RS 的总体布置形式如表 5-11 所示。

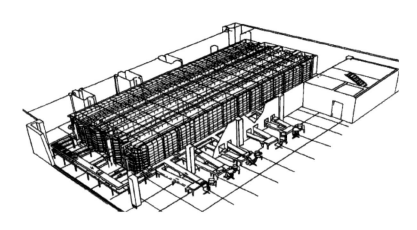

图 5-26　自动化立体仓库图

表 5-11　AS/RS 的总体布置形式

总体布置形式	说明	总体布置形式	说明
货架　进出库站　堆垛起重机	1. 一个进出库站 2. 适于进出库频率低的场合	P	1. 四个进出库站 2. 适于进出库频率高、需批进批出的场合
	1. 两个进出库站 2. 适于进出库频率高的场合		1. U 形多道式 2. 适于储存量多、进出库频率低的场合

总体布置形式	说明	总体布置形式	说明
	1. 两个进出库站 2. 分进库侧和出库侧	转车台	1. 转车台式 2. 适于用一台转车台和堆垛起重机在数列货架上存放的形式
	1. 两个进出库站 2. 进出库频率高	输送机	1. 进出站与外围装置连接 2. 适于进出库频率高且与外围设备联动的场合

5.4.7　出、入库流量验算与堆垛起重机的存取作业周期

货物的存取作业是仓储工作中很重要的一环，此时间的长短决定了仓库的出入库频率，是评价仓储作业效率和仓储系统的一项很重要的参数。存取作业周期的长短，不仅与堆垛起重机的行走、起升和货叉伸缩的时间有关，而且还与货种、货架的长度和高度、控制信号的获取与转换时间、库内的物流是否流畅等有关。高架仓库中的货物存取周期，即堆垛起重机完成一项作业后，再回到原地所需要的时间。仓库总体尺寸确定后，便可验算货物出、入库平均作业周期，以判断是否满足仓库要求。验算存取周期时，关键是如何假设出库和入库的货格地址。

在单元式高架仓库中货物的存取作业有两种基本方式，即单一作业方式和复合作业方式。单一作业方式即堆垛起重机从巷道口出入库台取一个单元货物送到选定的货位，然后返回巷道口的出入库台（单入库）；或者从巷道口出发到某一给定货位取出一个单元货物送到出入库台（单出库）。复合作业方式即堆垛起重机从出入库台取一件单元货物送到选定的货位，然后直接转移到另一个给定货位，取出其中的货物单元再回到出入库台出库。为了提高作业效率应尽量采用复合作业方式。图 5-27 中的 O 点是出入库台，货架的高为 H，巷道长为 L，堆垛起重机水平运行速度为 V_x，升降速度为 V_z。当堆垛起重机的行走机构、升降机构同时都以最大速度 V_x 和 V_z 运行时，经过一段时间载货台运行到货架上的某一货位 (X, Z) 时，两机构的运行时间相等，则存在下列关系：

$$z = \frac{v_z}{v_x} x \tag{5-57}$$

因为堆垛起重机作业周期的长短与堆垛起重机的速度、作业距离（即货架在水平方向的长度和货架在垂直方向的高度）有关，为此可用货架参数定义有关因素：

$$W = \frac{H/L}{v_z/v_x} = \frac{v_x}{v_z} \times \frac{H}{L} \tag{5-58}$$

根据堆垛起重机的速度，调整货架的长度与高度，可使得 $W=1$，如图 5-28 所示。

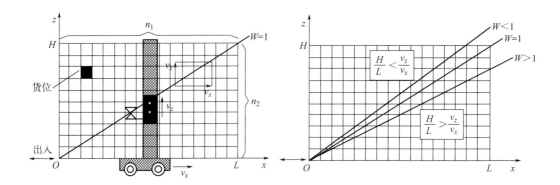

图 5-27　堆垛起重机作业周期计算参数

图 5-28 表示了堆垛起重机行走机构和升降机构复合动作，完成单一作业和复合作业的情况。图 5-28(a) 中，堆垛起重机必须在第 1 点，在停止 x 方向运动的同时，继续沿 z 方向运动才能到达指定的货位，进货完成返程时，在第 3 点，停止 x 方向的运动，由升降机构动作回到出发点 O。由此，可算出堆垛起重机在 z 方向运行距离为 l_z 时，所需时间 t_z。由图 5-28(b) 中可算出堆垛起重机在 x 方向运行距离为 l_x 时，所需的时间 t_x。图 5-28(c) 表示复合作业的情况。

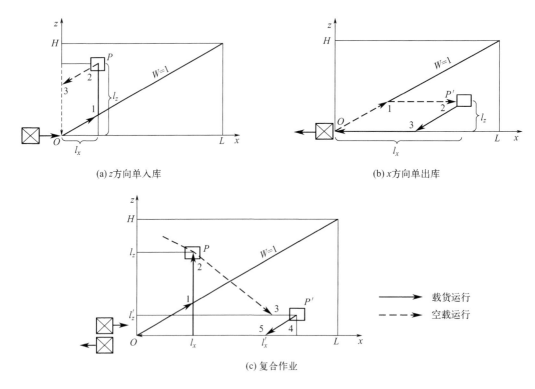

(a) z 方向单入库　　　　　　　　(b) x 方向单出库

(c) 复合作业

图 5-28　堆垛起重机的单一和复合运动

显然，时间 t_z 具有一般的意义，即只要在垂直方向行走的距离为 l_z，所需的时间均为 t_z，如图 5-29 中线段 AB 上的各个货位；对于 BC 线上各货位也是如此，作业的时间均是 t_x；在交点 B 处，$t_z = t_x$。所以，把线 $A—B—C$ 称为等时线，即在这两条线上的各货位作业时间相同。

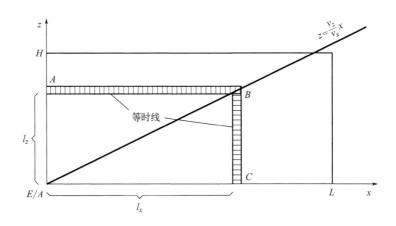

图 5-29　等时线

堆垛起重机作业周期的计算除了要考虑堆垛起重机行走和载货台的升降时间外，还应考虑货叉的升缩作业时间。货叉伸缩的作业时间包括货叉伸出时间和货叉缩回时间，还要考虑货叉与托盘对位所需要的微动时间。在单作业时，货叉伸、缩各一次；双作业时，货叉要伸、缩各两次。计算平均作业周期的方法有总体平均法和分解平均法。以下主要介绍总体平均法。

用总体平均法计算时先确定以下几个假设：

① 假设 80％ 的作业是复合作业方式，20％ 是单一作业方式。

② 摒弃运行距离特别近和特别远的两种极端情况，取货架长度和高度的 20％～80％ 之间的范围作为经常运行的范围。

③ 取四个复合作业和一个单一作业为一组进行验算。它们的货格位置和运行路线如图 5-30 所示。

④ 分别计算各次作业周期 T_{I}、T_{II}、T_{III}、T_{IV}、T_{V}。

⑤ 按下式计算一次入库和出库的平均作业周期：

$$T_{\text{平均}} = \frac{2(T_{\mathrm{I}} + T_{\mathrm{II}} + T_{\mathrm{III}} + T_{\mathrm{IV}} + T_{\mathrm{V}})}{5} \tag{5-59}$$

由此，可计算每小时平均入库或者出库货物单元数 n 为：

$$n = \frac{3600}{T_{\text{平均}}} \tag{5-60}$$

式中，$T_{\text{平均}}$ 是以秒计的平均作业周期。

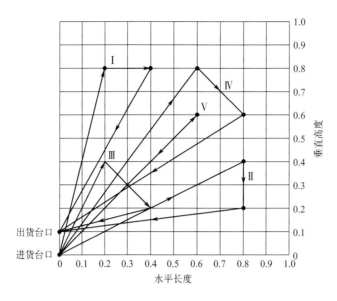

图 5-30 计算平均作业周期的路线图

5.5 仓储订单分批和拣货策略

仓储一般作为配送中心从收到订单到发送货物的各项服务作业中，拣货作业、配货作业以及发货是其主要的三大任务，而发送货物是配送中心与下游销售商进行的活动，因此，配送中心最重要最核心的工作就是拣货作业与配货作业。随着商品经济的快速发展，人们对商业活动中的商品需求量越来越大，配送中心分担的角色也越来越重要，配送中心的合作企业也愈来愈重视其内部运作效率。拣货作业作为配送中心最关键的环节之一，它的效率往往可以决定着配送中心的整体运作效率和经营收益，所以说，改善与提高拣货作业的效率已成为现代配送中心发展的主题与方向。拣货作业，是指配送中心根据客户订货单所规定的商品品名、数量和储存储位，将商品从货垛或货架上取出，并分放在指定货位，完成用户的配货要求的活动，包括订单的分批，安排订单拣选的顺序和物品的合理安排等等。在配送中心的各项作业中，拣货作业所消耗的人力成本与时间成本是最多的，它占到全部成本的将近 60%。因此，优化拣货作业可以大幅度提高物流中心运作效率。影响拣货作业的因素大体分为外部因素与内部因素。外部主要是受顾客需求模式、市场渠道、供应商补货模式和总的货品需求的影响。内部主要有配送中心拣货系统的配置、存储策略、拣货作业方法的选择，如拣货路径优化与品项拣选顺序优化，订单分批策略等的影响。以下主要从订单分批和拣货策略进行介绍。

5.5.1 订单分批策略和算法

(1) 订单分批策略 订单分批策略是指将某段时期内接收到的多张订单按照一定的方

式分成若干批进行拣货。分批策略不同于单个订单拣货，它可以使拣货人员和设备在同一时间内拣选多个订单，大量省去重复作业，所以该策略在配送中心拣货作业系统中得到了广泛应用。目前存在的分批方式主要有以下四种：

① 合计量拣选作业是将所有订单中相同的货品项目积累，然后拣货人员按照每个品项的总量进行拣取，这样可以减少不必要的重复作业。这种分批方式主要适用于在固定时间段内的周期性配送，例如可以将订单前半天收集，后半天作合计量分批拣货计算，第二天安排拣货人员进行分批拣货以及分类等作业。

② 时窗分批是指当从订单到达到拣货完成，最后交货，这个过程所规定的时间较短时，可以根据该配送中心实际情况开启短暂并且固定的时窗，如拣货系统开启 20min 作为时窗，那么将所有在这个时窗内到达的订单组合为一批进行拣取作业。

③ 固定订单量分批是在传统的先到先拣方式的基础上，预先设定一个订单拣货的固定量，只有当收到的订单量累计达到这个固定量时，才开始拣货作业。这种分批方式更加注重维持相对较稳定的作业效率，订单处理速度相比较下就要慢一些。

④ 智能分批是目前研究最多的分批方式，因为这种方式灵活且效率较高。智能分批的方法是先将订单分批问题建立一个数学模型，然后采用一定的算法将若干订单进行分批处理。这样的分批方式往往会获得最大的距离节约量。

以上所述的四种分批方式可以单独使用也可以联合运用，当然，也可以不采取任何方法，直接按接到订单的顺序先到先服务进行拣选。

(2) 订单分批算法 订单分批问题的解决算法，到目前研究为止，基本包括种子算法、节约算法、聚类分析算法、订单包络算法这四种传统算法。

① 种子算法。种子算法的首要工作是选择"种子"订单，所谓"种子"订单，就是指订单开始分批时，选择出来的作为每批订单第一个子订单的订单。种子算法最为关键的步骤是种子订单的选择和订单相似性度量。其算法步骤如下所述。

步骤 1：初始订单的选择。按照"种子"订单的选择标准确定一个种子订单，并将该订单从未分批的订单中移出。常用的订单选择标准有：a. 订单中品项存储分布的巷道范围最大的订单。b. 订单中品项存储的位置距离仓库入口最远的订单。c. 订单中品项的存储位置最多（少）的订单。d. 拣取所有货品需要的时间最长的订单。e. 订单中货物品项数最多（少）的订单。

步骤 2：相似性度量。将种子订单作为基准，分别与未分批的订单做相似性计算，将相似性系数进行降序排列。

步骤 3：依次将订单加入，直到不再满足约束为止，形成一批订单。

步骤 4：将已经分批好的订单移除，并将当前批量作为种子订单，转到步骤 2 再进行计算，直到所有订单分批完成，计算结束。

② 节约算法。节约算法是指将订单分成若干批进行拣货，分批后的每批订单都要比分别单独去拣该批中每个订单的总路程具有最大的节约量。其算法步骤如下所述。

步骤 1：将订单两两分组，计算两个订单包含的品项数之和，如果满足拣货车容量，计算其行走距离的节约量。

步骤 2：将节约量降序排列。

步骤3：按照排序将排在最前的节约组合规定为一批，如果存在两组订单的节约量相同时，选择所包含品项数最多的那组。

步骤4：将组合的订单作为一个新订单，并且计算该批订单分别与其他订单的拣货距离节约量，再次按降序排列的方式选择加入的订单，如果加入其订单满足拣货车容量，则将该订单加入该批，如果加入其订单不符合拣货车容量，那将该批订单移出，并转入步骤1。

③ 聚类分析算法。订单聚类分析是指将具有共同属性的相似订单合并为一批订单，主要包括两个内容：相似性度量原则和相似性系数。

相似性度量的原则主要有：一是两两订单相比较，包含品项中的相同的储位数最多；二是两两订单依次分组，待拣货物的总的储位数最多；三是加入新订单后，访问的巷道数增加得最少；四是两个订单合并后品项的共同货位面积最大。

相似性系数是描述两个对象之间的相似程度的数值度量，$0 \leqslant R_{ij} \leqslant 1$，描述对象越接近，它们的相似系数越接近1。聚类分析的计算步骤如下所述。

步骤1：将订单两两分组，若它们的品项数加和满足拣货车容量，计算其相似系数 R_{ij}。

步骤2：相似系数按降序排列。

步骤3：将 R_{ij} 排在第一位的订单合并为一批，如若系数相同，则优先选择订单总品项数较多的那一组，并且判断是否满足拣货车容量，如果满足，将该批作为新订单继续计算相似系数。

步骤4：若不满足条件，选择下一个 R_{ij}，直到所有的订单分批为止。

④ 订单包络算法。订单包络就是一个订单中所有品项所存储位位于拣货巷道的范围，可以由品项的最小巷道和最大巷道表示，可以表示为 $[N_{\min}, N_{\max}]$，如一个订单的包络为 $[1, 9]$，就是指该订单所有品项所在的巷道的范围就是从 1~9。不同包络的数量 E 与巷道数 M 的关系是：$E = \dfrac{1}{2}(M^2 + M)$，如若一个仓库的巷道数是 10，则该仓库的所有订单共有的包络数为 55。

为了计算方便，采用编号 k 来表示订单包络，而且要使一个编号能唯一表示一个包络。订单进行包络序列设计时，进行了这样的规定：最小巷道号是连续整数，同时最大巷道号相同的所有订单包络进行排序时，序列的第 1 个或最后 1 个包络是 $[N_{\max}, N_{\max}]$ 或 $[1, N_{\max}]$。同时，为了保证所有的连续的订单包络的编号差值为 1，最终的包络排序就要必须满足：当订单包络中最大巷道号为偶数时，订单包络排序要以 $[N_{\max}, N_{\max}]$ 开始，以 $[1, N_{\max}]$ 结束；当最大巷道号为奇数时，订单包络排序要以 $[1, N_{\max}]$ 开始，以 $[N_{\max}, N_{\max}]$ 结束。在这样的规则安排下，订单包络与包络编号便建立了一一对应的关系。

例如一个仓库有 4 个巷道，计算出该仓库具有的订单包络数为 10，那么订单包络的编号便在 1~10 中取值。按照如上的包络排序原则，订单包络的具体排序为：$[1\ 1]$ $[2\ 2]$ $[1\ 2]$ $[1\ 3]$ $[2\ 3]$ $[3\ 3]$ $[4\ 4]$ $[3\ 4]$ $[2\ 4]$ $[1\ 4]$。总结出订单包络的编号原则：

当最大通道号 $N_{\max}$ 为偶数时，$k = \dfrac{N_{\max}(N_{\max}+1)}{2} - N_{\min} + 1$　　　　　(5-61)

当最大通道号 $N_{\max}$ 为奇数时，$k = \dfrac{N_{\max}(N_{\max}+1)}{2} - N_{\max} + N_{\min}$　　　　(5-62)

订单包络算法的基本步骤如下所述。

步骤 1：首先依据订单中品项所在的巷道建立订单包络 $[N_{\min}, N_{\max}]$，$k = 1$，2，3，$\cdots$，n。

步骤 2：根据式(5-61) 和式(5-62) 计算出每个订单包络对应的订单包络编号，并且按从大到小的降序排列，相同编号的订单按其品项数仍从大到小降序排列。

步骤 3：将排序第一个的订单作为第一批订单，按编号顺序将下一个订单加入，直至不满足约束条件即大于拣货车的容量。

步骤 4：将完成分批的订单移出订单集，然后依次分批剩余的订单，直到所有的订单分批完成。

5.5.2 拣货策略

拣货策略的选择需要考虑多个因素，包括仓库布局、订单特性、商品属性以及人力资源等。常见的拣货策略有批量拣货、按单拣货和复合拣货等。批量拣货是指将多个订单集中在一起，按照商品类别一次性拣选出所有需要的商品，这种方式适用于订单量大、商品种类繁多的情况。按单拣货则是按照订单的顺序，逐一拣选出所需的商品，适用于订单量小、商品种类较少的情况。复合拣货则是根据订单的特点和仓库的实际情况，将批量拣货和按单拣货相结合，以达到最优的拣货效果。

拣货作业是配送中心在收到客户订单之后，根据不同客户的订单信息，将每个订单上所需的不同种类、数量的商品从固定的存储位置取出，并放在指定的集货位置，包括拆包或再包装，即所谓的拣选作业或分拣作业。拣货策略是仓库管理中至关重要的环节，它直接影响了订单的处理速度、发货准确率以及物流成本。有效的拣货策略不仅可以提高仓库作业效率，还能优化库存管理，减少错误和浪费。

拣货流程包括生成拣货信息、查找、行走、拣取、分类集中、信息处理等环节，如图 5-31 所示。据调查，所耗时间约占整个作业所用时间的 60%。因此，拣货效率的高低直接影响着配送中心的服务能力及顾客满意度。

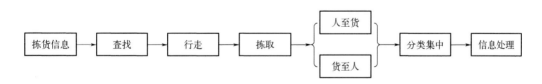

图 5-31 拣货作业基本流程

拣货人员拣取货物时，取货顺序不同决定了拣货路径的不同。传统的拣货路径策略包括传统穿越策略、中点策略、返回路径策略等。最简单、应用最多的拣选路径策略便是穿越策略，如图 5-32 所示。图中 P 为被拣选货物的储存位置，穿越路径是一个拣货员从货架一端进入拣选巷道，待所有货物拣选完毕后从巷道另一端出去，之后进入下一巷道。拣货员从仓库出入口位置出发，待遍布完所有包含待拣选货物的巷道后回到出发点。

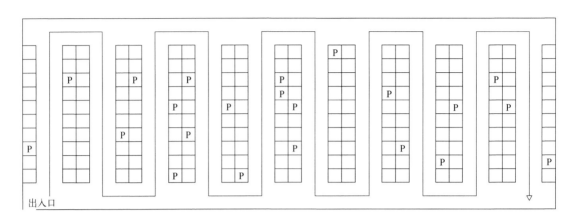

图 5-32　穿越策略

返回策略是指拣货员每次进入和离开一个拣选巷道都在同一端。拣选人员只进入包含待拣选货物的巷道，不必遍历所有拣选巷道。如图 5-33 所示。

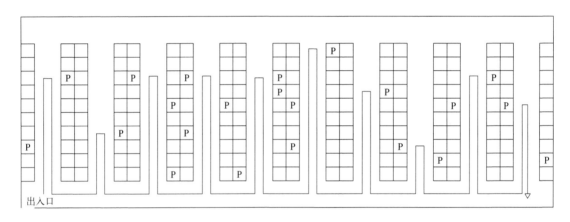

图 5-33　返回策略

中点策略是指将所有拣选巷道分为相等的两部分，拣选人员从过道的一端进入最远到达该巷道的中点，之后便返回进入同一端，接着进入下一拣选巷道。待所有巷道遍历完之后，从巷道另一端继续重复同样的路径。完成最后巷道拣选回到出发位置。具体如图 5-34 所示。

在实施拣货策略时，需要注意以下几点。首先，要合理规划仓库布局，确保拣货路径最短，减少无效行走和重复劳动。其次，要根据商品属性和订单特性选择合适的拣货方式，避免盲目拣选导致效率低下。此外，还需要加强员工培训，提高拣货准确率和效率。最后，要定期对拣货策略进行评估和优化，以适应市场变化和仓库运营的实际需求。

【例 5-17】　某仓库结构如图 5-35 所示，仓库的出入口在仓库的左下角，仓库中共有 10 个巷道，2 个横向通道，前后各一条。巷道左右两边的货架分为 2 排，每排货架有 10 个货格储位，拣货人员可以在巷道中进行双向拣货。仓库的其他基础数据分别为：主干道宽 2m，主干道长 10 米，货格深 1m，货格宽 1m，巷道宽 2m，巷道长 10m。在某个拣选时间内需要处理 7 个订单，共 24 品项数。订单信息如表 5-12 所示，表中括号内第 1 个数

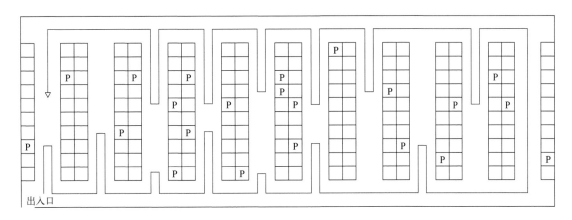

图 5-34　中点策略

字表示巷道编号，第 2 个数字表示货格数，第 3 个数字表示货物放置在左边货架还是右边货架，0 表示货物在巷道左边货架，1 表示货物在巷道右边货架。用相同的数字表示一个订单，如"1"表示的是订单 1 的所有品项，2、3……依此类推。假设拣选小车最大容量为 10，要求对货物进行拣选。

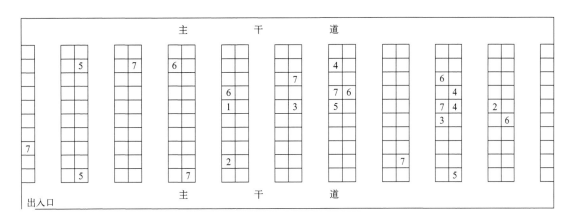

图 5-35　仓库结构图

表 5-12　订单信息

编号	品项数	位置(巷道号,货格数,左右)
订单 1	1	(4,6,1)
订单 2	2	(9,6,1)(4,2,1)
订单 3	2	(6,6,0)(8,5,1)
订单 4	3	(9,7,0)(9,6,0)(6,9,1)
订单 5	4	(6,6,1)(2,1,0)(2,9,0)(9,1,0)
订单 6	5	(8,8,1)(4,7,1)(3,9,1)(10,5,0)(7,7,0)
订单 7	7	(8,2,0)(6,8,0)(6,7,1)(3,9,0)(4,1,0)(8,6,1)(1,3,0)

解： 使用节约算法对三种策略进行计算。

（1）穿越策略下采用节约算法的订单分批结果及拣选距离

① 计算单个订单穿越策略行走总距离（图 5-36）。

================ 单个订单穿越策略行走距离 ====================

route_one =

39   88   80   88   108   136   120

图 5-36　单个订单穿越策略行走总距离

② 计算各组合订单穿越策略行走距离（图 5-37）。

============== 组合订单穿越策略行走距离 ==================

route_two =

88 100 108 108 136 120 108 108 108 136 128 108 108 136 120 108 156 128 156 148 156

图 5-37　各组合订单穿越策略行走距离

③ 计算各组合订单节约里程（图 5-38）。

===================== 节约距离 =====================

Save_distance =

```
0    39    19    19    39    39    39
0     0    60    68    88    88    80
0     0     0    60    80    80    80
0     0     0     0    88    68    80
0     0     0     0     0    88    80
0     0     0     0     0     0   100
0     0     0     0     0     0     0
```

图 5-38　各组合订单节约里程

④ 分批结果与拣选距离。根据节约里程法经过 Matlab 运行得到如图 5-39 所示分批结果与拣选距离。

```
============= 节约算法+穿越策略—>分批结果 ==================
最优分批结果编码==>  0  2  3  0  5  6  1  0  4  7  0
分批数量==> 3
=========================================================
第 1 批=>  0  2  3  0；品项数：4；拣选距离=> 108
第 2 批=>  0  5  6  1  0；品项数：10；拣选距离=> 156
第 3 批=>  0  4  7  0；品项数：10；拣选距离=> 128
=========================================================
总的拣选路径距离：392
```

图 5-39　穿越策略下分批结果

第 1 批拣选顺序：(4，2，1)→(6，6，0)→(8，5，1)→(9，6，1)；

第 2 批拣选顺序：(2，1，0)→(2，9，0)→(3，9，1)→(4，6，1)→(4，7，1)→
(6，6，1)→(7，7，0)→(8，8，1)→(9，1，0)→(10，5，0)；

第 3 批拣选顺序：(1，3，0)→(3，9，0)→(4，1，0)→(6，9，1)→(6，8，0)→
(6，7，1)→(8，2，0)→(8，6，1)→(9，7，0)→(9，6，0)。

穿越策略拣选路径如图 5-40 所示。

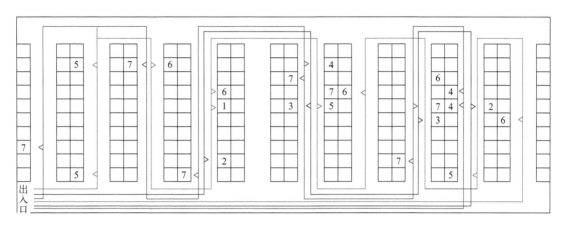

图 5-40　穿越策略拣选路径

（2）计算在返回路径策略下采用节约算法的订单分批结果

① 计算单个订单返回策略行走总距离（图 5-41）。

================ 单个订单返回策略行走距离 ====================

route_one =

　　39　　82　　80　　98　　97　　143　　109

图 5-41　单个订单返回策略行走总距离

② 计算各组合订单返回策略行走距离（图 5-42）。

=============== 组合订单返回策略行走距离 ====================

route_two =

90　91　109　108　143　119　102　101　110　154　130　107　106　154　109　115　173　132　172　135　163

图 5-42　各组合订单返回策略行走距离

③ 计算各组合订单节约里程（图 5-43）。

④ 计算分批结果（图 5-44）。

```
======================= 节约距离 =======================

Save_distance =

    0   31   28   28   28   39   29
    0    0   60   79   69   71   61
    0    0    0   71   71   69   80
    0    0    0    0   80   68   75
    0    0    0    0    0   68   71
    0    0    0    0    0    0   89
    0    0    0    0    0    0    0
```

图 5-43　各组合订单节约里程

```
============ 节约算法+返回策略=>分批结果 ====================
最优分批结果编号==>  0 2 4 5 0 1 6 0 3 7 0
分批数量==> 3
=========================================================
第 1 批=> 0 2 4 5 0；品项数：9；拣选距离=> 118
第 2 批=> 0 1 6 0；品项数：6；拣选距离=> 143
第 3 批=> 0 3 7 0；品项数：9；拣选距离=> 109
=========================================================
总的拣选路径距离：370
```

图 5-44　返回策略下分批结果

第 1 批拣选顺序：(2，1，0)→(2，9，0)→(4，2，1)→(6，6，1)→(6，9，1)→(9，1，0)→(9，6，0)→(9，6，1)→(9，7，1)；

第 2 批拣选顺序：(3，9，1)→(4，6，1)→(4，7，1)→(7，7，0)→(8，8，1)→(10，5，0)；

第 3 批拣选顺序：(1，3，0)→(3，9，0)→(4，1，0)→(6，6，0)→(6，7，1)→(6，8，0)→(8，2，0)→(8，5，1)→(8，6，1)。

返回策略拣选路径如图 5-45 所示。

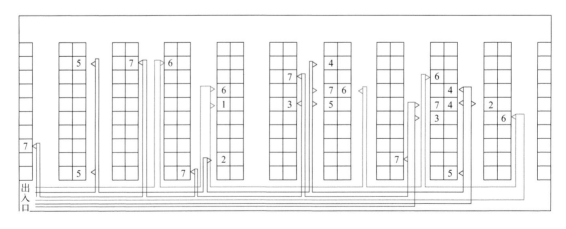

图 5-45　返回策略拣选路径

（3）计算在中点路径策略下采用节约算法的订单分批结果

① 计算单个订单中点策略行走距离（图 5-46）。

```
=============== 单个订单中点策略行走距离 ===================

route_one =

    39    91    80    88    89    96    86
```

图 5-46　单个订单中点策略行走总距离

② 计算各组合订单中点策略行走距离（图 5-47）。

```
============== 组合订单中点策略行走距离 ==================

route_two =

 91  80  88  89  96  86  100  91  92  99  99  97  98  105  86  89  96  97  98  98  105
```

图 5-47　各组合订单中点策略行走距离

③ 计算各组合订单节约里程（图 5-48）。

```
======================= 节约距离 =========================

Save_distance =

    0    39    39    39    39    39    39
    0     0    71    88    88    88    78
    0     0     0    71    71    71    80
    0     0     0     0    88    88    77
    0     0     0     0     0    87    77
    0     0     0     0     0     0    77
    0     0     0     0     0     0     0
```

图 5-48　各组合订单节约里程

④ 计算分批结果（图 5-49）。

```
============ 节约算法+中点策略=>分批结果 =============
最优分批结果编码==>  0  5  0  4  6  2  0  3  7  1  0
分批数量==> 3
======================================================
第 1 批=> 0  5  0；品项数：4；拣选距离=> 89
第 2 批=> 0  4  6  2  0；品项数：10；拣选距离=> 99
第 3 批=> 0  3  7  1  0；品项数：10；拣选距离=> 86
======================================================
总的拣选路径距离：274
```

图 5-49　中点策略下分批结果与拣选距离

第 1 批拣选顺序：(2，1，0)→(9，1，0)→(6，6，1)→(2，9，1)；

第 2 批拣选顺序：(4，2，1)→(10，5，0)→(9，7，0)→(9，6，0)→(9，6，1)→(8，8，1)→(7，7，0)→(6，9，1)→(4，7，1)→(3，9，1)；

第 3 批拣选顺序：(1，3，0)→(4，1，0)→(8，2，0)→(8，5，1)→(8，6，1)→(6，8，0)→(6，7，1)→(6，6，0)→(4，6，1)→(3，9，0)。

中点策略拣选路径如图 5-50 所示。

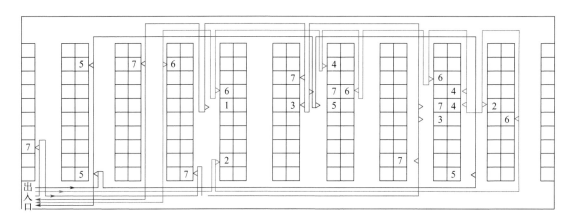

图 5-50　中点策略拣选路径

将上述三种拣选策略综合在表 5-13 中进行比较。

表 5-13　不同拣选策略表

拣选策略	分批结果	品项数	拣选距离
穿越策略	2、3	4	108
	5、6、1	10	156
	4、7	10	128
返回策略	2、4、5	9	118
	1、6	6	143
	3、7	9	109
中点策略	5	4	59
	4、6、2	10	99
	3、7、1	10	86

运用节约里程进行订单分批时选择不同的路径策略时，得到的分批结果也不同，所以分别在不同的路径策略下进行了订单分批。从表 5-13 可以看出，总的行走距离中，中点策略最小，这也正说明了为什么配送中心仓库设计成多过道或者分区拣货方式。

本章小结

本章主要介绍了仓储的基本概念、仓库规划、八种仓储模型和自动化仓储系统。在仓库规划中重点介绍了蜂窝型空缺、仓库存储面积的计算、存储策略及配送路径等内容。八种仓储模型包括经济订购批量存储模型、经济生产批量模型、允许缺货的经济订货批量模型、允许缺货的经济生产批量模型、经济订货批量折扣模型、需求为随机的单一周期的存储模型、需求为随机变量的订货批量再订货点模型和需求为随机变量的定期检查存储量模型。自动化仓储系统介绍涵盖了其关键组成部分、所用设备、采用自动化技术，以及出、入库流量的验算方法。此处，还详细阐述了堆垛起重机的存取作业周期、仓储订单分批处理策略，以及拣货策略等内容。

本章习题

1. 假设某工厂需要外购某一个部件，年需求为 4800 件，单价为 40 元。每次的订购费用为 350 元，每个部件存储一年的费用为每个部件价格的 25%。又假设每年有 250 个工作日，该部件订货提前期为 5 天（即订货后 5 天可送货到厂），不允许缺货，请求出：

(1) 经济订货批量？

(2) 每年订货与存储的总费用？

(3) 每年订几次货？两次订货间隔的时间？

(4) 再订货点 Rop？

(5) 假如允许缺货，缺货成本 25 元/(件·年)，计算上面 (1)~(4)，并把两种情况总成本进行比较。

2. 某公司生产某种商品，其生产率与需求率都为常量，年生产率为 50000 件，年需求率为 30000 件；生产准备费用每次为 1000 元，每件产品的成本为 130 元，每件每年的存储成本率为 21%，假设该公司每年工作日为 250 天，要组织一次生产的准备时间为 5 天。请用不允许缺货的经济生产批量的模型，求出：

(1) 最优经济生产批量；

(2) 每年组织生产次数；

(3) 两次生产间隔时间；

(4) 每次生产所需时间；

(5) 最大存储水平；

(6) 全年总成本；

(7) 再订货点；

(8) 允许缺货，每件商品缺货一年的缺货费为 30 元，求出 (1)、(3)、(6)、(7)。

3. 某商场夏季出售一种驱蚊剂，每售出一瓶可获利 16 元，如果不能售出每瓶赔 22 元，具体数据如表 5-14 所示。该商场夏季应该订购多少驱蚊剂？

表 5-14 不同概率下的销售量

销售量/千瓶	8	9	10	11	12	13	14	15
概率 p	0.1	0.2	0.1	0.1	0.1	0.2	0.1	0.1

4. 填写以下空格

	EOQ	允许缺货 EOQ	经济生产批量模型	允许缺货的经济生产批量模型
Q^*				
S^*	————		————	
TC				
平均存储量				
平均缺货量	————		————	

5. 某种货物 C 为木箱包装形式，尺寸（长×宽×高）为 1000mm×600mm×700mm，箱底部平行宽度方向有两根垫木，可用叉车搬运，在仓库中堆垛放置，最高可堆 4 层。C 货物最大库存量为 600 件，请考虑通道损失（设叉车直角堆垛最小通道宽度为 3.6m）和蜂窝损失确定其需要的存储面积。（注：叉车货叉长达 900～1000mm，取出货物时一般是一件一件取。）

6. 某仓库拟存 A、B 两类货物，包装尺寸（长×宽×高）为 500mm×280mm×180mm 和 400mm×300mm×205mm，采用 1200mm×1000mm×150mm 的标准托盘上堆垛，高度不超过 900mm。两类货物最高库存量分别是 19200 件和 7500 件，采用选取式货架堆垛，货架每一货格存放两个托盘货物。作业叉车为电动堆垛叉车，提升高度为 3524mm，直角堆垛最小通道宽度为 2235mm。要求：试确定货架长宽高、层数和排数，并计算货架区面积。

7. 仓库中每个存储区大小为 20×20＝400 单元尺寸，共 40 个存储区，四个站台 P_1、P_2、P_3、P_4。所有库存项目 60% 由 P_1、P_2 存取（概率相等），所有库存项目 40% 由 P_3、P_4 存取（概率相等）。现有 3 种产品 T_1、T_2、T_3，分别需要存储面积是 3600 单元尺寸、6400 单元尺寸和 4000 单元尺寸，月出入库周转率分别是 750 箱、900 箱和 800 箱。应用矩形运输距离，测量从存储区中心算起。为产品 T_1、T_2、T_3 指定存储位置。

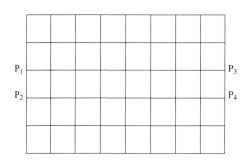

8. 某仓库每年处理货物 600 万箱，其中 70% 的进货是由卡车运输的，而 90% 的出货是由卡车运输的。仓库每周工作 5 天，每天 2 班。对于进货卡车，卸货速度是 200 箱/（人·时），而出货上货的速度是 175 箱/（人·时）。进出货卡车满载都是 500 箱。考虑进出货并不均匀，设计加上 25% 的安全系数。试确

定仓库收发货门数。

9. 配送中心（Q）要向 10 个用户配送，配送距离（km）和需用量（t）已知。假设：采用最大载重量 2t、4t、8t 三种汽车，并限定车辆一次运行距离 30km。用节约里程法选择最佳配送路线和车辆的调度。

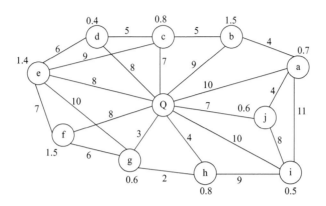

配送网络图

第**6**章　模型与算法

模型是对现实世界某个部分或某个过程的抽象表示。算法是一系列明确的、有顺序的、可执行的计算步骤。本章主要从设施选址模型、布局模型和相应的算法进行介绍和学习。

6.1　设施选址问题模型

6.1.1　选址模型的分类

在建立一个选址模型之前，我们需要清楚以下几个问题：选址的对象是什么？选址的目标区域是怎样的？选址目标和成本函数是什么？有什么样的一些约束？根据这些问题的不同，选址问题可以被归为相应的类型，根据不同的类型就可以建立选址模型，进而选择相应的算法进行求解，这样，就可以得到该选址问题的方案。目前，可以将选址问题分为下面几类。

（1）设施的维度　根据被定位设施的维度可以分为体选址、面选址、线选址和点选址。体选址是用来定位三维物体的，例如卡车和飞机的装卸或箱子外货盘负载的堆垛。面选址是用来定位二维物体的，例如一个制造企业的部门布置。线选址是用来定位一维物体的，例如在配送中心的分拣区域，分拣工人向传送带按照订单拣选所需要的货品。点选址是用来定位零维物体的。点选址的使用场合是当相对于物体的目标位置区域，物体的尺寸可以忽略不计时。大多数选址问题和选址算法都是基于这种情况的。最常见的应用是工业企业的配送系统，如定位一个新的配送中心。

更高维度的选址问题也是存在的，但是相当少。如果问题的约束条件或者参数随着时间改变，那么这个选址问题就成为带有"时间维"的四维选址问题。这种问题通常也叫作"动态选址问题"。其他的选址特性可以在建模过程中转化为约束，例如一架飞机上的负载不仅对货物的尺寸有要求，而且货物的重量需要沿着机身平衡分布，并与机身正交。

（2）设施选址的数量（单一或多个）　根据选址设施的数量，可以将选址问题分为单一设施选址问题和多设施选址问题。单一设施选址无须考虑竞争力、设施之间需求的分配、设施成本与数量之间的关系，主要考虑运输成本，因此，单一设施选址问题相比多设施选址问题而言，是比较简单的一类问题。

（3）按照选址目标区域的特征分类　可以将选址问题分为连续选址、网格选址及离散选址 3 大类。连续选址待选区域是一个平面，不考虑其他结构，可能的选址位置的数量是无限的。选址模型是连续的，而且通常也可以被相当有效地分析。典型的应用是一个企业的配送中心初步选址。网格选址是待选区域是一个平面，被细分成许多相等面积（通常是正方形）的区域。候选地址的数量是有限的，但是也相当大。典型的应用是仓库中不同货物的存储位置的分配。例如将 100000 种货物分配到 200000 个可能位置上的问题，如果使用离散选址模型将产生 20000000000 个二进制分配变量，这么多的变量是不可能得到可行的表述和合理的解决方案的。离散选址是一个离散的候选位置的集合。候选位置的数量通常是有限的且其少的。这种模型是最切合实际的，然而相关的计算和数据收集成本是相当高的。实际的距离可以在目标函数和约束中使用，还可以包含有障碍和不可行区域的复杂地区。典型的应用是一个国内企业的配送中心的详细选址设计。

6.1.2　选址问题中的距离计算

选址问题模型中，最基本的一个参数是各个节点之间的距离。一般采用两种方法来计算节点之间的距离，一种是直线距离，也叫欧几里得距离；另一种是折线距离，也叫城市距离。图 6-1 是距离计算示意。

（1）直线距离　直线距离是指平面上两点间的距离。平面上两点 $(x_i,\ y_i)$ 和 $(x_j,\ y_j)$ 间的直线距离 d_{ij} 公式见式(6-1)。

$$d_{ij}^{E}=\sqrt{(x_i-x_j)^2+(y_i-y_j)^2}$$

(6-1)

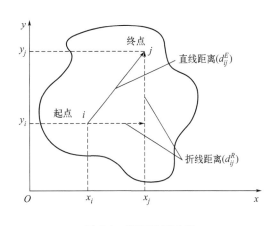

图 6-1　距离计算示意

上标 E 代表欧几里得距离，欧几里得距离通常用在城市间配送问题和通信问题上，在这些问题中，直线距离是可以接受的近似值。城市间配送问题中的实际路线距离可以通过将欧几里得距离乘以一个适当的系数更好地近似。

（2）折线距离　折线距离一般用在道路较规则的城市内的配送问题及具有直线通道的工厂及仓库内的布置、物料搬运设备的顺序移动等问题中。折线距离采用式(6-2)计算。

$$d_{ij}^{R}=|x_i-x_j|+|y_i-y_j|$$

(6-2)

6.1.3　选址模型

选址模型应该具有以下两个方面的功能：一是为设施（工厂、仓库、零售点等）找到一个最优的位置；二是物流系统设计中的一个重要部分。对设施选址问题可以通过一个最为简单的实例来理解：在一条直线上（街道）选择一个有效位置（商店），即一种设施选址。为了能够让在这条街上的所有顾客到达你的商店平均距离最短，在不考虑其他因素的情况下，当然这条大街的中点是最为合理的位置。上面是最为简单的一个选择问题，实际上，街上各个位置上可能出现顾客的概率是不一样的，如果需要考虑到这个条件的限制，那么就需要给整条街不同位置加上一个权重 w_i 进行分析。由于对不同的选址模型的权重设计方法并不是完全一样的，问题将变得复杂。在权重等外部条件都确定的情况下，此类问题可以用式（6-3）或式（6-4）的目标函数进行评价，式（6-3）适用于离散模型，式（6-4）适用于连续模型。

$$\min Z = \sum_{i=0}^{s} w_i (s - x_i) + \sum_{i=s}^{n} w_i (x_i - s) \tag{6-3}$$

$$\min Z = \int_{x=0}^{s} w(x)(s - x)\mathrm{d}x + \int_{x=s}^{L} w(x)(x - s)\mathrm{d}x \tag{6-4}$$

式中，w_i 为大街上第 i 个位置出现顾客的概率；x_i 为街上第 i 个位置到所选地址的距离；s 为选择投资的位置。

对上面等式进行求解，需对等式求微分，然后令其微分值为零，结果为式（6-5）或式（6-6）：

$$\frac{\mathrm{d}Z}{\mathrm{d}s} = \sum_{i=0}^{s} w_i - \sum_{i=s}^{n} w_i = 0 \tag{6-5}$$

或者

$$\frac{\mathrm{d}Z}{\mathrm{d}s} = \int_{i=0}^{s} w(x)\mathrm{d}x - \int_{i=s}^{n} w(x)\mathrm{d}x \tag{6-6}$$

上面的计算结果表明，所开设的新店面需要设置在权重的中点，即两面的权重都是 50%。这是一个很简单的选址模型，下面将对选址问题中的各个模型进行详细介绍，并通过实例来说明如何应用。

6.1.4　连续点选址模型

连续点选址问题指的是在一条路径或者一个区域里面的任何位置都可以作为选址的一个选择。交叉中值模型是用来解决连续点选址问题的一种十分有效的模型，它是利用城市距离进行计算。通过交叉中值的方法可以对单一的选址问题在一个平面上的加权的城市距离进行最小化。其相应的目标函数为：

$$\min Z = \sum_{i=1}^{n} w_i |x_i - x_s| + \sum_{i=1}^{n} w_i |y_i - y_s| \tag{6-7}$$

式中，w_i 为与第 i 个点对应的权重（例如需求）；(x_i, y_i) 为第 i 个需求点的坐标；(x_s, y_s) 为服务设施点的坐标；n 为需求点的总数目。

在上面介绍的商店在一条大街上选址的问题中，选择的就是所有可能需要服务对象到目标点的绝对距离总和最小。相似地，在这个问题里面，最优位置也就是由如下坐标组成的点，x_s 是在 x 方向的对所有的权重 w_i 的中值点；y_s 是在 y 方向的对所有的权重 w_i 的中值点。考虑到 x_s，y_s 或者同时两者可能是唯一值或某一范围，最优的位置也相应地可能是一个点，或者是线，或者是一个区域。

【例 6-1】 一个报刊连锁公司想在一个地区开设一个新的报刊零售点，主要的服务对象是附近的 5 个住宿小区的居民，他们是新开设报刊零售点的主要顾客源。图 6-2 中笛卡儿坐标系中确切地表达了这些需求点的位置，表 6-1 是各个需求点对应的权重。这里，权重代表每个月潜在的顾客需求总量，基本可以用每个小区中的总的居民数量来近似。经理希望通过这些信息来确定一个合适的报刊零售点的位置，要求每个月顾客到报刊零售点所行走的距离总和为最小。

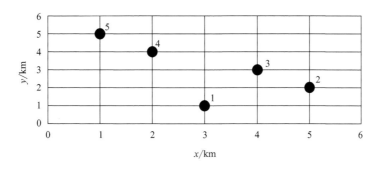

图 6-2　报刊亭选址问题需求点分布图

表 6-1　需求点对应的权重

需求点	x 坐标	y 坐标	权重 w_i
1	3	1	1
2	5	2	7
3	4	3	3
4	2	4	3
5	1	5	6

由于考虑的问题是在一个城市中的选址问题，选择使用城市距离，交叉中值选址方法将会用来解决这个问题。

首先，从表 6-1 中，可以轻易地得到中值 $w = (7+1+3+3+6)/2 = 10$。为了找到 x 方向上的中值点 x_s，从左到右将所有的 w_i 加起来，按照升序排列到中值点，如表 6-2 所示。然后重新再由右到左将所有的 w_i 加起来，按照升序排列到中值点。可以看到，从左边开始到需求点 1 就刚好达到了中值点，而从右边开始则是到需求点 3 达到中值点。回到图 6-2，发现在需求点 1、3 之间 1000m 的范围内对于 x 轴方向都是一样的，也就是说，$x_s = 3 \sim 4 \mathrm{km}$。

表 6-2 x 轴方向的中值计算

需求点	沿 x 轴的位置	$\sum w_i$
从左到右		
5	1	6
4	2	6+3=9
1	3	6+3+1=10
3	4	
2	5	
从右到左		
2	5	7
3	4	7+3=10
1	3	
4	2	
5	1	

接着寻找在 y 方向上的中值点 y_s。从上到下，逐个叠加各个需求点的权重 w_i。在考虑 5、4 两个需求点时，权重和为 9，仍没有达到中值点 10，但是加上第三个需求点 3 后，权重和将达到 12，超过中值点 10，如表 6-3 所示。所以从上向下的方向考虑，报刊亭零售点应该设置在 3 点或 3 点以上的位置。然后从下往上，在第 1 和第 2 个需求点之后，权重总和达到 8，仍旧不到 10，当加入第三个需求点 3 后，权重总和达到 11。这说明，报刊零售点应该在需求点 3 或者它下面的位置。结合两个方面的限制和图 6-2 的相对位置，在 y 方向，只能选择一个有效的中值点：$y_s = 3\text{km}$。

表 6-3 y 轴方向的中值计算

需求点	沿 y 轴的位置	$\sum w_i$
从上到下		
5	5	6
4	4	6+3=9
3	3	6+3+3=12
2	2	
1	1	
从下到上		
1	1	1
2	2	1+7=8
3	3	1+7+3=11
4	4	
5	5	

综合考虑 x、y 方向的影响，于是最后可能的地址为 A、B 之间的一条线段（图 6-3）。表 6-4 对 A、B 两个位置的加权距离进行了比较。从比较的结果可以看到，它们之间的加权距离是完全相等的。也就是说，可以根据实际情况，选址 A、B 直接的任何一点。就像本例中说明的，如果在 y 方向也是一个范围，那么整个可能的选择范围就是一个区域；如果在 x 方向也是一个点，那么可选的地点就只有一个点了。利用交叉中值的方法可以为决策提供更多的选择和灵活性。

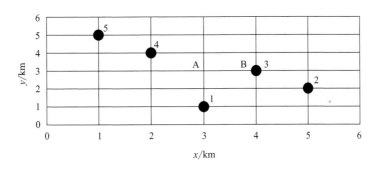

图 6-3　可能的方案

表 6-4　位置 A、B 之间的加权距离比较

位置 A(3,3)				位置 B(4,3)			
需求点	距离	权重	总和	需求点	距离	权重	总和
1	2	1	2	1	3	1	3
2	3	7	21	2	2	7	14
3	1	3	3	3	0	3	0
4	2	3	6	4	3	3	9
5	4	6	24	5	5	6	30
			56				56

6.1.5　离散点选址模型

离散点选址指的是在有限的候选位置里面，选取最为合适的一个或者一组位置为最优方案，相应的模型就叫作离散点选址模型。它与连续点选址模型的区别在于它所拥有的候选方案只有有限个元素，考虑问题的时候，只需要在这几个有限的位置进行分析。

对于离散点选址问题，目前主要有两种模型可供选择，分别是覆盖模型（covering）和 P-中值模型。其中覆盖模型常用的有集合覆盖模型（set covering location problem）和最大覆盖模型（maximum covering location）。下面将针对这些离散点选址模型的使用范围有什么不同，如何建立这些模型，对这些模型需要如何进行求解，逐一进行详细地介绍。

(1) 覆盖模型 所谓覆盖模型，就是对于需求已知的一些需求点，如何确定一组服务设施来满足这些需求点的需求。在这个模型中，需要确定服务设施的最小数量和合适的位置。该模型适用于商业物流系统，如零售点的选址问题、加油站的选址、配送中心的选址等，公用事业系统，如急救中心、消防中心等，以及计算机与通信系统，如有线电视网的基站、无线通信网络基站、计算机网络中的集线器设置等。

根据解决问题的不同方法，可以分为两种不同的主要模型：集合覆盖模型，用最小数量的设施去覆盖所有的需求点；最大覆盖模型，在给定数量的设施下，覆盖尽可能多的需求点。

从图 6-4 和图 6-5 的图解中，可以看出这两类模型的区别：集合覆盖模型要满足所有的需求点，而最大覆盖模型则只覆盖有限的需求点，两种模型的应用情况取决于服务设施的资源充足与否。

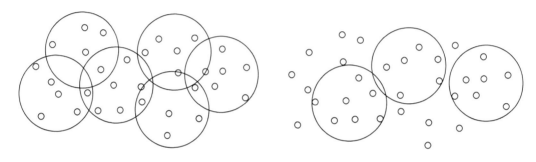

图 6-4　集合覆盖模型　　　　　　　　图 6-5　最大覆盖模型

下面分别对两种模型的构建和求解进行详细地介绍。

集合覆盖模型的目标是用尽可能少的设施去覆盖所有的需求点，相应的目标函数可以表述为：

$$\min \sum_{j \in N} x_j \tag{6-8}$$

$$\sum_{j \in B(I)} y_{ij=1}, \ i \in N \tag{6-9}$$

$$\sum_{i \in A(J)} d_i y_j \leqslant c_j x_j, \ j \in N \tag{6-10}$$

$$x_j \in |0, 1|, \ i \in N \tag{6-11}$$

$$y_{ij} \geqslant 0, \ i, j \in N \tag{6-12}$$

式中，$N = \{1, 2, n\}$，为在研究对象中的 n 个需求点；d_i 为第 i 个节点的需求量；c_j 为设施节点 j 的容量；$A(J)$ 为设施节点 j 所覆盖的需求节点的集合；$B(I) = \{j | i \in A(J)\}$，为可以覆盖需求节点 i 的设施节点 j 的集合；y_{ij} 为节点 i 需求中被分配给节点 j 的部分；设施位于节点 j 则 $x_j = 1$，设施不位于节点 j 则 $x_j = 0$。

式（6-8）是最小化设施的数目，式（6-9）保证每个需求点的需求得到完全的满足，式（6-10）是对每个提供服务的服务网点的服务能力的限制，式（6-11）保证一个地方最多只能投建一个设施，式（6-12）允许一个设施只提供部分的需求。

对于像此类带有约束条件的极值问题，有两大类方法可以进行求解。一是精确的算法，应用分支定界求解的方法，能够找到小规模问题的最优解，由于运算量方面的限制，一般也只适用于小规模问题的求解。这种方法在运筹学方面的书籍上有详细的介绍，可以借鉴相应的参考书。二是启发式方法，所得到的结果不能保证是最优解，但是可以保证是可行解，可以对大型问题进行有效地分析、求解。这在后文有相应的介绍。

【例 6-2】 卫生部门考虑到农村地区医疗条件的落后和匮乏，计划在某一个地区的 9 个村增加一系列诊所，以改善该地区的医疗卫生水平。它希望在每一个村周边 30km 的范围之内至少有一个诊所，不考虑诊所服务能力的限制。卫生部门需要确定至少需要多少个诊所和它们相应的位置。除了第 6 个村之外，其他任何一个村都可以作为诊所的候选地点，原因是在第 6 村缺乏建立诊所的必要条件。图 6-6 是各个村之间的相对位置和距离的地图。

第一步，找到每一个村可以提供服务的所有村的集合 $A(J)$，即它们距该村距离小于或等于 30km 的所有村的集合。例如从 1 村开始，2、3 和 4 村到 1 村的距离都小于 30km，这样它们都可以由 1 村的诊所提供服务，得到集合 $A(1) = \{1, 2, 3, 4\}$；然后逐一地进行考虑计算，就可以得到所有的 $A(J)$，$J = 1, \cdots, 9$，并将所得结果填入表 6-5 中。

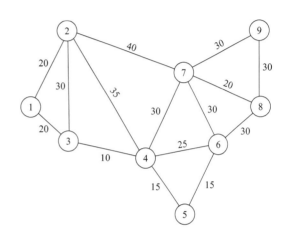

图 6-6 乡村距离和相对位置

表 6-5 候选位置的服务范围

村编号	$A(J)$	$B(I)$
1	1,2,3,4	(1,2,3,4)
2	1,2,3	(1,2,3)
3	1,2,3,4,5	1,2,3,4,5
4	1,3,4,5,6,7	1,3,4,5,7
5	3,4,5,6	(3,4,5)
6	4,5,6,7,8	4,5,7,8
7	4,6,7,8	(4,7,8)
8	6,7,8,9	7,8,9
9	8,9	(8,9)

第二步，找到可以给每一个村提供服务的所有村的集合 $B(I)$。一般说来，这两个集合是一致的，但是考虑到其他的一些限制条件，就可能出现差异。例如本例中，6 村由于本身条件所限不可能建立诊所，所以也不可能给别人提供相应的医疗服务。考虑 7 村，

$B(7)=\{4，7，8\}$。相应地将其他的结果填入表 6-5 中，得到进行选择评价的基本信息。

第三步，找到其他村服务范围的子集，将其省去，可以简化问题。2 村可以对 1、2、3 村提供服务，而 1 村可以对 1、2、3、4 村提供服务，2 村的服务范围是 1 村的服务范围的一个子集，可以忽略在 2 村建立诊所的可能性。在表 6-5 中带有括号的都是其他部分的子集，它们已经被排除在候选子集之外。（3，4，8）是候选点的集合。

第四步，确定合适的组合解。很显然，问题得到简化之后，在有限的候选点上选择一个组合解是可行的。（3，4，8）本身就是一个组合解，但是为了满足经济性要求，尽可能少地建立诊所，还需要从中剔除可以被合并的候选点。（3，8）则是可以覆盖所有村的一个数量最少的组合解：3 村的诊所可以覆盖村 1～5 村，而 8 村的诊所覆盖 6～9 村。

如果放宽一些问题的限制条件，例如一个诊所的服务半径增加到 40km，也可能会出现多解的情况。（3，8）、（3，9）、（4，7）、（4，8）和（4，9）都是可以覆盖所有的村而且数量最少的组合解。

最大覆盖模型的目标是对有限的服务网点进行选址，为尽可能多的对象提供服务。它的相应目标函数是：

$$\max \sum_{j \in N} \sum_{i \in A(J)} d_i y_{ij} \tag{6-13}$$

$$\sum_{j \in B(I)} y_{ij} \leqslant 1, i \in N \tag{6-14}$$

$$\sum_{i \in A(J)} d_i y_{ij} \leqslant c_j x_j, j \in N \tag{6-15}$$

$$\sum_{j \in N} x_j = p \tag{6-16}$$

$$x_j \in |0, 1|, j \in N \tag{6-17}$$

$$y_{ij} \geqslant 0, i, j \in N \tag{6-18}$$

式中，$N=\{1, 2, \cdots, n\}$，为在研究对象中的 n 个需求点；d_i 为第 i 个节点的需求量；c_j 为设施节点 j 的容量；$A(J)$ 为设施节点 j 所覆盖的需求节点的集合；$B(I)=\{j|i \in A(J)\}$，为可以覆盖需求节点 i 的设施节点 j 的集合；y_{ij} 为节点 i 需求中被分配给节点 j 的部分；设施位于节点 j 则 $x_j=1$，设施不位于节点 j 则 $x_j=0$；p 为允许投建的设施数目。

式（6-13）是满足最大可能的对需求提供服务，也是目标；式（6-14）是需求的限制，服务不可能大于当前需求的总和；式（6-15）是设施的服务能力的限制；式（6-16）则是问题本身的限制，也就是说最多可能投建设施的数目。其他两式同集合覆盖模型。

就前面提到的医疗站问题，如果仍旧不考虑其服务能力的限制，最多的诊所数目为 2，用最大覆盖模型对其进行分析，由 Richard Church 和 Charles Re Velle 设计的贪婪算法就可以进行求解。该算法是一个空集合作为原始的解集合，然后在剩下的所有其他候选点中，选择一个具有最大满足能力的候选点加入原来的候选集合中，如此往复，直到到了设施数目的限制或者全部的需求都得到满足为止。

在医疗站的问题中，已经分析得到候选集合为（3，4，8）。初步确定解的集合 $S=\Phi$ 中。然后比较 $A(3)$、$A(4)$ 和 $A(8)$ 的数目，4 村可以提供服务的对象最多，将 4 村加入解集合 S 中，$S=|4|$。接着比较 3、8 两个村，除去 4 提供服务的村 1、3、4、5、6、7

外，剩下只有 $\{2，8，9\}$，3 村对 2 村提供服务，而 8 村可以对 8、9 两个村提供服务。8 村将作为第二个投建点加入解集合中去，$S = \{4，8\}$。这就是我们通过最大覆盖法得到的解集合，显然不是最优解，这也是启发式算法的特点。

（2）**P-中值模型** P-中值模型是指在一个给定数量和位置的需求集合和一个候选设施位置的集合下，分别为 p 个设施找到合适的位置并指派每个需求点到一个特定的设施，使之达到在工厂和需求点之间的运输费用最低。图 6-7 用图形的方式说明了 P-中值模型的原理。

P-中值模型也可以通过精确的数学语言进行描述。在用数学语言进行描述时，需要准确地表达问题的约束条件、目标，还有合理的变量定义。一般 P-中值问题的目标函数是：

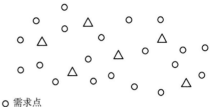

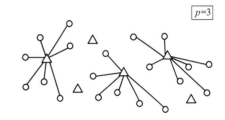

$$\boxed{p=3}$$

图 6-7　P-中值模型的图形表达

○ 需求点
△ 设施候选点

$$\min \sum_{i \in N} \sum_{j \in M} d_i c_{ij} y_{ij} \tag{6-19}$$

$$\sum_{j \in M} y_{ij} = 1，\ i \in N \tag{6-20}$$

$$\sum_{j \in M} x_j = p \tag{6-21}$$

$$y_{ij} \leqslant x_j，\ i \in N，\ j \in M \tag{6-22}$$

$$x_j \in |0，1|，\ j \in M \tag{6-23}$$

$$y_{ij} \in |0，1|，\ i \in N，\ y \in M \tag{6-24}$$

式中，$N = \{1，2，\cdots，n\}$，系统中的 n 个需求点；d_i 为第 i 个客户的需求量；$M = \{1，2，\cdots，m\}$，m 个拟建设施的候选地点；c_{ij} 为从地点 i 到 j 的单位运输费用；p 为允许投建的设施数目（$p < m$）；设施建在节点 j 则 $x_j = 1$，其他则 $x_j = 0$；y_{ij} 为客户 i 由设施 j 提供服务。

式（6-19）是 P-中值模型的目标函数，约束条件式（6-20）保证每个客户（需求点）只有一个设施来提供相应的服务，约束条件式（6-21）限制了总的设施数目为 p 个，约束条件式（6-22）有效地保证没有设施的地点不会有客户对应，约束条件式（6-23）、式（6-24）是 0，1 变量约束。

从上面的两种 P-中值模型不同表达方式中可以看出，求解一个 P-中值模型需要解决两方面问题，一是选择合适设施位置（数学表达中的 x 变量）；二是指派客户到相应的设施中去（表达式中的 y 变量）。一旦设施的位置确定之后，再确定每个客户到不同的设施中，使费用总和最小就十分的简单了。与覆盖模型相似，求解一个 P-中值模型的设施选址问题，主要有两大类的方法：精确计算法和启发式算法。

P-中值模型一般适用于工厂或者仓库的选址问题，例如要求在它们和零售商或者顾客之间的费用最小。

6.2 设施布置问题模型

6.2.1 机床布局基本模式

生产系统的核心是生产设备，生产设备的布局问题是系统布局的基础。在机械加工车间，各种机床的布局是千变万化的，但就其实质来说，可以综合为单行布局和多行布局两类，如图 6-8 所示，实际的机床布局或者是单行布局，或者是多行布局或者是两者的组合。

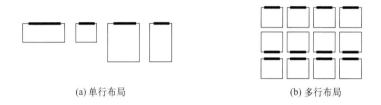

(a) 单行布局　　　　　　　　　　　　　　(b) 多行布局

图 6-8　机床布局模式

6.2.2 单行机床布局问题数学模型

共有 n 台机床，需要进行单行布局，如图 6-9 所示。

单行机床布局数学模型如下：

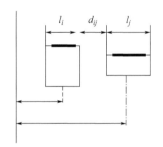

$$\min = \sum_{i=1}^{n-1} \sum_{j=i+1}^{n} C_{ij} f_{ij} \mid x_i - x_j \mid \tag{6-25}$$

$$\mid x_i - x_j \mid \geqslant \frac{l_i + l_j}{2} + d_{ij}, \ i = 1, 2, \cdots, n-1; \ j = i+1, \cdots, n \tag{6-26}$$

$$x_i \geqslant 0, \ i = 1, 2, \cdots, n \tag{6-27}$$

图 6-9　机床单行布局图

式中，C_{ij} 为单位距离搬运费用；f_{ij} 为在一个生产周期内，工件在机床 t_i 与 t_j 之间的往返搬运次数；x_i 为机床的位置；l_i 为机床长度尺寸；d_{ij} 为机床之间的最小间距。

式(6-25) 为搬运费用最小，式(6-26) 为机床满足间隙要求，式(6-27) 为决策变量要求。上述单行机床布局数学模型的目标函数及约束条件中均存在决策变量 x_i 的绝对值项，因此，不能直接利用标准线性规划算法及程序进行求解。

6.2.3 多行机床布局问题数学模型

在各种文献中，已经为多行机床布局问题建立了多种数学模型，有图论模型、整数规划模型、二次集合覆盖模型和二次分配模型。其中最著名的就是二次分配模型。

（1）二次分配数学模型　若某一工厂（或车间）有 m 个部门（或设备）t_1，t_2，…，t_m，在一平面区域上有 n 个地点 p_1，p_2，…，p_n（布置的地点位置已经确定），在每个地点上可以布置一个部门（或设备），$m \leqslant n$，则数学模型如下：

$$\min \sum_{i=1}^{m} \sum_{j=1}^{n} a_{ij} x_{ij} + \sum_{i=1}^{m} \sum_{j=1}^{n} \sum_{k=1}^{m} \sum_{l=1}^{n} f_{ik} C_{kl} x_{ij} x_{kl} \tag{6-28}$$

$$\sum_{i=1}^{m} x_{ij} = 1, \ j = 1, \ 2, \ \cdots, \ n \tag{6-29}$$

$$\sum_{j=1}^{n} x_{ij} = 1, \ i = 1, \ 2, \ \cdots, \ m \tag{6-30}$$

$$x_{ij} = 0 \text{ 或 } 1; \ i = 1, \ 2, \ \cdots, \ m; \ j = 1, \ 2, \ \cdots, \ n \tag{6-31}$$

式中，a_{ij} 表示把 t_i 布置到地点 P_j 时的运输成本；x_{ij} 表示布置方案，若把 t_i 布置在 p_j 上，则 $x_{ij} = 1$，否则，$x_{ij} = 0$；f_{ik} 表示 $t_i \sim t_k$ 的物流量；C_{kl} 表示 $P_k \sim P_l$ 的单位物料运输成本。

式(6-28)、式(6-29)、式(6-30)、式(6-31) 构成了平面区域上设施布置的数学模型。由于目标函数中存在决策变量的乘积项 x_{ij}、x_{kl}，称为二次分配数学模型。

（2）多行布局问题数学模型　多行机床布局如图 6-10 所示。

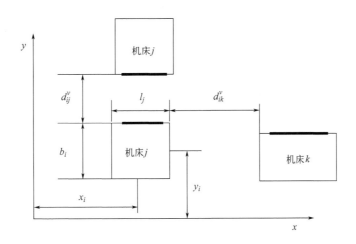

图 6-10　多行机床布局图

数学模型为：

$$\min \sum_{i=1}^{n-1} \sum_{j=n+1}^{n} C_{ij} f_{ij} (|x_i - x_j| + |y_i - y_j|) \tag{6-32}$$

$$|x_i - x_j| + m Z_{ij} \geqslant \frac{1}{2} (l_i + l_j) + d_{ij}^h \tag{6-33}$$

$$|x_i - x_j| + m (1 - Z_{ij}) \geqslant \frac{1}{2} (b_i + b_j) + d_{ij}^v \tag{6-34}$$

$$x_i, \ y_i \geqslant 0; \ Z_{ij} = 0 \text{ 或 } 1 \tag{6-35}$$

式中，C_{ij} 为单位距离搬运费用；f_{ij} 为在一个生产周期内，工件在机床之间的往返搬运次数；(x_i, y_i) 为机床的位置坐标；l_i 为机床长度尺寸；b_i 为机床宽度尺寸；d_{ij}^h 为机床之间 x 方向的最小间距；d_{ij}^v 为机床之间 y 方向的最小间距；m 为一个大数。

约束条件式(6-33)、式(6-34)保证布局中任意两台机床不重叠。m 是一个大数，通过式(6-35)，可以使式(6-33)、式(6-34)只保留一个。

6.3 算法

6.3.1 设施选址算法

解决设施选址的算法有很多，本节内容只介绍一种启发式求解 P-中值模型的算法，即贪婪取走启发式算法（greedy dropping heuristic algorithm）。这种算法的基本步骤如下所述。

第一步，初始化，令循环参数 $k=m$，将所有的 m 个候选位置都选中，然后将每个客户指派给离其距离最近的一个候选位置。

第二步，选择并取走一个位置点，满足以下条件：假如将它取走并将它的客户重新指派后，总费用增加量最小。然后令 $k=k-1$。

第三步，重复第二步，直到 $k=p$。

【例 6-3】 某饮料公司在某新地区经过一段时间的宣传广告后，得到了 8 个超市的订单，由于该新地区离总部较远，该公司拟在该地区新建 2 个仓库，用最低的运输成本来满足该地区的需求。经过一段时间的实地考察之后，已有 4 个候选地址。从候选地址到不同的仓库的运输成本 c_{ij}、各个超市的需求量 d_i 都已经确定，如表 6-6 所示。

表 6-6 运输成本需求表

c_{ij}		j				d_i
		1	2	3	4	
i	1	4	12	20	6	100
	2	2	8	25	10	50
	3	3	4	16	14	120
	4	6	5	9	2	80
	5	18	12	7	3	200
	6	14	2	4	9	70
	7	20	30	2	11	60
	8	24	12	6	22	100

解：对表 6-6 的运输成本进行比较，在初始化中选择成本最小的候选点进行指定，超市 1、2、3 由候选位置 1 来提供，超市 4、5 由候选位置 4 来提供，超市 6 由候选位置 2 提供，超市 7、8 则由候选位置 3 来提供，如表 6-7 所示，总成本为 2480。

表 6-7　初始化指派结果

c_{ij}		j				d_i	$d_i c_{ij}$
		1	2	3	4		
i	1	**4**	12	20	6	100	400
	2	**2**	8	25	10	50	100
	3	**3**	4	16	14	120	360
	4	6	5	9	**2**	80	160
	5	18	12	7	**3**	200	600
	6	14	**2**	4	9	70	140
	7	20	30	**2**	11	60	120
	8	24	12	**6**	22	100	600
总成本							2480

表 6-8～表 6-11 分别对移走候选点 1、2、3、4 进行了单独的分析，移走某个候选点后，原来被服务的需求点需要按运输成本最小重新指定候选点，计算成本的增量。如表 6-8 所示，移走第 1 个候选点所产生的增量为 620。

表 6-8　移走候选点 1 指派结果

c_{ij}		j				d_i	$d_i c_{ij}$
		1	2	3	4		
i	1	4	12	20	**6**	100	600
	2	2	**8**	25	10	50	400
	3	3	**4**	16	14	120	480
	4	6	5	9	**2**	80	160
	5	18	12	7	**3**	200	600
	6	14	**2**	4	9	70	140
	7	20	30	**2**	11	60	120
	8	24	12	**6**	22	100	600
总成本							3100

表 6-9 移走候选点 2 指派结果

c_{ij}		j				d_i	$d_i c_{ij}$
		1	2	3	4		
i	1	**4**	12	20	6	100	400
	2	**2**	8	25	10	50	100
	3	**3**	4	16	14	120	360
	4	6	5	9	**2**	80	160
	5	18	12	7	**3**	200	600
	6	14	2	**4**	9	70	280
	7	20	30	**2**	11	60	120
	8	24	12	**6**	22	100	600
总成本							2620

移走第 2 个候选点所产生的增量为 140。

表 6-10 移走候选点 3 指派结果

c_{ij}		j				d_i	$d_i c_{ij}$
		1	2	3	4		
i	1	**4**	12	20	6	100	400
	2	**2**	8	25	10	50	100
	3	**3**	4	16	14	120	360
	4	6	5	9	**2**	80	160
	5	18	12	7	**3**	200	600
	6	14	**2**	4	9	70	140
	7	20	30	2	**11**	60	660
	8	24	**12**	6	22	100	1200
总成本							3620

移走第 3 个候选点所产生的增量为 1140。

表 6-11 移走候选点 4 指派结果

c_{ij}		j				d_i	$d_i c_{ij}$
		1	2	3	4		
i	1	**4**	12	20	6	100	400
	2	**2**	8	25	10	50	100
	3	**3**	4	16	14	120	360
	4	6	**5**	9	2	80	400
	5	18	12	**7**	3	200	1400

c_{ij}		j				d_i	$d_i c_{ij}$
		1	2	3	4		
i	6	14	**2**	4	9	70	140
	7	20	30	**2**	11	60	120
	8	24	12	**6**	22	100	600
总成本							3520

移走第 4 个候选点所产生的增量为 1040。综合以上四步，移走第 2 个候选点所产生的增量是最小的，为 140，所以第一个被移走的候选点就是候选位置 2。接下来继续把 1、3、4 分别移走，得到需要的两个候选点（表 6-12～表 6-14）。

表 6-12　移走候选点 1 指派结果

c_{ij}		j			d_i	$d_i c_{ij}$
		1	3	4		
i	1	4	20	**6**	100	600
	2	2	25	**10**	50	500
	3	3	16	**14**	120	1680
	4	6	9	**2**	80	160
	5	18	7	**3**	200	600
	6	14	**4**	9	70	280
	7	20	**2**	11	60	120
	8	24	**6**	22	100	600
总成本						4540

移走第 1 个候选点所产生的增量为 1920。

表 6-13　移走候选点 3 指派结果

c_{ij}		j			d_i	$d_i c_{ij}$
		1	3	4		
i	1	**4**	20	6	100	400
	2	**2**	25	10	50	100
	3	**3**	16	14	120	360
	4	6	9	**2**	80	160
	5	18	7	**3**	200	600
	6	14	4	**9**	70	630
	7	20	2	**11**	60	660
	8	24	6	**22**	100	2200
总成本						5110

移走第 3 个候选点所产生的增量为 2490。

表 6-14　移走候选点 4 指派结果

c_{ij}		j			d_i	$d_i c_{ij}$
		1	3	4		
i	1	**4**	20	6	100	400
	2	**2**	25	10	50	100
	3	**3**	16	14	120	360
	4	**6**	9	2	80	480
	5	18	**7**	3	200	1400
	6	14	**4**	9	70	280
	7	20	**2**	11	60	120
	8	24	**6**	22	100	600
总成本						3740

移走第 4 个候选点所产生的增量为 1120。综合以上三步，移走第 4 个候选点所产生的增量是最小的，为 1120，所以第二个被移走的候选点就是候选位置 4。剩下 1、3 就是需要的两个选择点。

6.3.2　设施布置算法

伴随着计算机软硬件技术的发展，计算机辅助设计规划软件技术也在飞速发展。目前这些软件大体可以分为两类，一是最优算法，二是次优算法。最优算法是针对上节介绍的各种数学模型，应用最优化理论开发出的算法，可以求得最佳的布置方案。当规模较大时，最优算法要求计算机具备巨大的存储容量及极高的运算速度，同时需要近乎天文数字的运算时间，因此并不实用，为此研究人员开发出了一些次优算法。

（1）穷举法　穷举法又称枚举法，适于在给定设施布置地点的情况下进行设施布置的场合。穷举法道理非常简单，就是列出所有布置方案，通过比较布置方案目标函数值的大小，找出其中的一个或几个最优布置方案。我们用下面的实例，来说明穷举法的基本思路。

【例 6-4】　四台机床 t_1、t_2、t_3、t_4，有 A、B、C、D 四个地点，假设四台机床的占地面积相等，可以布置在任一地点上，具体信息见表 6-15 和表 6-16，如何进行布置获得最优方案。

表 6-15　地点对之间搬运距离表

地点	A	B	C	D
A	0	1	2	3
B	1	0	1	2
C	2	1	0	1
D	3	2	1	0

表 6-16 机床之间物流量表

机床	t_1	t_2	t_3	t_4
t_1	0	50	20	100
t_2	50	0	30	10
t_3	20	30	0	70
t_4	100	10	70	0

解：为求解上述问题，应用穷举法需要列出所有布置方案，如表 6-17 所示，共有 4！＝24 个方案。搬运成本为物流量乘以对应距离的和。

表 6-17 穷举法求解布置问题

序号	布置方案				搬运成本	序号	布置方案				搬运成本
	A	B	C	D			A	B	C	D	
1	t_1	t_2	t_3	t_4	510	13	t_3	t_4	t_1	t_2	370
2	t_1	t_2	t_4	t_3	450	14	t_3	t_4	t_2	t_1	450
3	t_1	t_3	t_4	t_2	510	15	t_3	t_1	t_2	t_4	550
4	t_1	t_3	t_2	t_4	600	16	t_3	t_1	t_4	t_2	460
5	t_1	t_4	t_2	t_3	440	17	t_3	t_2	t_1	t_4	440
6	t_1	t_4	t_3	t_2	410	18	t_3	t_2	t_4	t_1	450
7	t_2	t_3	t_4	t_1	410	19	t_4	t_1	t_2	t_3	450
8	t_2	t_3	t_1	t_4	420	20	t_4	t_1	t_3	t_2	420
9	t_2	t_4	t_1	t_3	460	21	t_4	t_2	t_3	t_1	600
10	t_2	t_3	t_4	t_1	510	22	t_4	t_2	t_1	t_3	550
11	t_2	t_3	t_2	t_4	430	23	t_2	t_3	t_1	t_4	430
12	t_2	t_1	t_4	t_3	370	24	t_2	t_2	t_2	t_1	510

比较各方案搬运成本，找出最佳方案 12 和 13。通过上面这个实例可以看出，穷举法可以求出最优解。

（2）改进生成树算法（MST） 改进生成树算法适用于求解单行机床布局问题。这类问题的数学模型已由前文给出。

改进生成树算法的步骤如下：

① 求得单位距离物料搬运费用矩阵 F。

② 从 F 矩阵中查找 $\overline{f}_{ij}$ 最大值，即计算：

$$\overline{f}_{ij} = \max\{f_{ij}; i = 1, 2, \cdots, n; j = 1, 2, \cdots, n\}$$

将机床 t_i^* 与 t_j^* 相邻布置，记为 $\{t_i^*, t_j^*\}$，同时布置 $\overline{f}_{i^*j^*} = \overline{f}_{j^*i^*} = -\infty$。

③ 计算：

$$\overline{f}_{p^*q^*} = \max\{\overline{f}_{i^*k}, \overline{f}_{j^*1}; k = 1, 2, \cdots, n; l = 1, 2, \cdots, n\}$$

若 $P^* = i^*$，则将机床 t_q^* 与机床 t_i^* 相邻布置，记为 $\{t_q^*, t_i^*, t_j^*\}$；否则，$P^* = j^*$，则将机床 t_q^* 与机床 t_j^* 相邻布置，记为 $\{t_i^*, t_j^*, t_q^*\}$；从矩阵 $F = \{\overline{f}_{ij}\}$ 中消去 P^* 行和 P^* 列；若 $P^* = i^*$ 则置 $i^* = P^*$，否则置 $j^* = q^*$。

④ 重复步骤③，直至得出最终解，即所有机床均已布置完毕。

⑤ 由上述步骤得到的是机床的前后次序，进一步考虑机床的占地面积。相互间的间隙以及机床的朝向，完成机床的布置。

【例 6-5】 已知某一生产线由 6 台机床组成，各机床间物料搬运次数矩阵、单位距离搬运成本、各机床间隔距离表和机床占地面积表分别如表 6-18～表 6-21 所示，要求所有机床沿长边方向布置，机床操作位置均朝向通道，通道上设置搬运小车 AGV。求单行机床布局。

表 6-18　物料搬运次数表

次数	1	2	3	4	5	6
1	0	40	80	21	62	90
2	40	0	72	12	24	28
3	80	72	0	14	41	9
4	21	12	14	0	21	12
5	62	24	41	21	0	31
6	90	28	9	12	31	0

表 6-19　单位距离搬运成本表

成本	1	2	3	4	5	6
1	0	4	4	6	4	5
2	4	0	2	5	2	3
3	4	2	0	5	3	3
4	6	5	5	0	5	8
5	4	2	3	5	0	4
6	5	3	3	8	4	0

表 6-20　各机床间隔距离表

间隔	1	2	3	4	5	6
1	0	1	1	1	2	1
2	1	0	1	1	1	1
3	1	1	0	1	1	1
4	1	1	1	0	3	1
5	2	1	1	3	0	2
6	1	1	1	1	2	0

表 6-21 机床占地面积表

机床	占地面积 $l \times b$/(m×m)	机床	占地面积 $l \times b$/(m×m)
1	5.0×3.0	4	6.0×3.5
2	2.0×2.0	5	3.0×1.5
3	2.5×2.0	6	4.0×4.0

解： 由表 6-18 和表 6-19 对应位置数据相乘得到单位距离物流量搬运表 6-22。

表 6-22 单位距离物流量搬运表

物流量	1	2	3	4	5	6
1	0	160	320	126	248	450
2	160	0	140	60	48	84
3	320	144	0	70	123	27
4	126	60	70	0	105	96
5	248	48	123	105	0	124
6	450	84	27	96	124	0

应用改进生成树算法计算步骤如表 6-23 所示。

表 6-23 改进生成树算法求解过程

步骤	i^*	j^*	P^*	q^*	$\overline{f_{ij}}$	布局	消去行/列
1	1	6			450	$t_1 t_6$	
2	1	6	1	3	320	$t_3 t_1 t_6$	1
3	3	6	3	2	144	$t_2 t_3 t_1 t_6$	3
4	2	6	6	5	124	$t_2 t_3 t_1 t_6 t_5$	6
5	5	5	5	4	105	$t_2 t_3 t_1 t_6 t_5 t_4$	5

经过数次布置，得出机床的排列次序

$$\{t_2, t_3, t_1, t_6, t_5, t_4\}$$

考虑机床的朝向、占地面积及间隔，得出最终的布置方案，如图 6-11 所示。

(3) 系统布置设计算法——CORELAP 程序 CORELAP（computerized relationship layout planning）程序实际上就是计算机化的 SLP。它的基本出发点就是用量化的作业单位相互关系密级来评定各部门之间的相关程度，相互关系密级分为定量的物流相互关系及

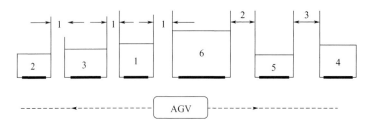

图 6-11　改进生成树算法布置结果

定性的非物流相互关系，并把定性的相互关系密切程度由高至低分别用 A、E、I、O、U、X 字母及相应的 4、3、2、1、0、－1 分值表示，将物流与非物流相互关系综合，得到作业单位 i 与其他各作业单位 j（$j=1$，2，…，n，$j \neq i$）的综合关系密切程度，并分别求出各作业单位的总的关系密切程度即综合接近程度，首先将综合接近程度最高的作业单位布置在中心位置，然后布置与该部门相互关系为 A 级的部门，再后是 E 级部门……，依次布置所有部门，最终得到一张根据相互关系密切程度布置的理想布置图。

根据系统布置设计思想，CORELAP 程序的工作原理可以分为如下各步骤：

① 基本要素分析。首先要准备布置设计基本参数 P、Q、R、S、T，通过进一步的分析，确定各作业单位的占地面积。

② 相互关系分析。根据各作业单位之间的工艺流程要求，确定出各作业单位之间物流相互关系与非物流相互关系，并经过综合，得出量化的综合相互关系密切程度记为 CR_{ij}。

③ 计算各作业单位的综合接近程度记为 TCR_i。

④ 作业单位排序。这一步骤中，计算机根据各作业单位的综合接近程度值的高低确定布置顺序。首先将综合接近程度值最高的作业单位布置在中心地带，称之为中心单位。然后，根据各其他作业单位与中心单位的综合相互关系密切程度等级 A、E、I、O、U、X 依次排列布置顺序。当综合相互关系密切程度等级相同时，根据其综合接近程度 TCR_i 大小确定先后顺序，从而形成布置顺序队列。

⑤ 位置布置。首先将中心单位布置在厂区的中心位置上，然后从布置顺序队列中取出第一个作业单位，布置在与中心单位某一周边的相邻位置上。依次从布置顺序队列中取出各作业单位，并寻找所有可能的布置位置，计算各位置的位置分数，将作业单位布置在位置分数最高的位置上。

在 CORELAP 中，假设各作业单位均为矩形轮廓，并定义只有周边接触的作业单位才是相邻的，除此之外，包括对角接触均为不相邻。因此，某一作业单位在某一位置上的位置分数，等于同该作业单位相邻的所有作业单位与该作业单位之间的综合相互关系密切程度等级分数之和。下面举一简单例子来说明 CORELAP 的工作过程。

【例 6-6】　有一生产系统由 5 个作业单位组成，经过基本要素分析及作业单位之间相互关系分析，得出各作业单位占地面积及彼此之间的综合相互关系密切程度等级，其具体数值详见表 6-24，现要求该生产系统的平面布置图。

表 6-24　作品单位占地面积及综合相互关系

序号 i	作业单位（部门）	占地面积 $l_i \times b_i /(\mathrm{m} \times \mathrm{m})$	作业单位间综合相互关系				
			1	2	3	4	5
1	原材料库	30×30	—	U	E	I	U
2	热加工车间	60×30	U	—	O	O	U
3	机加工车间	60×30	E	O	—	A	O
4	装配车间	30×30	I	O	A	—	U
5	成品库	30×30	U	U	O	U	—

解：（1）量化综合相互关系密切程度等级，取 A＝4，E＝3，I＝2，O＝1，U＝0，X＝－1；求出各作业单位综合接近程度记为 TCR_i，其结果见表 6-25。

表 6-25　作业单位综合接近程度计算表

CR_{ij}	1	2	3	4	5
1	—	U/0	E/3	I/2	U/0
2	U/0	—	O/1	O/1	U/0
3	E/3	O/1	—	A/4	O/1
4	I/2	O/1	A/4	—	U/0
5	U/0	U/0	O/1	U/0	—
TCR_i	5	2	9	7	1

（2）根据表 6-25 中 TCR_i 的大小，确定中心单位。因 $TCR_3 = 9$ 为最大，则作业单位 3 为中心单位。然后根据其他作业单位与作业单位 3 的综合相互关系密切程度高低及其综合接近程度的高低确定布置顺序。由表 6-24 中第 3 行（列）数据有 $CR_{31}=3$、$CR_{32}=1$、$CR_{34}=4$、$CR_{35}=1$，可以直接确定作业单位 4 为布置队列中的第一个、作业单位 1 为第二个，对于作业单位 2 和 5 综合相互关系密切程度均为 2，需要根据各自的综合接近程度值的大小确定前后顺序，由于 $TCR_2=2$、$TCR_5=1$，从而作业单位 2 在前、作业单位 5 在后，最后得到布置顺序队列为 3、4、1、2、5。

（3）根据布置顺序队列中的顺序依次完成各作业单位的布置。

① 布置中心单位。取出布置顺序队列中的第一个作业单位 3，布置在厂区的中心。

② 取出第二个作业单位 4，布置在中心单位周围的某一相邻位置上。选择不同的位置，可以得到不同的布置方案。如图 6-12（a）所示，作业单位 4 共有 P_1，P_2，…，P_6 位置可以布置，任选 P_1 作为布置地点，得到布置结果如图 6-12（b）所示。

③ 取出后续作业单位 1 进行布置。作业单位 1 共有七个地点 P_1，P_2，…，P_7 可供布置，如图 6-13（a）所示。需要根据与已布置作业单位的综合相互关系密切程度计算位置分数，如表 6-26 所示。根据位置分数计算结果，位置 P_1 最高，因此作业单位 1 布置在 P_1 上，如图 6-13（b）所示。当有两个以上位置的位置分数同为最高时，可任选其一进行布置，选择不同位置可得不同方案。

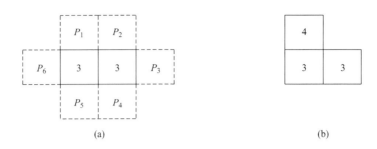

(a)   (b)

图 6-12 作业单位 4 布置

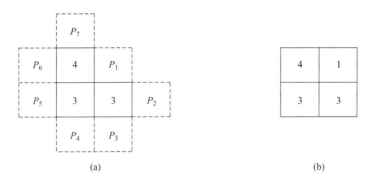

(a)   (b)

图 6-13 作业单位 1 布置

表 6-26 作业单位 1 位置分数计算表

位置	相邻单位/相互关系/分值	位置分数
P_1	3/E/3,4/1/2	5
P_2、P_3、P_4、P_5	3/E/3	3
P_6、P_7	4/P/2	2

④ 取出后续作业单位 2 进行布置。作业单位 2 有如图 6-14(a) 所示 P_1、P_2、P_3、P_4 共四个位置可供布置。各位置的位置分数见表 6-27，其中位置 1 为最高，将作业单位 2 布置在 P_1 上，如图 6-14(b) 所示。

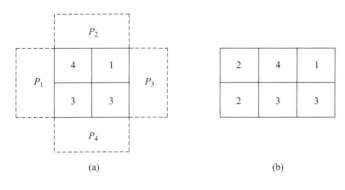

(a)   (b)

图 6-14 作业单位 2 布置

表 6-27　作业单位 2 位置分数计算表

位置	相邻单位/相互关系/分值	位置分数
P_1	3/O/1,4/O/1	2
P_2	4/O/1,1/U/0	1
P_3	3O/1,1/U/0	1
P_4	3/O/1	1

⑤ 取出后续作业单位 5 进行布置。作业单位 5 如图 6-15（a）所示，P_1，P_2，…，P_{10} 共 10 个位置可供布置，各位置的位置分数见表 6-28，其中位置 P_1、P_9、P_{10} 的位置分数同为 2，任选 P_1 布置，得到如图 6-15（b）的布置结果。

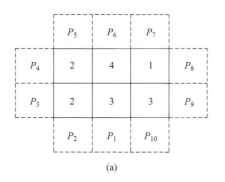
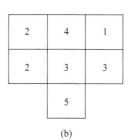

图 6-15　作业单位 5 布置

表 6-28　作业单位 5 位置分数计算表

位置	相邻单位/相互关系/分数	位置分数
P_1	3/O/1	1
P_2、P_3、P_4、P_5	2/U/0	0
P_6	4/U/0	0
P_7、P_8	1/U/0	0
P_9、P_{10}	3/O/1	1

⑥ 布置顺序队列为空，则布置完毕。图 6-15（b）为最终的平面布置图。

CORELAP 只是给出理想布置方案，经过人工修正，可得出现实可行的布置方案。

（4）改进算法（improvement models） 现有生产系统常因产品的变化或工艺的改进而需要改变其布置。因此在某种意义上，改进现有系统布置的算法与程序比构造算法与程序具有更广泛的应用价值。这就是说，在改进算法中，总是从一个已知的初始布置方案出发，通过对设备间进行有规律的交换，并把得到最佳结果的那种交换保留下来形成新的布置方案，重复进行这个过程，直到不能进一步改进布置方案为止。最常用的改进算法与程序是 CRAFT（computerized relative allocation of facilities technique），即计算机设施相对定位法。

CRAFT 是一个以各作业单位之间物料搬运费用逐步减少的优化原则改进布置方案的算法与程序。它通过对现有的平面布置方案中各作业单位，两两互换位置，并计算比较交换前后的搬运费用，取搬运费用较小的布置为优化备选方案。经过多次交换、比较、择优，得出一个改进的优化方案。通过给定不同的初始平面布置方案，CRAFT 常能得到不同的优化结果（局部最优），从而给规划设计人员提供很大的选择范围，通过参考各种具体条件限制，规划设计人员可以从众多的优化方案中选择出一个可行的优化方案。

下面以简单的等面积布置问题为例来说明 CRAFT 的工作过程。

设有 n 台设备分别为 t_1，t_2，$\cdots$，t_n，占地面积相同，并有 n 个地点 P_1，P_2，$\cdots$，P_n 可供布置。已知各设备之间物料搬运流量矩阵如下：

$$[f_{ij}] = \begin{bmatrix} f_{11} & f_{12} & \cdots & f_{1n} \\ f_{21} & f_{22} & \cdots & f_{2n} \\ \vdots & \vdots & & \\ f_{n1} & f_{n2} & \cdots & f_{nn} \end{bmatrix} \tag{6-36}$$

其中，f_{ij} 表示设备 t_i 与 t_j 之间的物料搬运正、反两向总和，因而有 $f_{ij} = f_{ji}$。

各地点之间的物料搬运距离用地点中心之间的横、纵向通道路程表示，即地点 P_i 与 P_j 之间的距离 d_{ij}，有：

$$d_{ij} = |x_i - x_j| + |y_i - y_j| \tag{6-37}$$

则距离矩阵为：

$$[d_{ij}] = \begin{bmatrix} d_{11} & d_{12} & \cdots & d_{1n} \\ d_{21} & d_{22} & \cdots & d_{2n} \\ \vdots & \vdots & & \\ d_{n1} & d_{n2} & \cdots & d_{nn} \end{bmatrix} \tag{6-38}$$

其中 $d_{ij} = d_{ji}$。物料搬运费用等于物料搬运量与搬运距离的乘积，即 $f_{kilj} \times d_{ij}$ 表示设备 t_k 布置在地点 P_i 上、设备 t_l 布置在地点 P_j 上的情况下，两设备之间的物料搬运费用，从而总的物料搬运费用为：

$$C = \sum_{i=1}^{n-1} \sum_{j=i+1}^{n} f_{kilj} d_{ij} \tag{6-39}$$

CRAFT 求解步骤如下：

① 给定物料搬运结果矩阵、地点距离矩阵或地点中心坐标；给定初始布置方案，计算物料搬运费用 C，则记为最小搬运费用 $C_{\min}$，并记录 $\langle k_i \rangle$ 为最优方案。

② 位置交换、费用比较、选择优化方案。具体过程如下：

$i = 1 \rightarrow n-1$，$j = i+1 \rightarrow n$，成对交换 p_i 与 p_j 上的设备，计算交换后的搬运费用 C。若 $C < C_{\min}$ 则保留本次交换方案为最优方案，否则放弃该次交换。

重复步骤②，直到最小搬运费用不再减少。

利用上述方法求解【例 6-4】问题，给定初始布置方案为 $\langle t_1$，t_2，t_3，$t_4 \rangle$，即 t_1

布置在 P_1 上、t_2 布置在 P_2 上，依此类推时，求解过程见表 6-29，最终的优化结果为 $\{t_3, t_4, t_1, t_2\}$，最小搬运费用为 370。当给定初始布置方案为 $\{t_2, t_1, t_4, t_2\}$ 时，求解过程见表 6-30，最终的优化结果为 $\{t_2, t_1, t_4, t_3\}$，最小搬运费用为 370。比较穷举法的结果发现，上述两种结果恰好是【例 6-4】中的两个最优布置方案。当然这只是一种巧合，一般情况下 CRAFT 能够找到较好的布置方案。

表 6-29　CRAFT 计算过程（一）

迭代次数	i	j	布置方案	搬运费用	优速方案
1	1	2	$t_2 \, t_1 \, t_3 \, t_4$	430	
	1	3	$t_3 \, t_2 \, t_1 \, t_4$	450	
	1	4	$t_4 \, t_2 \, t_3 \, t_4$	600	
	2	3	$t_1 \, t_3 \, t_2 \, t_4$	600	
	2	4	$t_1 \, t_4 \, t_3 \, t_2$	410	√
	3	4	$t_1 \, t_2 \, t_4 \, t_3$	450	
2	1	2	$t_4 \, t_1 \, t_3 \, t_2$	420	
	1	3	$t_3 \, t_4 \, t_1 \, t_2$	370	√
	1	4	$t_2 \, t_4 \, t_3 \, t_2$	510	
	2	3	$t_1 \, t_3 \, t_4 \, t_2$	510	
	2	4	$t_1 \, t_2 \, t_3 \, t_4$	510	
	3	4	$t_1 \, t_4 \, t_2 \, t_3$	440	
3	1	2	$t_4 \, t_3 \, t_1 \, t_2$	430	
	1	3	$t_1 \, t_4 \, t_3 \, t_2$	410	
	1	4	$t_2 \, t_4 \, t_1 \, t_3$	460	
	2	3	$t_3 \, t_1 \, t_4 \, t_2$	460	
		4	$t_3 \, t_2 \, t_1 \, t_4$	450	
	3	4	$t_3 \, t_4 \, t_2 \, t_1$	450	

表 6-30　CRAFT 计算过程（二）

迭代次数	i	j	布置方案	搬运费用	优选方案
1		2	$t_3 \, t_1 \, t_4 \, t_2$	460	
		3	$t_4 \, t_3 \, t_1 \, t_2$	430	
		4	$t_2 \, t_3 \, t_4 \, t_1$	410	√
	2	3	$t_1 \, t_4 \, t_3 \, t_2$	410	√
		4	$t_1 \, t_2 \, t_4 \, t_3$	450	
	3	4	$t_1 \, t_3 \, t_2 \, t_4$	600	

迭代次数	i	j	布置方案	搬运费用	优选方案
2		2	t_3、t_2、t_4、t_1	440	
		3	t_4、t_3、t_2、t_1	510	
		4	t_1、t_3、t_4、t_2	510	
	2	3	t_2、t_4、t_3、t_1	510	
		4	t_2、t_1、t_4、t_3	370	√
	3	3	t_2、t_3、t_1、t_4	420	
3		2	t_1、t_2、t_4、t_3	450	
		3	t_4、t_1、t_2、t_3	450	
		4	t_3、t_1、t_4、t_2	460	
	2	3	t_2、t_4、t_1、t_3	460	
		4	t_2、t_3、t_4、t_4	410	
	3	4	t_2、t_1、t_3、t_4	430	

CRAFT 依赖成对地交换设备的布置地点，来改善用户给定的初始解，成对地交换不能被认为是一种"贪婪"的算法，因为在每一次迭代中并不是最优地改变设备的布置位置，而对设备的每次挪动强加了限制，CRAFT 也总是按成对交换的规则去做。由于这样的原因，CRAFT 可能得不到最优解。当然也有许多途径来修改 CRAFT 的基本算法，来求解更好的布置方案。对于不等面积布置问题，应用 CRAFT 时，应该对交换附加占地面积相同的限制，即只有占地面积相同的设备之间才可以进行交换，由此求出较好的布置方案。

(5) 遗传算法 遗传算法于 20 世纪 70 年代由 Holland 首先提出并发展起来的。它是借鉴生物界的自然选择和自然遗传的搜索算法，模仿遗传机制具有高度并行、随机以及自适应的特点而设计的算法。遗传算法主要借助于自然界生物进化中"适者生存"的规律，模拟生物进化过程中的遗传繁殖机制（或遗传选择机制），对解空间的所有个体均进行编码，然后对其进行组合划分，最后通过迭代的方法搜索最优解或者较优解组合。

遗传算法从一组随机的初始解（叫作种群）开始进行搜索，给这个种群一组适应度（适应的函数是评价解个体优劣的唯一标准），根据适应度的大小，对种群进行选择、交叉、变异。经过多次进化（迭代）后，根据进化论的"适者生存原理"，种群中将留下适应度较好的个体，这样就可以找到近似的最优解。标准遗传算法的主要步骤可以用图 6-16 的流程来表示。

下面对遗传算法进行简单介绍。

① 染色体及编码。在遗传算法运算之前，必须先针对问题的特性设计基因字串（染色体），包括基因的字串长度、基因代表的含义等，即对要搜索空间的节点或可行解以编码的方式表现出来。经编码后的可行解在自然系统称为染色体。一般编码方式采用二进位

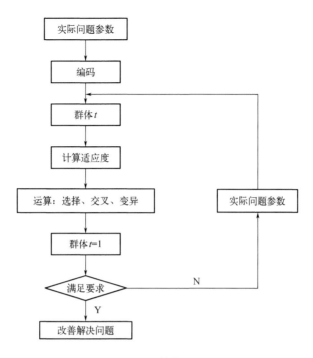

图 6-16　遗传算法流程

（binary）编码，另外也有非二进位的整数（integer）、实数（real）及文字（alphabet）编码等方式。染色体（chromosome）是繁殖和进化的基本单元。染色体的合适设计依赖于要解决的问题。在限制条件的范围内，基因字串的产生是以随机的方式产生任意的基因值的。用此不断重复随机产生基因字串的过程，可以制造出计算初始所需的基因字串数，称为初始种群。

② 初始种群。遗传算法在进行完基因字串编码动作后，必须产生一个初始种群来作为初始解，故必须先决定种群的个体数目。而初始种群的个体数目大小对于求解效益与效率具有决定性影响。若族群的个体数目太少，则难以达到目标函数的要求而有较早收敛的可能；反之，如果族群个体数目过多，则会消耗相当多的计算时间。初始种群的产生有两种方式：随机产生与配合启发式程序产生。一个好的初始解能够缩短搜寻时间，使结果快速收敛到稳定状态。

③ 适合度值。适合度值一般根据目标函数的属性来选取，可以直接把目标函数作为适应度函数，或对目标函数进行尺度变换。目前常用的适合度值变换方法包括线性尺度变换、乘幂尺度变换、对数尺度变换等。遗传算法在进行进化搜索中基本不利用外部信息，仅以适合度函数为依据，利用种群中每个个体的适合度值来进行搜索，因此适合度值的选择非常重要，直接影响到遗传算法的收敛速度以及能否找到最优解。适合度值如果不恰当，在进化操作中会出现以下问题：在进化初期通常会产生一些超常的个体，若按照比例选择法，这些异常个体因竞争力太突出而控制了选择过程，从而会影响算法的全局优化性能；在进化后期算法接近收敛时，由于种群中个体适合度差异较小时，继续优化的潜能降低，因而可能获得某个局部最优解。

④ 遗传算子。遗传算法中经常用到三个遗传算子，即选择、交叉和变异。

选择（selection）是在同代中从不太适合者中间区别较为合适的染色体的过程。选出一代中较为合适的染色体的目的是为繁殖染色体的下一代或子孙后裔。最不合适的染色体将被淘汰，而用最合适的染色体来置换。该方法在遗传过程中将给最合适的染色体更多的机会。

交叉（crossover）是遗传算法中最重要的遗传算子，由两个父代染色体彼此交换体节，结果将产生两个子代染色体。交叉算子又包括部分匹配交叉（partially marched cross-over，PMX）和指令交叉（order crossover，OX）两种算子。在算子执行运算中，为交叉运算所选的两个染色体将彼此交换它们基因的体节，基因则由两个交点所决定。

变异（mutation）是根据随机改变基因值的办法产生新的染色体。变异算子的发生由概率决定。

遗传算法的基本步骤如下所述。

步骤 1：随机产生初始种群，每个个体表示为染色体的基因编码。

步骤 2：计算个体适合度，并判断是否符合优化准则。若符合，则输出最佳个体及其代表的最优解，并结束计算；否则，转向步骤 3。

步骤 3：依据适合度选择再生个体。适合度高的个体被选中的概率大，适合度低的个体可能被淘汰。

步骤 4：按照一定的交叉概率和交叉方法，生成新的个体。

步骤 5：按照一定的变异概率和变异方法，生产新的个体。

步骤 6：由交叉和变异产生新一代的种群，返回步骤 2。

【例 6-7】　现有一片几何形状为矩形的空地，要建成年产量达到 6000 套液压器的液压转向器生产厂，厂区东西长为 200m，南北宽为 80m，占地面积为 16000m^2。根据液压转向器结构及工艺特点，液压转向器厂欲建立 11 个作业单位来满足生产需求，承担着原材料存储、产品加工与组装、性能检测、办公服务等任务，具体设立如表 6-31 所示。因为数据较多本题不做过多展示，应用遗传算法进行布局。

表 6-31　作业单位及建筑面积汇总

序号	作业单位名称	用途	单层建筑面积/(m×m)	备注
1	原材料库	存储钢材、铸造、备料	20×30	露天
2	铸造车间	铸造	12×24	
3	热处理车间	热处理	12×12	
4	机加工车间	车、铣、钻等	18×36	
5	精密车间	精镗、磨削	12×36	
6	半成品库	存储半成品件	12×24	
7	组装车间	组装转向器	12×36	
8	性能实验室	性能试验	12×12	
9	成品库	存储成品	12×12	
10	办公楼	行政科室、技术科室	80×60	可以设计为二层
11	设备维修车间	设备维修	12×24	

解：（1）染色体编码　需要考虑的变量包括作业单位左下角的 x、y 坐标和作业单位的方向，确定编码方式时要同时考虑到这三个变量的影响，因此选择混合编码。作业单位的坐标选择浮点数编码方法，作业单位的方向选择 $0\sim1$ 变量控制，取 0 时表明作业单位的长度方向和水平方向一致，取 1 时表明作业单位的宽度方向和水平方向一致。为直观表示基因串所代表的含义，为基因串添加固定因子，包括作业单位的长度、宽度以及编号，这三个数值是固定的，在染色体中所表现的数值保持一致，不会随着前面三个变量的变化而产生变化。

$$\left[(x_{l1},y_{l1},o_1,l_1,h_1,Id_1)\cdots\cdots(x_{li},y_{li},o_i,l_i,h_i,Id_i)\cdots\cdots(x_{ln},y_{ln},o_n,l_n,h_n,Id_n)\right]$$

其中，x_{li} 表示作业单位 i 的左下角点 x 坐标；y_{li} 表示作业单位 i 的左下角点 y 坐标；o_i 表示 0、1 变量，代表作业单位的方向；l_i 表示作业单位 i 的长；h_i 表示作业单位 i 的宽；Id_i 表示作业单位的编号。

（2）种群的初始化　依据求解问题的原始信息，在求解问题的区域中设法规划最优解占据区域的范围，将初始群体设置在这个范围内。首先随机产生一定量的个体，其次从这些个体中选出最优的个体组成初始的群体。最后继续随机产生个体并进行选择最优个体加入初始群体中，一直到种群规模达到提前设定好的种群规模，个体生成操作停止。

（3）确定适应度函数　把目标函数根据实际情况做出一定的修改即可获得适应度函数。本题针对作业单位之间的重叠与作业单位是否越界加入了惩罚函数来修正。

$$\rho(x)=\gamma_x p \tag{6-40}$$

式中，γ_x 表示违反约束条件的作业单位对个数；p 表示违反约束条件的惩罚值。在成本的目标函数和作业单位相互关系函数数量级及量纲不同，设定 a_1、a_2 两个常数对目标函数值进行处理，将两个函数值都约束在（0，1）的区间内。在双目标函数中，两个目标函数对最终目标的重要程度也不一样，为两个目标函数设定权重，以 m 和 n 表示。所以适应度函数表示为：

$$Fitness=\cfrac{1}{m^*\cfrac{\sum\limits_i^n\sum\limits_j^n c_{ij}f_{ij}d_{ij}(x)}{a_1}+n^*\cfrac{\sum\limits_i^n\sum\limits_j^n[V-A_{ij}(x)G_{ij}]}{a_2}+\lambda_x p} \tag{6-41}$$

式中，f_{ij} 为作业单位对 i、j 间的流量；c_{ij} 为单位流量单位距离的成本；x 为任意一种方案，则 $x\in Z$，在 x 布置方案下，作业单位对 i、j 的中心的距离用 $d_{ij}(x)$ 来表示，在布置方案 x 下，可由矩阵 F、C 与 D 表示流量、成本和距离。其中 F、C 对任一布置方案都不变，D 是随 x 方案的布置变化而变化。V 为在 x 布置方案下的作业单位相互关系的最大值；$A_{ij}(x)$ 为考虑距离的作业单位相互关联因子；G_{ij} 为 i 作业单位与 j 作业单位非物流关系；搬运成本函数约束 a_1；作业单位相互关系函数约束 a_2。

（4）选择　轮盘赌选择（roulette wheel selection）是目前遗传算法中最常使用的选择方法之一。

（5）交叉　选择多点交叉操作，对个体中每个基因串都生成一个随机概率，与交叉概率对比，若随机概率小于交叉概率，则将两个个体的基因串进行交叉，其中仅前三个变量参与交叉，后三个数值在个体基因串中数值保持一致，不参与交叉；若随机概率大于交叉概率，则保持基因串不变。

交叉前：$\left(\dfrac{x_{11},y_{11},o_{11},l_1,h_1,Id_1}{0.49},\dfrac{x_{12},y_{12},o_{12},l_2,h_2,Id_2}{0.83}\cdots\dfrac{x_{1n},y_{1n},o_{1n},l_n,h_n,Id_n}{0.35}\right)$

$\left(\dfrac{x_{21},y_{21},o_{21},l_1,h_1,Id_1}{0.49},\dfrac{x_{22},y_{22},o_{22},l_2,h_2,Id_2}{0.83}\cdots\dfrac{x_{2n},y_{2n},o_{2n},l_n,h_n,Id_n}{0.35}\right)$

假定交叉概率为 0.7，通过对比，其中基因串 1 与基因串 n 的随机概率小于 0.7，因此基因串 1 与基因串 n 进行交叉。

交叉后：$\left(\dfrac{x_{21},y_{21},o_{21},l_1,h_1,Id_1}{0.49},\dfrac{x_{12},y_{12},o_{12},l_2,h_2,Id_2}{0.83}\cdots\dfrac{x_{2n},y_{2n},o_{2n},l_n,h_n,Id_n}{0.35}\right)$

$\left(\dfrac{x_{11},y_{11},o_{11},l_1,h_1,Id_1}{0.49},\dfrac{x_{22},y_{22},o_{22},l_2,h_2,Id_2}{0.83}\cdots\dfrac{x_{1n},y_{1n},o_{1n},l_n,h_n,Id_n}{0.35}\right)$

（6）变异　由于编码方式是浮点数编码与二进制编码混合编码，因此对变异方法进行了变化。在以一定概率选择染色体要变异的基因后，从种群中选择三个同位置基因做变异的数据来源，按照如下公式进行变换。

$$x = |x_1 + F(x_2 - x_3)| \tag{6-42}$$

$$y = |y_1 + F(y_2 - y_3)| \tag{6-43}$$

$$o = |o_1 + F(o_2 - o_3)| \tag{6-44}$$

式中，x、y、o 为变异后的基因串；x_1、y_1、o_1、x_2、y_2、o_2、x_3、y_3、o_3 为变异前的三组基因串。

（7）控制参数的选择　种群规模 500；交叉概率 0.9 之间；变异概率 0.1；迭代次数 1500，惩罚因子 50；变异控制参数 F 取 0.5，搬运成本函数约束 a_1 取 1000000，作业单位相互关系函数约束 a_2 取 300。

（8）编程后运行结果

```
[(49, 19, 0, 30, 20,1), (57, 46, 0, 24, 12,2), (90, 44, 0, 12, 12,3), (86, 19, 0, 36, 18,4), (78, 0, 0, 36,
12,5), (122, 0, 0, 24, 12,6), (121, 51, 0, 36, 12,7), (133, 32, 0, 12, 12,8), (177, 37, 0, 12, 12,9), (160,
0, 0, 40, 30,10), (41, 0, 0, 24, 12,11)], 2.213562568692803, 179008.44000000003, 81.82560000000001, 0.0
```

最终染色体五组内容，第一组表示作业单位信息，第二组数字表示布置方案的适应度值，第三组数字表示搬运成本最小目标函数的运算最优结果，第四组数字表示作业单位相互关系最大目标函数转变后的运算最优结果，第五组数字表示布置方案的作业单位重叠个数。

图 6-17 是根据运行初始结果显示的布置方案所绘制的面积相关图，作业单位位置与运行结果显示一致，结果显示重叠数目为 3，在图中作业单位 2 与作业单位 3 重叠，作业单位 1 与作业单位 10 重叠，作业单位 7 与作业单位 11 重叠，符合运行结果显示的重叠数目。

图 6-18 是根据运行最终结果显示的布置方案所绘制面积相关图，作业单位 2、3 由于和作业单位 5、8、10 是 X 级关系，作业单位相邻距离不得小于 30m，图中显示作业单位 3 的最右边坐标为 102，而作业单位 8 的最左边坐标为 133，间距为 31m，满足设计要求，其他作业单位之间距离要求也同样满足设计限定，运行结果面积相关图有效。

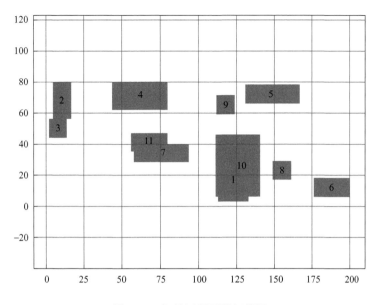

图 6-17　初始运行面积相关图

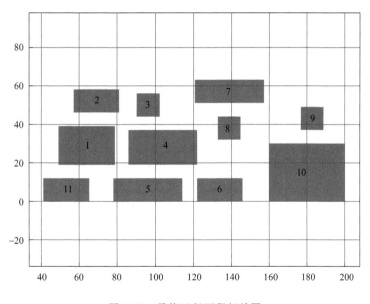

图 6-18　最终运行面积相关图

本章小结

本章主要介绍了设施选址模型和设施布局模型。设施选址模型主要介绍了连续点选址模型、离散点选址模型。设施布局模型主要介绍了单行机床布局问题数学模型、多行机床布局问题数学模型。还分别介绍了选址算法和设施布局算法。

一、计算题

1. 在报刊亭的案例中,经过 10 年后,在该地区又增加了 2 个小区,分别位于(3,7)和(1,6),它们的人口权重 w_i 分别为 2、5。现在需要搬家,以满足新客户的需求。试求新的报刊亭的位置。

2. 一个临时自助服务中心计划在一个大城市的郊外开设一个新的办公室。在经过一定的精简之后,该公司有 5 个大合作伙伴。在一个以千米为单位的笛卡儿坐标系中,它们的坐标分别为:(4,4),(4,11),(7,2),(11,11),(14,7)。它们的服务需求量的权重分别为:$w_1=3$,$w_2=2$,$w_3=2$,$w_4=4$ 和 $w_5=1$。对于该服务中心来说,主要的日常费用是他们员工完成任务过程中的运输费用,因此,用城市距离进行考虑,要求新的办公室到各个合作伙伴之间的运输费用最小。请推荐一个新办公室的地址,用笛卡儿坐标来表达你的结果。如果由于该地区人口稀少,城市还没有规模化,可以用欧几里得距离进行计算,那么新办公室又在哪里投建?试比较两次结果,分析一下它们之间的关系。

3. 现在你有一项新的任务,为一个食品供应公司在市中心商业区选择一个新店面的位置。潜在顾客的位置为:(4,4),(12,4),(2,7),(11,11),(7,14)。需求的期望权重为:$w_1=4$,$w_2=3$,$w_3=2$,$w_4=4$ 和 $w_5=1$。(1)用城市距离进行计算,推荐一个食物供应店面的地址,要求所有顾客到达新店面的总距离最短。(2)将(1)中的结果作为一个初始解,用欧几里得距离进行重新优化,推荐一个新的最优位置。

4. 一家银行准备在某县的农村地区投放一批自动取款机(ATM),以方便在农村的用户取款。该地区的村落坐落情况和相对距离(km)如图 6-19 所示。银行需要确定在任一村的人都可以在 20min 之内到达自动取款机的情况下,需要多少台自动取款机?它们的位置又在哪里?

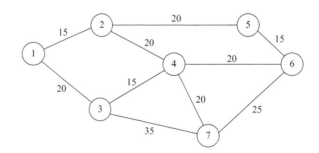

图 6-19 需求网络图

参考文献

[1] 程国全，柴继峰，王转，等 . 物流设施规划与设计 [M]. 北京：中国物资出版社，2003.

[2] 蔡临宁 . 物流系统规划——建模及实例分析 [M]. 北京：机械工业出版社，2003.

[3] 詹姆斯·汤普金斯，约翰·怀特，亚乌兹·布泽，等 . 设施规划 原书第 3 版 [M]. 北京：机械工业出版社，2008.

[4] 齐二石，霍艳芳 . 物流工程与管理 [M]. 北京：科学出版社，2016.

[5] 戚守峰 . 现代设施规划与物流分析 [M]. 北京：机械工业出版社，2019.

[6] 方庆琯 . 现代物流设施与规划 [M]. 北京：机械工业出版社，2018.

[7] 周宏明 . 设施规划 [M]. 2 版 . 北京：机械工业出版社，2021.

[8] 陈德良 . 物流系统规划与设计 [M]. 2 版 . 北京：机械工业出版社，2023.

[9] 张力菠 . 设施规划与设计 [M]. 2 版 . 北京：电子工业出版社，2016.

[10] 韩伯棠 . 管理运筹学 [M]. 5 版 . 北京：高等教育出版社，2020.